융합과 통섭의 지식 콘서트 03

수학, 인문으로 수를 읽다

수학, 인문으로 수를 읽다

융합과 통섭의 지식 콘서트 03

이광연 지음

한국문학사

들어가며

인문학을 사전적으로 정의하면, 인간과 인간의 근원 문제, 인간의 문화와 조건에 관해 탐구하는 학문이다. 즉 인간의 언어 · 문학 · 예술 · 철학 · 역사 등을 연구하는 학문, 간단히 말한다면 인간과 관련된 모든 것을 연구하는 학문이라고 할 수 있다. 인류는 유사 이전부터 새로운 문명을 창조했고, 선조들의 아름다운 문명을 계발하여 오늘에 이르렀다. 이 과정에서 인간의 본질은 무엇이고 삶의 목표는 무엇이며, 좋은 삶이란 무엇인가와 같은 근원적인 질문에서부터, 어떻게 하면 좀 더 편리하고 다양한 발전을 꾀할 수 있을 것인가와 같은 미래의 삶에 관련된 질문까지, 실로 인문학은 인간이 살아가는 데 필요한 거의 대부분의 분야를 아울러왔다.

인문학의 연구는 인간에 대한 광범위한 교육의 기준으로서, 고대 그리스와 로마 시대에는 산술 · 기하 · 음악 · 천문의 4학에 문법 · 수사 · 논리를 포함한 7학을 기본으로 삼았다. 물론 동양에서도 이와 매우 유사하게 발전해왔다. 동양과 서양에서의 인문학은 현상을 파악하는 방법이 경험적인가 이성적인가의 차이가 있을 뿐 인간의 삶에 필요한 기본적인 것을 다룬다는 점에서 일맥상통한다.

일반적으로 철학 · 역사 · 언어 · 문예와 같은 분야뿐만 아니라 음악 · 연극 · 무용 · 회화 같은 예술 분야도 인문학의 대상이라고 생각한다. 하지만 수학 · 물리학 · 화학 · 지구과학 · 생물학 · 천문학과 같은 분야는 인문학으로 간주하지 않는 경향이 있다. 필자는 이런 분야들도 모두 인간의 삶과 깊은 관련이 있기 때문에 넓은 의미의 인문학에 포함된다고 본다. 다만 수학과 자연과학은 확실한 경험을 토대로 한 보편적인 법칙을 조직화한 지식 체계지만, 인문학은 객관과 주관을 모두 포괄할 수 있기에 문제 인식과 해결 방법 면에서 약간의 차이가 있을 뿐이다.

수학이 명백한 인문학의 일부라는 것은 수학의 역사에서도 찾아볼 수 있다. 잘 알려진 것처럼 수학의 역사는 인류의 역사와 함께 시작되었으며, 인류의 다양한 고민을 해결하고 문명을 발전시키는 원동력이 되어 왔다.

따라서 이 책에서는 인문학적 사고를 기반으로 융합과 통섭의 관점에서 수학의 여러 영역을 다양하게 펼쳐내 보일 것이다. 이로써 우리의 실생활과 연계되어 있거나 다른 분야와 융합된 창의적 수학을 독자들이 쉽게 이해할 수 있는 스토리텔링 방식으로 들려주고자 한다. 이러한 수학적 접근은 새로운 교과과정과도 통하는 것으로서, 이 시대가 요구하는 수학의 역할이 무엇인가에 대한 필자의 고민을 반영한 것이다.

먼저 제1장에서는 수학을 왜 알아야 하는지를 간단한 예를 통해 설명했다. 물론 수학을 한마디로 설명하여 모든 사람들을 수학의 세계에 빠져들게 할 수는 없다. 그러나 적어도 수학이 필요한 이유를 이해한다면 수학에 가졌던 두려움과 거부감을 줄일 수는 있을 것이다.

제2장에서는 수학과 음악의 관계를 소개했다. 많은 음악가들이 자신의 작품을 완벽하게 만들기 위해 여러 가지 수학적 도구를 이용했다. 특

히 피타고라스는 인간이 신성해져서 신과 같은 존재가 되려면 반드시 수학을 공부해야 한다고 주장하며 음악으로 마음을 수양하는 방법을 제시했다. 피타고라스가 만든 음악은 바로 철저하게 수학을 이용한 것들이었다.

제3장에서는 수학과 경제의 관계를 설명했다. 경제가 수학적이라는 사실은 설명하지 않아도 되는 보편적 사실이다. 원래 경제는 수학을 기본으로 하기 때문에 경제에 관련된 수학만으로도 할 말이 많지만 여기서는 주가, 금융공학, 게임 이론, 지니계수, 인구론 등 경제에 적용되는 몇 가지 수학만 언급했다.

제4장에서는 수학과 영화의 관계를 보여주었다. 흔히 종합예술이라고 일컬어지는 영화에는 작가나 감독이 의도했든 의도하지 않았든 상관없이 수학적 원리가 녹아 있다. 이러한 수학적 사실을 찾아가며 영화를 감상한다면 작품의 주제에 한 발짝 더 다가갈 수 있을 것이다.

제5장에서는 수학과 건축의 관계를 설명했다. 사실 건축만큼 수학을 필요로 하는 분야도 없을 것이다. 모든 건축물에서 수학을 찾을 수 있지만 여기서는 우리 주변에서 볼 수 있는 몇 가지 특별한 건물에서 활용된 수학적 원리를 소개했다.

제6장에서는 동양고전 속에 숨겨져 있는 수학의 원리를 찾아보았다. 흔히 동양고전이라고 하면 한자가 가득한 책을 떠올릴 것이다. 그런 책 속에 수학이 들어 있다는 생각을 하기는 쉽지 않지만, 실제로 동양고전에는 흥미로운 수학이 많이 숨어 있다. 옛날이야기를 듣듯 동양고전 속에 숨어 있는 수학을 발견하는 즐거움을 느껴보길 바란다.

제7장에서는 수학과 역사 속 인물의 관계를 소개했다. 이 장을 읽으면 수학과 관련이 없을 것 같은 역사적인 인물들이 사실은 수학을 잘 활용

했다는 사실을 깨달을 수 있을 것이다. 특히 이순신 장군이 왜적을 물리칠 때 수학적 원리를 사용했다는 것은 잘 알려지지 않은 사실이다.

제8장에서는 미술에 적용된 수학에 관해 알아보았다. 특히 서양미술의 싹을 키운 자양분이 수학이었다 할 정도로 수학과 회화는 역사적으로 깊은 관련이 있다. 이 장에서는 그런 사실을 확인하기 위해 미술가들이 수학을 어떻게 활용하여 작품을 완성했는지를 설명했다.

앞에서 소개한 분야 외에도 수학은 이 세상 곳곳에 숨어 있다. 다만 우리가 수학을 외면하기 때문에 우리의 눈에 보이지 않게 숨어 있을 뿐이다. 필자는 이 책을 통해 우리의 삶의 바탕에 수학이 있음을 알려주고 싶었고, 비록 완벽하지는 않지만 수학의 본질을 소개하는 기쁜 마음으로 원고를 마무리했다.

또한 이 책은 중학교 수준의 수학을 공부한 사람이면 이해할 수 있는 수학적 내용을 선별했으므로, 수학을 집중적으로 학습하는 고등학생들이나 보다 더 깊은 수학적 원리에 다가가기를 원하는 대학생들, 또는 수학에 대해 더 알고자 하는 일반인들에게 도움이 될 것이다. 이 책을 통해 수학과 함께하는 즐거움이 얼마나 값진 것인지 경험하기 바란다.

끝으로 이 책이 나오기까지 많은 자료와 원고를 깔끔하게 정리해주신 출판사 여러분에게 감사드린다.

2014년 여름의 한가운데에 있는
가야산 줄기에서

이광연

수학은 모든 분야에 숨어 있다

—— 수학은 오랜 옛날부터 문명의 발달에 핵심적인 역할을 해왔으며, 앞으로도 이와 같은 수학의 역할은 더욱 확대될 것이다. 특히 오늘날 지식정보화사회에서 신기술의 발전은 수학의 뒷받침 없이는 불가능하다. 실제로 수학은 우주 · 항공 · 컴퓨터공학 같은 자연과학 · 공학은 물론이고 경제 · 경영 등과 같은 인문 · 사회 과학에도 폭넓게 이용되고 있다. 또한 수학은 현대문명을 합리적으로 운영하고 발전시켜 21세기를 살아가는 우리에게 창조적이고 논리적인 아이디어를 제공하는 기초가 되어준다.

수학을 공부하는 목적은 단순히 수학의 기본 지식을 습득하는 것에만 그치지 않는다. 사물의 현상을 수학적으로 관찰하고 해석함으로써 실생활의 여러 가지 문제에 적극적으로 대처하고, 더욱 합리적이고 논리적으로 해결하는 능력을 기르는 데 있다.

사실 우리가 원하든 원하지 않든, 또 느끼든 느끼지 못하든 관계없이 수학은 자연 · 역사 · 경제 · 예술 · 생활 속에 생생하게 살아 숨 쉬고 있다. 다양한 분야에서 활용되고 있는 수학의 원리를 이해하는 것은 과거와 현재 그리고 미래의 인류 문명을 이해하는 첫걸음이다. 따라서 수학은 우리 자신을 이해하는 출발점이 된다. 이제 이 책과 함께 스스로를 이해하는 긴 여행을 떠나보자.

수학, 세상을 합리적으로 보는 창

객관적 사실만을 인정하는 수학

사람들은 수학에 대해 '학교에서만 배우는 학문', '계산만 잘하면 되는 학문', '너무 어려운 학문'이라는 선입관을 가지고 있다. 이는 사람들에게 수학 이야기를 꺼내면 금방 알 수 있는데, 사람들은 대부분 학교에 다닐 때 수학이 너무 어려워서 잘 못했다고 말한다. 그렇다면 수학은 정말 학교에서만 배우는, 계산만 잘하면 되는 어려운 학문일까?

이 질문에 답하기 위해서는 먼저 수학을 공부하는 이유를 알아야 한다. 수학은 수와 양 및 공간의 성질에 관해 연구하는 학문이다. 이와 같은 수학을 공부해야 하는 이유는 많이 있지만, 가장 중요한 이유는 세상을 합리적으로 보는 능력을 기르기 위해서다. 우리가 당연히 그렇게 될 것이라고 생각하는 세상의 모든 일에는 변하지 않는 어떤 규칙이 숨어 있다. 이런 규칙들을 이치나 논리에 합당하게 설명할 수 있는 힘을 기르기 위해 수학을 공부하는 것이다. 물론 수학을 제외한 자연과학이나 인문사회과학도 그런 규칙을 찾아내어 합리적으로 설명하기는 하지만 수학만큼 정확하게 그것들을 표현할 수는 없다. 왜냐하면 여타 분야는 어느 정도 주관적인 생각을 포함할 수 있지만 수학은 완벽하게 객관적인 사실만을 인정하기 때문이다.

수학에는 생각의 끈이 필요하다

세상에 숨어 있는 규칙을 제대로 이해하지 못했다면 인류에게 발전은 없었을 것이다. 오랜 옛날부터 문명이 발달된 곳에서는 자연이나 실생활을 수학적으로 바라보고자 하는 생각이 싹텄다. 즉 수학적으로 생각하면서 세상의 이치를 깨우쳐갔던 것이다. 수학적으로 생각한다는 것은 어떤 문제의 해답을 찾아나가는 논리적인 과정을 말한다.

여기서 '수학적으로 생각한다'는 것이 무엇인지 예를 들어보자.

'수학의 황제'라는 별명을 갖고 있고, 인류 전체를 통틀어 아르키메데스(Archimedes), 뉴턴(Isaac Newton)과 함께 위대한 수학자 3인 중 한 사람

독일의 수학자이자 물리학자 가우스

인 가우스(Johann Carl Friedrich Gauss, 1777~1855)가 초등학생이던 10세 때의 일이다. 선생님이 수학 시간에 잠깐 동안 자신이 편하게 쉴 수 있을 것이라 생각하고 어려운 문제를 냈다. 1부터 100까지를 더하라는 덧셈 문제였다. 다른 학생들은 1에 2를 더하면 3이고, 거기에 다시 3을 더하면 6이고 또 4를 더하면 10이고 하는 식으로 한참 동안 계산을 했지만 가우스는 달랐다. 가우스는 일찌감치 수 하나를 적어놓고 팔짱을 끼고 앉아 있었다. 그 답을 본 순간 선생님은 가우스의 천재성을 알아챘다.

다른 학생과 달리 가우스는 이 문제에 일정한 규칙이 숨어 있다는 것을 알았다. 즉 다른 학생들처럼 1부터 차례로 더하는 것이 아니라, 1과 맨 마지막 수인 100을 더하면 101, 다시 2와 99를 더해도 101, 3과 98을 더해도 101이라는 것을 알았다. 이와 같이 더하면 모두 50개의 101이 되므로 가우스는 1부터 100까지의 합은 $50 \times 101 = 5050$이라고 아주 간단하게 정답을 구했다. 바로 임의의 등차수열(等差數列)의 합을 구하는 공식을 유도할 때 사용하는 '등차수열의 대칭성'을 발견한 것이다.

이렇듯 같은 문제를 놓고 대부분의 학생은 처음부터 무조건 더하여 답을 얻으려 한 반면, 가우스는 일정한 규칙을 발견하여 간단히 셈을 했다. 가우스와 같이 생각하는 것을 바로 수학적으로 생각하는 것이라고 할 수 있다.

특히 수학에서는 하나하나를 알아가는 과정을 통해 나머지 것들을 연

| **등차수열** |

연속하는 두 수의 차이가 일정한 수열을 말하며, 두 수의 차이를 '공차'라고 한다. 1, 3, 5, 7, … 등과 같은 수열이 이에 속한다. 수열의 첫항을 a_1, 공차를 d라고 하면 등차수열의 n번째 항은 '$a_n = a_1 + (n-1)d$'로 나타낼 수 있다.
또한 첫항부터 n번째 항까지의 합 S_n는 다음과 같다.

$$S_n = \frac{n(a_1 + a_n)}{2} = \frac{n[2a_1 + (n-1)d]}{2}$$

결하여 알게 되는 '생각의 끈'이 필요하다. 바로 이런 연결된 끈을 찾는 지혜를 갖추는 것이 수학을 배우는 또 다른 이유이기도 하다. 물론 그런 끈은 수학적으로 생각할 때 찾을 수 있다. 실생활의 필요에서 생겨난 수학 지식은 그것을 하나로 묶는 끈을 통해 하나의 짜임새 있는 틀로 자리 잡는 것이다.

TIP

가우스가 수학의 황제라고 불리는 이유는?

1777년 독일에서 태어난 가우스는 이미 3세 때 아버지가 잘못 계산한 것을 발견하고 그것을 지적하여 주위 사람들을 놀라게 했다. 수학의 역사를 통틀어 아르키메데스와 뉴턴만이 그에 필적할 수 있다고들 흔히 말한다. 아르키메데스와 뉴턴은 수학뿐만 아니라 다른 분야도 연구했다. 하지만 가우스는 주로 수학만 연구했기 때문에 우리는 그를 '수학의 황제'라고 부르기를 주저하지 않는다.

가우스가 모델이 된 독일 10마르크 지폐의 앞면. 초상의 왼쪽으로 가우스가 발견한 정규분포곡선의 그래프와 수식이 적혀 있다.

지폐의 뒷면. 가우스가 고안한 천체 관측기 육분의가 소개되어 있다.

가우스는 10세 때 등차수열의 대칭성을 발견한 이후 본격적으로 수학을 공부하기 시작했다. 평행선 공리가 유클리드의 다른 가정들과 독립적이라는 사실을 깨달은 것은 20대 후반으로, 그는 평행선 공리의 독립성을 기반으로 '비유클리드(non-Euclidean) 기하학'을 고안했다. 또한 깔끔하게 복소수 개념을 도입했다.

가우스의 주된 업적 중 하나는 1799년 헬름슈타트 대학에서 학위를 받은 논문으로, 대수학 기본 정리의 증명이다. 이 정리는 다항식으로 된 대수방정식을 푸는 것으로 당시 대수학에서 근본적인 문제로 화젯거리가 되었다. 다른 분야의 업적으로는 유클리드 · 페르마 · 오일러의 전통을 이은 '수론(數論, 정수 · 유리수 · 복소수 등 각종 수의 성질에 관해 연구하는 분야)'에 관한 것이 있다. 1801년에 『수론 연구(*Disquistitiones arithmeticae*)』라는 걸작을 발표했는데, 정다각형을 작도하는 방법 및 이 작도와 수론의 연관을 논했다. "수학은 과학의 여왕이고, 수론은 수학의 여왕이다"라는 그의 발언은 유명하다.

가우스는 겨우 30세에 괴팅겐의 천문학 교수 겸 천문대장으로 임명되었다. 사실 가우스는 수학 분야에서는 잘 알려진 인물이지만 당시 그 밖의 분야에서 세상에 보편적으로 알려지지는 않았다. 그를 세상에 널리 알린 계기는 아마도 '케레스(Ceres) 소행성의 궤도 측정'일 것이다. 가우스의 놀라운 계산 능력은 행성의 궤도를 계산하는 데 아주 유용하게 쓰였다. 그중 한 예로, 가우스는 포물선형 궤도에 관한 문제에서 한 혜성의 궤도를 1시간 내에 계산한 데 반해 오일러(Leonhard Euler)는 고전적인 방법으로 3일이 걸려서 계산했고, 그 결과 오일러는 애꾸눈이 되었다. 그때 가우스는 "내가 만약 그런 식으로 3일 동안 계산했다면 나도 눈이 멀었을 것이다"라고 말했다.

가우스의 평가와 관련한 일화도 있다. 프랑스의 위대한 수학자 라플라스(Pierre S. Laplace)에게 탐험가 훔볼트(Alexander von Humboldt)가 다음과 같이 물었다.

"독일에서 가장 위대한 수학자는 누구입니까?"

사실 탐험가는 그 답으로 가우스를 원했다. 그러나 라플라스는 "독일에서 가장 위대한 수학자는 파프(Johann F. Pfaff)입니다"라고 대답했다. 실망한 훔볼트가 "가우스를 어떻게 생각합니까?"라고 묻자 라플라스는 "가우스는 이 세상에서 가장 위대한 수학자입니다"라고 대답했다. 당시 프랑스와 독일은 적대 관계에 있었지만 라플라스는 가우스를 칭찬하는 데 주저하지 않았다.[1]

수학은 순서와 중심을 알면 더 쉬워진다

수학을 공부하는 데도 순서가 있다

요즘 100층이 넘는 거대한 건물이 세계 곳곳에 세워지고 있다. 이런 건물은 각 나라 또는 지역의 랜드마크 역할을 할 뿐만 아니라 예술적인 면에서도 좋은 본보기가 된다. 이런 거대한 건물은 어떤 순서로 지어질까?

가장 먼저 해야 할 일은 건물을 지을 땅을 준비하는 것이다. 땅이 준비되면 그 땅과 주변의 여러 가지 상황에 잘 어울리는 건물을 짓기 위한 설계도가 필요하다. 설계도가 완성되면 설계한 내용에 맞게 기둥이나 천장 같은 골격을 세워나간다. 건물의 골격이 완성되면 창문도 달고, 전기 시설도 하고, 건물 벽에 페인트도 칠한다. 물론 그 이후에도 크고 작은 일은 수없이 많다. 그런데 건물을 짓는 것은 수학을 공부하는 것과 그 원리가 같다.

땅을 구하는 것은 교과서와 같은 수학책을 구하는 것이다. 그렇다면 건물을 설계하는 것은 수학의 어디에 해당할까? 그것은 바로 책에 나와 있는 목차에 해당한다. 설계도에 의해 정해진 순서와 모양대로 건물을 완성하듯, 수학도 목차에 따라 공부가 진행된다. 또 설계도를 보면 지으려는 건물의 형태나 자세한 모양 등을 알 수 있는데, 수학에서도 책에 제시된 목차를 보면 어떤 내용을 공부할 것이며, 그 순서는 어떻게 된다는 것을 한눈에 알 수 있다.

건물을 짓는 곳에 가면 완성된 건물을 그려놓은 조감도가 있다. 수학책에서도 목차를 보면 앞으로 공부할 내용이 무엇인지 머릿속에 조감도를 그릴 수 있으므로 목차를 알면 이미 50%는 알고 들어가는 것이다.

기하와 대수는 수학의 두 기둥

건물을 지을 때 터를 잘 닦은 다음에 가장 먼저 세우는 것은 기둥이다. 기둥이 튼튼해야 건물이 무너지지 않고 오랫동안 서 있을 수 있다. 수학에서의 기둥은 '기하(幾何)'와 '대수(代數)'다.

'기하'는 해와 보름달의 원 모양과 무지개의 호, 거미집의 방사형 등과 같이 인간의 마음을 사로잡은 자연에서 시작되었으며, 자연에서 볼 수 있는 여러 가지 도형을 다루는 분야다. 위상수학, 삼각법, 미분기하학, 프랙털 기하학 등이 이에 속한다. 반면 '대수'는 기하처럼 눈으로는 볼 수 없지만, 방정식을 푸는 것과 같은 실생활 문제에서 시작되었다. 군론, 수론, 그래프 이론, 행렬론 등이 이에 해당한다.

고대 그리스 사람들은 대수적인 식의 성질을 도형의 성질로 바꾸어 기하에서 다루고 싶어했다. 이를테면 "어떤 수를 제곱하면 4가 되는가?"는 대수적으로 간단히 $x^2=4$로 나타낼 수 있다. 이것을 기하학적으로 표현하면 "넓이가 4인 정사각형의 한 변의 길이를 구해라"이고, 왼쪽 그림과 같다.

넓이가 4인 정사각형

x

x

이러한 경향은 지금도 남아, 정사각형을 영어로 'square'라 하고 어떤 수를 제곱하는 것 또한 'square'라고 한다. 이처럼 기하와 대수는 서로 다른 분야인 것 같지만 이미 3,000년 전부터 통합되어 있었다.

이에 반해, 17세기 프랑스의 철학자이자 수학자인 데카르트는 그리스의 전통을 뒤집어 방정식을 이용해 도형의 성질을 대수적으로 연구했다. 그는 평면에 좌표의 개념을 도입하여 도형을 식으로 나타내고 기하학을 대수적으로 연구했는데, 이런 기하학을 '해석기하학'이라고 한다. 오늘날 우리가 학교에서 다루고 있는 기하학은 대부분 해석기하학이다.

꼭 알아야 할 수학의 기본 영역

기하와 대수라는 두 기둥을 바탕으로 미분과 적분, 확률과 통계, 행렬과 그래프, 지수와 로그 등 수학에 새로운 분야들이 하나씩 등장하게 되었다. 수학은 지금도 끊임없이 발전하고 있는데, 오늘날 수학 분야에서만 새롭게 만들어지는 정리가 1년에 30만 개 이상이라고 한다. 이는 마치 새로운 땅을 개발하여 새로운 건물을 짓는 것과 같다.

그런데 우리가 이 모든 분야를 공부할 수는 없기 때문에 오늘날 중·고등학교에서 배우는 수학은 이런 분야들에 반드시 필요한 '수와 연산', '문자와 식', '함수', '확률과 통계', '기하'의 5개 영역으로 구성되어 있다. 그러면 수학의 기본 영역을 살펴보자.

| 수학의 기본 영역 |

- 수와 연산 : 집합의 연산법칙, 명제의 이해와 활용, 실수의 성질, 복수의 개념과 사칙계산, 등차수열과 등비수열, 여러 가지 수열, 수학적 귀납법.
- 문자와 식 : 다항식의 연산과 활용, 유리식과 무리식의 계산, 이차방정식의 활용, 고차방정식, 연립방정식, 이차부등식, 연립부등식, 절대부등식의 풀이, 지수, 로그.
- 함수 : 이차함수의 활용, 유리함수, 무리함수, 삼각함수의 개념과 활용, 지수함수와 그래프, 지수방정식과 지수부등식, 로그함수와 그래프, 로그방정식과 로그부등식, 함수의 극한, 함수의 연속, 미분계수, 도함수, 도함수의 활용, 부정적분, 정적분, 정적분의 활용.
- 확률과 통계 : 순열과 조합의 이해, 조합, 확률의 뜻과 활용, 조건부 확률, 확률분포와 통계적 추정.
- 기하 : 평면좌표, 직선의 방정식, 원의 방정식, 도형의 이동, 부등식의 영역의 이해와 활용.

앞에서 비유한 것처럼 수학을 공부하는 것은 건물을 세우는 것과 같다. 훌륭한 건물을 짓기 위해서는 먼저 수학의 기본 영역을 잘 알아야 한다. 이로써 기초공사가 튼튼해지는 것이다. 그런데 수학에서의 기초공사는 기본적인 수학적 내용을 암기하고 이해하는 것이지만 더 중요한 것은 수학을 공부해야 하는 분명한 이유와 목적이다. 그리고 그 이유와 목적은 실생활에서도 쉽게 찾을 수 있다.

실생활에서 옳고 그름을 증명하는 수학

실생활 곳곳에 숨어 있는 수학

수학을 억지로 공부하는 대다수의 사람들은 수학은 책 속에만 있는 따분한 것으로 쓸데가 없다고들 한다. 수학은 정말로 간단한 계산 이외에는 실생활에서 필요가 없는 것일까?

슈퍼마켓에서 물건을 살 때를 생각해보자. 만약 슈퍼마켓에 물건들이 정리되어 있지 않고 아무렇게나 놓여 있다면 어떨까? 원하는 물건을 찾기가 쉽지 않을 것이다. 심지어 하루 종일 물건을 뒤져야 할지도 모른다.

그런 난감한 일을 피하기 위해 슈퍼마켓 주인은 같은 종류의 물건끼리 모아서 진열한다. 이는 "어떻게 하면 물건을 잘 배열할 수 있을까?"의 문제인데, 이를 해결해주는 것이 바로 수학이다. 즉 물건을 배열하는 다양한 방법 중에서 가장 효율적인 방법이 무엇인지를 알아내는 것이 바로 수학이다.

바코드.

슈퍼마켓 안에는 좀 더 복잡한 수학적 원리도 숨어 있다. 우리가 원하는 물건을 선택해서 점원에게 건네주면 점원은 그 물건을 계산대로 통과시킨다. 그러면 계산대의 화면에 자동으로 그 물건의 값이 나타난다. 어떤 경우는 점원이 직접 숫자를 입력하기도 한다. 이것이 가능한 이유는 각 물건마다 바코드가 있기 때문이다. 바코드는 덧셈 · 뺄셈 · 곱셈 · 나눗셈을 모두 사용하여 만든 일종의 암호와 같은 것으로 숫자들을 일정한 규칙에 따라 배열한 것이다.

또 물건 값을 치르기 위해 신용카드를 사용하기도 하는데, 이것도 물론 수학을 이용한 것이다. 신용카드의 마그네틱 선 안에는 여러 가지 신용정보가 수학적 조합을 거쳐 저장되어 있다. 카드를 리더기로 읽어서 물건 값을 계산하기 때문에 여기서도 수학이 활용된다는 사실을 알 수 있다.

우리가 알건 모르건 수학은 실생활 곳곳에 숨어 있다. 즉 수학은 단지 교과서 안에만 있는 것이 아니라 생활과 관련된 모든 곳에서 사용되는 실용적인 학문이다. 그런데 지나치게 현실적 필요성만 강조하다 보면 '순수수학'은 발전할 수 없고, 순수수학이 발전하지

순수수학
전적으로 이론이나 추상에 대한 수학을 의미하며 응용수학과 대별된다. 해석학 · 대수학 · 정수론 · 위상수학 · 이산수학 · 기하학 등이 이에 속한다.

못하면 실생활에서의 문제도 쉽게 해결할 수 없을뿐더러 타 학문과 연관된 '응용수학'도 발전하기 힘들다.

이렇듯 수학은 학문의 순수 영역과 실생활 그리고 타 학문이 서로 맞물려 긴밀하게 상호 작용하는 분야다. 현대수학에서는 순수수학과 응용수학의 경계가 점차 모호해지고 있다.

> **응용수학**
> 순수수학을 이용하여 다른 학문의 문제를 해결하는 수학의 한 분야다. 전산학 · 금융수학 · 게임 이론 · 수치해석학 · 수리물리학 · 통계물리학 · 유체역학 · 생물수학 등이 여기에 속한다.

수학은 옳고 그름을 논리적으로 증명하는 것

오늘날 수학의 기본적인 체계는 어떤 내용이 옳은지 그른지 판정하기 위해 논리적으로 증명하는 것이다. 고대 그리스의 수학자 유클리드는 『원론(*Stoikheia*)』이라는 책을 썼는데, 바로 이 『원론』이 오늘날과 같은 형식의 수학의 기초가 되었다. 유클리드는 수학의 활용보다도 체계와 증명 자체의 아름다움을 추구한 학자이기도 하다.

이와 관련하여 재미있는 일화가 있다. 유클리드가 어느 날 제자들에게 열심히 수학을 가르치고 있을 때 한 제자가 "선생님, 이런 것을 배워서 어디에 써먹습니까?"라고 물었다. 그러자 유클리드는 하인을 불러 이렇게 말했다.

"저 학생에게 동전 한 닢을 주어라. 자기가 배운 것에서 무언가를 얻어야 하는 사람이니까."

기원전 100년경에 제작된 것으로 추정되는 유클리드 『원론』의 파피루스 일부.

이 일화에서 유클리드가 수학을 지나치

게 이상적으로만 생각했다는 것을 알 수 있는데, 사실 수학은 현실적인 것과 이상적인 것이 적당히 조화를 이루어야 한다.

수학이 필요 없다고 생각하는 또 다른 이유는 수학이 너무 복잡한 기호와 공식들로 이루어져 있기 때문이다. 그런 기호와 공식들 때문에 자연히 딱딱하고 어렵게 느껴지고, 왜 이런 복잡한 것을 알아야 하는지 이해할 수 없게 된다. 하지만 수학에서는 이러한 기호와 공식이 꼭 필요하다. 이 기호와 공식들을 만드는 것을 "수학을 추상화한다"고 한다. 수학을 추상화한다는 말이 좀 어렵게 느껴질 수 있지만, 예를 들면 이렇다.

사과 2알과 나비 2마리는 완전히 다른 존재다. 그러나 사과 2알에 1알을 더하는 경우와 나비 2마리에 1마리를 더하는 경우는 모두 $2+1=3$과 같은 식으로 간단히 나타낼 수 있다. 그리고 이렇게 식으로 나타낸 것을 이해했다면 이미 수학을 추상화한다는 것을 이해하기 시작했다는 증거다. 만일 추상화하지 않는다면 둘에 하나를 더하는 것을 사과의 경우, 나비의 경우, 도토리의 경우, 수박의 경우 등등 각각에 대해 모두 따로 생각해야 한다. 그러나 우리는 각각의 경우를 따로따로 생각하는 것이 아니라 간단히 덧셈을 이용하여 $2+1=3$으로 이해할 수 있다. 이것이 현실의 문제를 수학적으로 생각하는 것이고, 결국 수학적으로 생각한다는 것에는 추상화도 포함되는 것이다.

수학은 부피를 줄여야 살아남는다

쾨니히스베르크의 다리 건너기 문제

어떤 문제를 수학적으로 생각하여 추상화한 예를 하나 알아보자. 수학에는 '쾨니히스베르크의 다리 건너기 문제'라는 것이 있다.

지금의 러시아 발트 해 지역을 18세기에는 프러시아라고 불렀다. 그 지역에 쾨니히스베르크라는 도시가 있었는데, 현재 이 도시는 러시아의 칼리닌그라드다. 이 도시에는 프레겔 강이 흐르고 있고, 이 강에는 그림

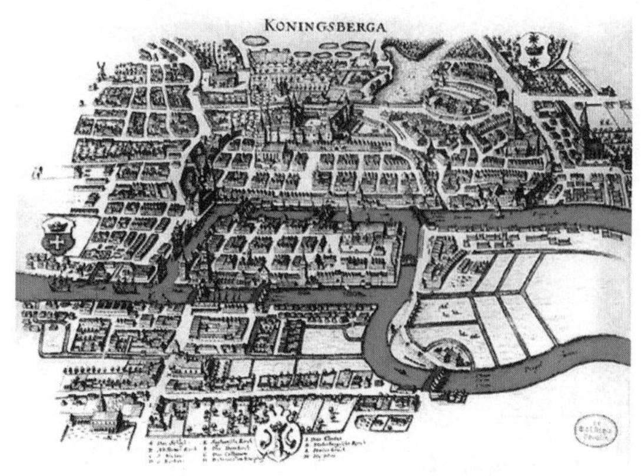

쾨니히스베르크의 다리, 1652. 원본: 마토이스 메리안(Matthäus Merian)의 그림.

과 같이 강 한가운데 있는 섬을 잇는 7개의 다리가 놓여 있었다. '쾨니히스베르크의 다리 건너기 문제'는 "같은 다리를 두 번 건너는 일 없이 7개의 다리를 모두 건널 수 있는가?"라는 것이다. 이 문제에서 하나의 섬이나 강둑은 여러 번 지나가도 되지만 하나의 다리는 정확히 한 번만 건너야 한다.

처음에 사람들은 여러 가지 방법으로 이 문제를 풀려고 시도했다. 어떤 사람은 직접 일일이 다리를 건너며 가능한 방법을 찾으려고 했지만 모두 실패했다. 결국 사람들은 그것이 불가능하다는 것을 짐작하게 됐는데, 그러면서도 왜 불가능한지 그 이유를 알고 싶어했다.

다리를 건너보자. 섬과 그 주위의 땅을 그림과 같이 A, B, C, D의 4개 지역으로 나누고, 이들 지역을 잇는 7개의 다리에 각각 ①, ②, ③, ④, ⑤, ⑥, ⑦이라 번호를 붙이자.

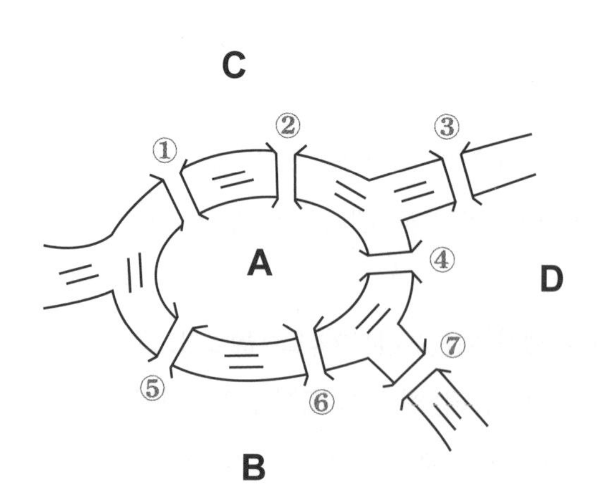

A지역에서부터 시작하여 ①번 다리를 건너고, ②번 다리를 건너고, ⑤, ⑥번 다리를 건너서 ④번 다리를 건너면 ③번이나 ⑦번 다리를 건널 수 있는데, ③번 다리를 건너면 ⑦번 다리를 건널 수 없게 되고,

⑦번 다리를 건너면 ③번 다리를 건널 수 없게 된다.

이번에는 C지역에서 출발하여 ①번 다리를 건너고, ⑤번과 ⑥번 다리를 건너고, ②번과 ③번 다리를 건너면 ④번 다리와 ⑦번 다리가 남는데, 앞에서와 마찬가지로 ④번 다리를 건너면 ⑦번 다리를 건널 수 없게 되고, ⑦번 다리를 건너면 ④번 다리를 건널 수 없게 된다.

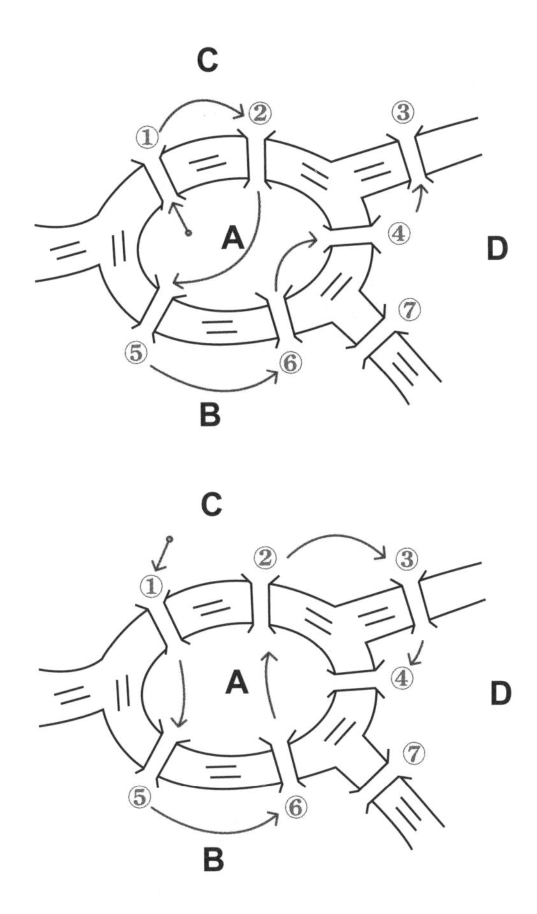

여러 가지 경우를 시도해봐도 모든 다리를 한 번씩만 건너는 경우는 찾을 수가 없다. 그렇다고 몇 가지 경우를 시도해본 것만으로 다리 건너기가 불가능하다고 결론지을 수는 없다.

7개의 다리를 한 번씩만 빠짐없이 모두 건너는 문제는 7개의 다리를 건너는 순서를 정하는 일과 같다. 다시 말하면 7개의 다리를 건너는 순서를 정하면 문제가 해결되는 것으로, 7개의 다리 ①, ②, ③, ④, ⑤, ⑥, ⑦의 순서를 고려해 중복되지 않게 일렬로 배열하고, 이렇게 배열된 모든 경우에 다리 건너기가 가능한지 불가능한지 확인해야 한다.

실제로 7개의 다리를 일렬로 배열하는 경우의 수는 $7\times6\times5\times4\times3\times2\times1=5040$가지다. 만약 일일이 따진다고 하더라도 배열이 틀리거나 어느 경우를 미처 생각하지 못할 수도 있다. 따라서 모든 경우를 따져본다는 것은 너무나 지루하고 한심한 일이다.

추상화를 통해 해답을 찾다

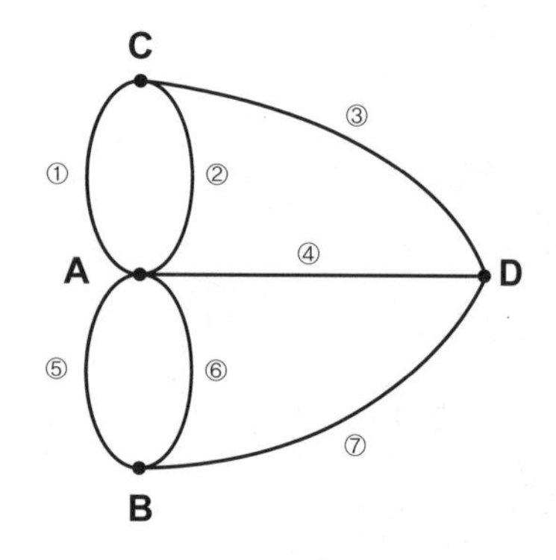

그런데 이 문제를 보자마자 수학적으로 깔끔하게 풀어낸 사람이 있었다. 스위스 출신의 수학자 오일러는 "다리 건너기는 불가능하다"고 단언했다. 그리고 1732년 이 문제에 관련된 내용을 명확히 설명했다. 오일러는 이 문제를 수학적으로 생각하여 추상화했는데 그의 추상화 방법은 매우 간단했다.

앞의 쾨니히스베르크 다리의 지도에서 강으로 분할되는 네 지역 A, B, C, D를 꼭짓점으로 나타내고, 7개의 다리를 네 꼭짓점을 연결하는 선으로 생각하면 위의 그림과 같이 간단히 나타낼 수 있으므로 결국 다리 건너기 문제는 '한붓그리기' 문제가 된다. 한붓그리기란 말 그대로 "주어진 도형을 그릴 때 선을 한 번도 떼지 않고 같은 선 위를 두 번 반복해서 지나지 않도록 그리는 것"이다.

한붓그리기가 가능하다면 그림에서 시작하는 점과 끝나는 점이 있고, 그 두 점 이외의 점은 모두 통과하는 점이 된다. 어떤 점이 한붓그리기의 시작점이라면 처음에 그 점에서부터 나가서 들어왔다가 나가고, 다시 들어왔다가 나가고, 또 들어왔다가 나가고를 몇 번을 반복하든지 들어온 다음에는 반드시 나가야 한다. 따라서 시작하는 점에 연결된 선의 개수는 홀수 개가 된다.

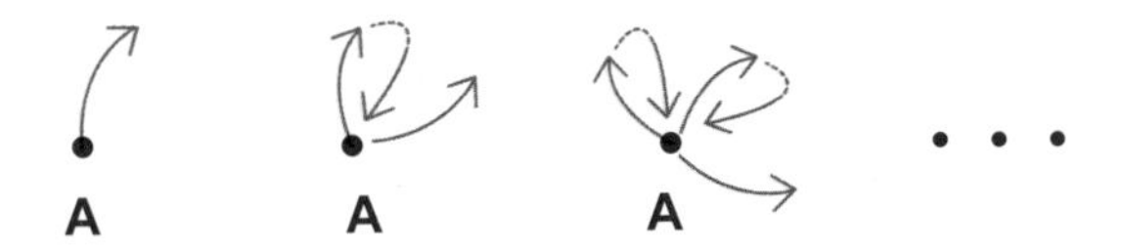

끝나는 점의 경우, 시작하는 점과 반대로 그 점에서 끝나야 하므로 처음에 들어와서 나갔다가 들어오고, 다시 나갔다가 들어오고, 나갔다가 들어오고를 몇 번을 반복하든지 나간 다음에는 반드시 들어와야 한다. 따라서 시작하는 점과 마찬가지로 이 점에 연결된 선의 개수도 홀수 개가 된다.

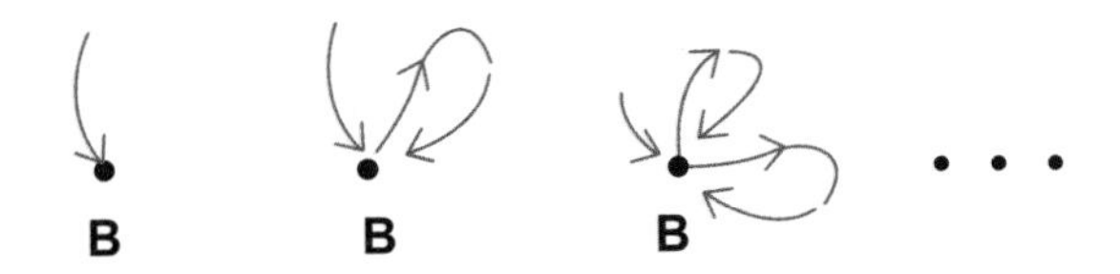

만일 시작하는 점과 끝나는 점이 같다면 그 점에서 나갔다가 들어오고, 나갔다가 들어오고를 반복하게 되어 그 점과 연결된 선의 개수는 짝수 개가 된다. 도중에 통과하는 점 또한 들어오고 나가고가 반복되므로 통과하는 점과 연결된 선의 개수는 짝수 개다.

결국 한붓그리기에서는 점과 연결된 선의 개수가 홀수인가 짝수인가가 핵심이다. 어떤 점에 연결된 선의 개수가 홀수일 때 홀수점, 짝수일 때 짝수점이라고 하면, 결국 한붓그리기가 가능한 도형은 다음의 2가지 경우뿐임을 알 수 있다.

① 홀수점이 없는 경우에는 시작하는 점과 끝나는 점이 일치한다.

② 홀수점이 2개 있는 경우는 시작하는 점과 끝나는 점이 다르다.

이때 홀수점 중 어느 하나를 시작하는 점으로 하고 다른 하나를 끝나는 점이 되도록 하면 한붓그리기를 할 수 있다. 다리 건너기 문제로 돌아가서 홀수점과 짝수점의 개수를 세어보면 점 A, B, C, D가 모두 홀수점이므로 한붓그리기가 불가능하다는 것을 알 수 있다. 오일러는 이와 같은 방법으로 다리 건너기가 불가능하다고 결론 내린 것이다.

이처럼 오일러가 다리 문제를 전혀 관계없어 보이는 점과 직선의 문제로 바꾼 것, 이것이 바로 수학적으로 생각한 추상화다. 그리고 이렇게 점과 선으로 이루어진 도형을 그래프라고 하는데, 이 문제 이후 그래프 이론과 위상수학이라는 새로운 수학 분야가 탄생하게 되었다.

추상화는 곧 수학의 부피 줄이기

이처럼 추상화는 바로 수학의 부피를 줄이는 과정이라고 할 수 있다. 따라서 수학이 발달할수록 설명은 점점 사라지고 기호가 많이 등장한다. 오늘날 해마다 새로 발견되는 수많은 수학 이론을 후세에까지 남기고 발전시키려면 그 내용을 명확하고 간단하게 표현해야 한다. 즉 수학적으로 부피를 줄여야 하는 것이다. 여기서 부피를 줄이지 않은 문제와 부피를 줄인 문제를 비교해보자.

12세기경 인도의 수학자 바스카라(Bhaskara)가 아름다운 시구(詩句)로 엮어서 쓴 수학책 『릴라바티(*Lilavati*)』에 나오는 다음과 같은 문제를 예로

들어보자.

아리따운 아가씨!
내게 당신의 향기와도 같은 지혜를 보여주오.
꽃밭에는 벌떼가 나는데
벌 무리의 5분의 1은 목련꽃으로
3분의 1은 나팔꽃으로
그들의 차의 3배의 벌들은 협죽도 꽃으로 날아갔네.
남겨진 1마리의 벌은 판타누스의 향기와
재스민 향기에 갈팡질팡하다가
두 사람의 연인에게 말을 시킬 것 같은
남자의 고독처럼 허공을 해매고 있도다.
꽃밭에 벌이 몇 마리인지 내게 말해주오.[2]

이 문제를 오늘날과 같은 수학적 기호를 사용하여 풀어보자. 부피를 줄이기 위해 벌의 수를 x라 하면 위의 시는 $x-\frac{x}{5}-\frac{x}{3}-3\left(\frac{x}{3}-\frac{x}{5}\right)=1$로 표현할 수 있다. 이 식의 양변에 3과 5의 최소공배수인 15를 곱하여 정리하면 $15x-8x-6x=15$, 즉 $x=15$로 벌은 모두 15마리임을 알 수 있다. 사실 이것은 중학교 1학년이면 풀 수 있는 일차방정식 문제다.

앞의 시와 일차방정식 중에 어느 것이 간단할까? 확실히 부피를 줄인 것이 훨씬 간단해 보인다. 오늘날 우리가 해결하려는 대부분의 문제는 이처럼 부피를 줄인 것이다. 그리고 해답을 얻기 위해서는 이와 같이 단순화한 식으로 계산해야 한다. 때문에 수학을 제대로 이해하려면 복잡하고 지루하다고 생각하는 계산을 꼭 해야만 하는 것이다.

TIP

가장 아름다운 공식을 만든 오일러

오일러는 1707년 스위스의 바젤에서 태어났다. 처음에는 칼뱅파 목사였던 아버지의 영향으로 신학을 공부했지만 자신의 재능은 수학에 있다는 것을 깨닫고 수학을 공부하기 시작했다. 그의 스승은 당시 유명한 수학자 요한 베르누이(Johann Bernoulli)였다.

오일러의 천재성은 어려서부터 나타났는데 19세 때에는 배에 돛을 다는 최적 위치에 관한 뛰어난 해석으로 프랑스 학술원에서 상을 받았다. 신기한 것은, 이 연구 결과를 발표할 때까지도 오일러 자신은 돛을 달고 바다를 항해하는 배를 보지 못했다는 것이다.

오일러는 35권의 책을 저술하고 750편 이상의 논문을 발표하는 등 수학 역사상 가장 많은 저술을 했는데, 그 결과 수학의 각 분야에 그의 이름이 붙지 않은 것이 없다. 그중에서 1748년 출판된 『무한소해석(*Introductio in analysin infinitorum*)』은 그보다 앞선 수학자들에 의해 발견된 것을 개관하고 재조직하고 증명을 새롭게 함으로써 그때까지 나온 대부분의 책을 뒤져볼 필요가 없게 만들었다.

오일러는 특히 수학의 미적분학 · 미분방정식 · 무한급수 · 해석기하학 · 역학 · 대수학 · 정수론 등에 커다란 족적을 남겼다. 그러나 그가 남긴 업적은 전문가가 아닌 사람들은 쉽게 접근하지 못할 만큼 전문적이고 난해한 편이다. 따라서 여기에서는 수학의 기초 분야에 관련해 오일러가 만든 수학적 표기법과 공식 몇 가지를 살펴보자.

$f(x)$: 함수 표기

e : 자연대수

a, b, c : 삼각형 ABC의 변

s : 삼각형 ABC의 둘레의 반

r : 삼각형 ABC의 내접원의 반지름

R : 삼각형 ABC의 외접원의 반지름

Σ : 합의 기호

i : 허수 단위 $\sqrt{-1}$

$e^{ix} = \cos x + i \sin x$: 복소수 표현으로 '가장 아름다운 공식'으로 인정받음

π : 원주율

그런데 놀랍게도 이렇게 많은 수학적 업적들을 남긴 오일러가 이미 28세(1735) 때부터 오른쪽 눈을 실명하기 시작했다는 것이다. 그 원인은 앞에서도 말했듯 혜성의 궤도를 고전적인 방법으로 쉬지 않고 3일 동안이나 계산했기 때문이다. 그리고 1766년 예카테리나 황제의 초청으로 상트페테르부르크 학술원에 갔을 때 오일러는 불행히도 시력을 완전히 잃었다. 그럼에도 불구하고 이후 17년 동안 눈이 보일 때보다 더 많은 논문을 발표하고 왕성한 연구활동을 보여주었다. 이처럼 신체적 역경을 극복하고 위대한 업적을 남겼다는 점에서 오일러는 '수학의 베토벤'이라 불리기도 한다. 그는 1783년 76세의 나이로 갑자기 세상을 떠나는 날까지도 손자들과 함께 직전에 발견한 정리와 천왕성에 대해 이야기하며 놀았다고 전해진다.[3]

한트만(Emanuel Handmann)이 그린 오일러의 초상(1753). 오른쪽 눈이 악화된 것을 확인할 수 있다.

만물의 근원은 바로 '수'

증명을 통해 완성되는 수학

앞에서 일차방정식 $x-\frac{x}{5}-\frac{x}{3}-3\left(\frac{x}{3}-\frac{x}{5}\right)=1$을 풀기 위해 양변에 3과 5의 최소공배수인 15를 곱했다. 이처럼 등식의 양변에 같은 수를 곱해도 등식이 항상 성립함을 일반적으로 설명하는 과정을 '논증' 또는 '증명'이라고 한다. 그리고 증명은 오늘날의 수학을 완벽하게 만드는 가장 중요한 과정이기도 하다.

인류가 수학을 시작한 이후 처음 얼마간은 경험적인 방법으로 이론을 만들어갔지만, 지금에서 약 2,500년 전부터 수학은 증명을 통해 완성되기 시작했다. 현대수학의 모든 분야에서 반드시 요구되는 증명은 고대 수학자들에게서 이어받은 것으로 인간만이 가지고 있는 능력이다. 이런 능력의 계발을 바탕으로 인류는 발전을 거듭해왔고, 다시 그것을 바탕으로 보다 진보된 문명을 만들어가고 있다.

인류의 발전을 이끈 이런 증명을 처음 도입한 사람은 일반적으로 고대 그리스의 탈레스(Thales)라고 알려져 있지만, 학문의 여러 분야에서 증명을 요구하고 완성한 사람은 피타고라스(Pythagoras)다. 따라서 오늘날 우리는 수학을 포함한 여러 학문 분야에서 알게 모르게 피타고라스의 도움을 받고 있는 것이다.

피타고라스는 제자들에게 거의 신과 같은 대접을 받았기 때문에 혹자는 그를 사이비 종교 집단의 교주라고 혹평하기도 하지만, 그는 수학자이기 이전에 사람들을 진리의 세계로 이끌기 위해 노력했던 철학자이자 종교가이며 사상가였다. 또한 당시 그리스 사회의 부패와 혼란 그리고 무질서를 바로잡은 사람이기도 하다. 독특한 교육 방법으로 인해 결국 파멸의 길로 접어든 피타고라스와 그의 추종자들은 플라톤과 아리스토텔레스에게 커다란 영향을 끼쳤다. 그리고 플라톤과 아리스토텔레스의 사상은 현재 인류 문명의 근간을 이루고 있다. 따라서 현대를 살아가는 우리의 사고방식과 문명의 중요한 부분이 피타고라스에게서 기인한다는 것을 인정하지 않을 수 없다.

만물의 근원을 수로 본 피타고라스

피타고라스는 '만물의 근원은 수'이며, 수학은 모든 사람이 알아야 할 가장 중요한 분야이기 때문에 반드시 공부해야 한다고 주장했다. 피타고라스는 '지혜를 사랑한다'는 뜻의 단어 'philosophy(철학)'를 처음으로 사용하고 스스로를 'philosopher(철학자)'라고 부른 최초의 인물이기도 하다. 그는 철학의 목적을 '스스로 설정한 경계로부터 정신을 자유롭게 하는 것'이라고 주장했다.

지식에 대한 피타고라스의 주된 개념은 현상과 실재의 구분에 있었다. 그는 눈으로 볼 수 있는 세계는 실제로 존재하지 않으면서 나타났다 사라지기를 반복하는 불확실한 형상으로 만들어져 있다고 생각했다. 반면 진정한 존재는 무형(無形)이며, 독자적으로 어떤 능력과 실체를 갖는 영원한 본질이라고 주장했다. 따라서 철학은 이런 진정한 존재와 실재들에 관한 보편적인 과학이라는 것이다. 이러한 그의 사상은 후에 플라톤에게 영향을 미친다.

피타고라스에 의하면 지식은 기교 · 숙고 · 기량 · 지혜 · 정신 · 감각 · 상상 · 토론의 8가지에 의해 얻어진다. 기교 · 숙고 · 기량 · 지혜 · 정신은 신이 나누어준 것이다. 그는 기교를 '이성적으로 협동하는 습관'이라고 설명하며, 기교에는 반드시 '이성적'이라는 단어가 필요하다고 말했다. 이를테면 거미는 아름다운 방사형 집을 짓는 기술은 있지만 이성적이지는 않기 때문에 기교가 없다는 것이다. 숙고는 신이 계획한 행동에서 진실된 것을 선택하는 일이다. 기량은 어떤 능력을 가지고 있으며 그것을 반복하는 습관이다. 지혜는 최초의 원인이 되는 지식이고, 정신은 모든 선한 일의 원리이자 원천이다. 감각과 상상은 비이성적이고 동물적인 반면에 토론은 인간의 특성이다. 육체의 감각을 통해 얻어지는 지식은 믿을 수 없는 것이고, 상상은 영혼과 관련된 관념이다.

피타고라스는 이런 생각을 바탕으로 제자들에 대한 교육과정을 수립했다. 피타고라스는 세상의 모든 것을 정수의 비로 나타낼 수 있다고 믿었다. 자연 · 우주 · 인간 등 주변의 모든 것이 정수의 비로 표현되므로, 결국 모든 것은 수를 연구하는 것으로 귀결된다고 생각했다. 그가 모든 학문은 수에서 시작해야 한다고 주장한 것은 그런 이유 때문이다.

J. 어거스터 냅(J. August Knapp), 〈피타고라스〉, 1928, 뉴베리라이브러리, 시카고.

수(數)로 시작되는 교육과정은 음악 · 기하학 · 신학 · 천문학 · 의학 · 정치학 순으로 진행되었다. 그와 동시에 이런 지식을 얻는 데 기본이 되는 논리학 · 분석학 · 어원학도 가르쳤다. 피타고라스는 모든 세부적인 수업 내용 중에서도 단지 배움 그 자체의 중요성을 강조했다. 그는 이성을 발전시키려는 노력을 중요시하며, 부 · 권력 · 명예 · 아름다움 · 체력 같은 것보다 더 가치를 지닌 지식의 6가지 장점에 대해 말했다.

첫째, 철학자들이 발견한 진리는 인류의 공동자산이므로 지식은 개인적인 이익이 될 뿐만 아니라 사회적으로도 이익이다.

둘째, 우리에게 지식이 없으면 다른 선(善)이 주는 혜택을 누릴 수 없다.

셋째, 지식은 사용하거나 남에게 전해주어도 줄어들지 않는다.

넷째, 평범한 사람들은 타고난 환경과 소질 때문에 부나 권력에 다가가기 힘들지만 지식에는 제한이 없다.

다섯째, 열심히 가꿔도 죽으면 썩는 우리의 몸과 다르게 지식은 우리의 인생을 통해 불멸의 불꽃을 준다.

여섯째, 지식은 항상 다른 사람에게 봉사할 수 있게 한다.

피타고라스가 철학을 다루는 데 가장 중요하게 생각한 것은 수학적 관점이었다. 그는 수학적 관점을 4가지로 나누고, 이에 대해 다음과 같이 말했다.

"산술, 음악, 기하학 그리고 천문학은 지혜의 근본으로 1, 2, 3, 4의 순서가 있다."

피타고라스에 의하면 산술은 수 자체를 공부하는 것이고, 음악은 시간에 따른 수를 공부하는 것이며, 기하학은 공간에서 수를 공부하는 것이고, 천문학은 시간과 공간에서 수를 공부하는 것이다.

만물의 근원을 알려면 반드시 수학을 공부해야 한다는 것이 피타고라스의 주장이었는데, 이런 주장은 매우 설득력이 있다. 피타고라스는 모든 과학과 우주, 심지어 신들까지도 수학으로 이해하고 표현하려고 했다. 그에 따르면 세상의 모든 것은 수학적으로 설명이 가능하며, 모든 것을 설명 가능하게 해주는 것이 또한 수학의 본질이다.

수학은 모든 분야에서 융합과 통섭을 반복한다

수학은 모든 분야에 숨어 있다

수학은 많은 공식과 정리를 암기하고 복잡한 숫자들을 조작하여 다루는 활동을 포함하기 때문에 흔히 따분하고 지루한 학문이라고 생각한다. 그리고 모든 것을 수학으로 이해하고 표현하려는 수학자들과 달리 일반인은 도대체 수학이 어디에 어떻게 이용되는지 알아채기 쉽지 않다. 그러나 무의미해 보이는 공식이나 언뜻 보기에는 이해할 수 없는 다분히 추상적인 이론들의 내면에는 명백한 수학적 사실이나 원리를 바탕으로 하는 아주 명쾌한 진리가 숨어 있다. 그리고 이런 진리는 바로 인류를 발전시켜온 자양분이다.

수학은 대부분의 사람들이 상상하는 것보다 훨씬 새롭고 다양하다. 대략 추산해보면 전 세계 수학자는 10만 명 정도 되며, 그들은 매년 200만 페이지 이상의 새로운 수학 이론을 만들어낸다고 한다. 그리고 이러한 이론들은 오늘날 지식정보사회에서 활용되지 않는 곳이 없다.

따라서 수학이 어느 분야와 어떻게 융합되고 통섭이 가능한가를 따지는 것은 어리석은 짓일지도 모른다. 왜냐하면 수학은 일반인이 볼 수 없는 곳에서 오늘날의 모든 분야와 통섭 · 융합을 지속적으로 반복하고 있기 때문이다.

그러나 그렇게 모든 분야에 숨어 있는 수학은 우리가 중 · 고등학교에서 배운 내용으로는 설명할 수 없는 것이 대부분이다. 그래서 숨어 있는 수학을 찾아내기 힘든 것이다. 사실은 수학을 전공하는 사람들조차 수학이 활용되고 있는 다양한 분야를 모두 알고 이해하지는 못한다.

물리학에 숨어 있는 수학

예를 들어 물리학에 숨어 있는 수학을 찾아보자. 물리학에서 분자 · 원자 · 전자와 같이 작은 크기를 주로 연구하는 분야인 '양자역학(量子力學)'은 19세기 중반까지 뉴턴의 고전역학으로 설명할 수 있었다. 그러나 19세기 후반부터 20세기 초반까지 이루어진 전자 · 양성자 · 중성자 등 아원자입자에 관련된 실험들의 결과는 고전역학으로 설명을 시도할 경우 모순이 발생하여 이를 해결하기 위한 새로운 역학체계를 필요로 했다. 이때 가장 필요한 것이 '대칭군(對稱群)'이다.

대칭군을 이해하려면 먼저 '군(group)'이 무엇인지 알아야 한다. 그러나 수학자들에게조차 '군'은 쉬운 개념이 아니다. 주어진 유한집합에서 유한집합으로의 일대일대응을 원소로 갖는 집합에 일대일대응의 합성을 연산으로 하는 '대칭군'이 20세기 이후에 첨단과학을 이끌고 있는 양자역학의 기초 이론이다. 지금 설명한 대칭군의 정의는 가장 간단하며 이해하기 쉽게 주어진 것이다. 이런 수학이 양자역학에 활용되고 있음에도 불구하고 아마 외계 언어처럼 느껴질 것이다. 결국 수학이 아닌 것처럼 보이기 때문에 우리는 양자역학에서 수학을 찾을 수 없다고 생각한다.

| 군 |

집합 $G(\neq\varnothing)$ 위의 이항연산 $\circ$이 정의되어 있고, 임의의 원소 $a, b\in G$에 대하여 다음이 성립할 때, $(G, \circ)$을 군이라고 하며 'G는 연산 $\circ$에 관하여 군을 이룬다'고 한다.

G.1 : $(a\circ b)\circ c=a\circ(b\circ c)$

G.2 : 특정한 원소 $e\in G$가 존재하여, 임의의 원소 $a\in G$에 대하여 등식 $a\circ e=e\circ a=a$가 성립한다. 원소 e를 G의 연산 $\circ$에 관한 항등원이라고 한다.

G.3 : 각 $a\in G$에 대하여 $a\circ b=b\circ a=e$인 원소 $b\in G$가 존재한다. 이러한 원소 b를 a의 연산 $\circ$에 관한 역원이라고 하고, 이것을 a^{-1}로 나타낸다.[4]

DNA와 바이러스 연구에 사용되는 매듭이론

반면 누구나 생각할 수 있는 쉽고 재미있는 수학도 있다. 이를테면 끈을 묶어서 만들 수 있는 매듭을 생각해보자. 실생활에서 물건을 포장하거나 장신구를 만드는 등 누구나 별 생각 없이 사용하는 매듭에는 수학의 한 분야인 매듭이론이 숨어 있다. 수학에서 매듭이론은 '분자의 화학적 성질은 이를 구성하는 원자들이 어떻게 꼬여서 매듭을 이루고 있는가에 달려 있다'라는 켈빈(Kelvin)의 '볼텍스(Vortex) 이론'에서 기인했다. 원자들이 꼬여 있는 모양에 따라 화학적 성질이 달랐기 때문이다.

실생활에서 쓰이는 매듭. 조지 크룩섕크(George Cruikshank)의 삽화, 1818.

이러한 매듭이론은 오늘날 실생활에서 더욱 광범위하게 사용되고 있을 뿐만 아니라 어린아이의 지적 발달을 돕는 도구 또는 DNA와 바이러스 연구 등의 과학 분야에서도 중요한 요소로 인정받고 있어 주목할 필요가 있다.

실생활에서 사용하는 매듭은 일반적으로 줄을 꼬아 묶은 것을 일컫지만, 수학에서의 매듭은 고무 밴드처럼 줄의 양쪽 끝이 맞붙은 것을 가리킨다. 매듭이론에서는 하나의 매듭을 자르지 않고 조금씩 움직여서 다른 매듭으로 바꿀 수 있을 때 '두 매듭은 같은 형태를 지닌다'고 말한다. 즉 매듭의 모양이 다르더라도 매듭이론의 관점에서는 같은 매듭이 될 수 있다. 이처럼 매듭이론은 서로 다른 매듭들을 분류하려는 데에서 출발한다.

매듭을 분류하는 방법 중 가장 대표적인 것이 '교차점의 수'이다. 매듭이론에서 가장 간단한 매듭은 꼬인 곳이 없는 매듭으로, 아래의 왼쪽 그림과 같은 원형매듭(또는 풀린 매듭)이다. 아래 그림에서 원형매듭 이외의 나머지 매듭들은 모두 끈을 조금씩 움직이면 원형매듭과 같은 매듭이 되므로 사실 이들도 모두 원형매듭이다.

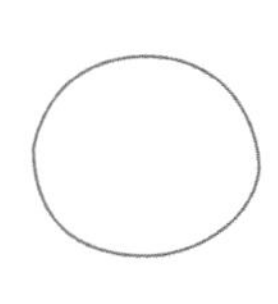
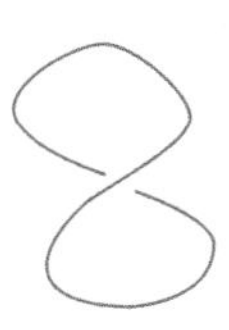
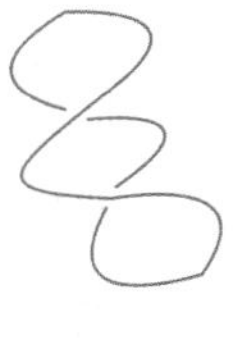

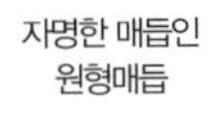

자명한 매듭인 원형매듭

3차원 공간에서 꼬아놓은 상태를 조금씩 움직이면 왼쪽의 원형매듭이 된다.

하지만 교차점의 수가 9개인 매듭이 수십 개이고, 10개인 매듭도 수백 개가 되기 때문에 단순한 방법으로 이들을 분류하는 것은 불가능하다. 20세기에 들어서면서 교차점이 3개인 세잎매듭에 다음과 같이 왼세잎매듭과 오른세잎매듭 두 종류가 있다는 것이 밝혀졌다. 얼핏 보기에는 두 매듭이 같은 매듭인 것처럼 보이지만, 가위로 줄을 끊어내지 않고서는 아무리 애써도 하나를 다른 하나로 변형시킬 수 없기 때문에 이 둘은 비슷해도 서로 다른 매듭이다.

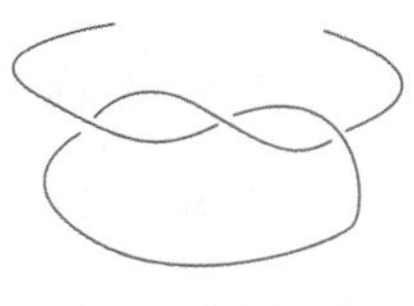

일반적으로 한 번 묶는 매듭

왼세잎매듭

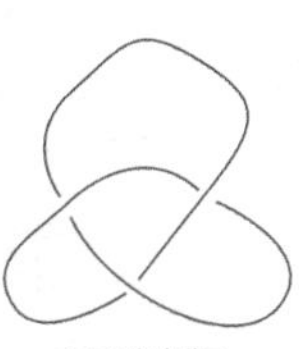

오른세잎매듭

대수적 구조
연산이 주어진 집합으로서 몇몇 규칙을 만족하는 집합을 말한다. 추상대수학은 주로 대수적 구조와 그 성질을 연구한다.

점화식
수열 또는 함수열에서, 항 사이에 성립하는 관계식.

폐곡선
한 곡선상에서, 한 점이 한 방향으로 움직일 때 출발점으로 되돌아오게 되는 곡선을 이르며, 원(圓)과 타원 따위가 이에 해당한다.

왼세잎매듭과 오른세잎매듭이 서로 다르다는 것을 알기 위해서는 매듭의 모양에 따라 변하지 않는 어떤 수학적인 수가 필요하다. 이것을 '매듭의 불변량'이라고 하는데, 불변량을 구하는 방법은 매듭 교차점의 수, 매듭의 대수적 구조(代數的構造, algebraic structure)와 더불어 점화식(漸化式)으로 계산이 가능한 것까지 매우 다양하다.

앞의 그림과 같이 매듭을 평면에 그릴 때는 교차점을 위와 아래로 표시한 폐곡선(閉曲線)으로 그린다. 이와 같이 평면 위에 그려진 매듭이 언제 같아지는지를 알아내는 풀이가 독일의 수학자 라이데메이스터(Kurt Reidemeister)에 의해 알려졌다. 그는 2개의 같은 매듭은 다음 그림과 같이 세 종류의 변형에 의해 하나에서 반드시 다른 하나가 얻어진다는 것을 알았다. 매우 간단해 보이는 이 변형을 사용하여 매듭을 구별하기는 어렵다. 하지만 교차점의 개수가 변하지 않음을 증명하는 데는 유용하게 사용된다.

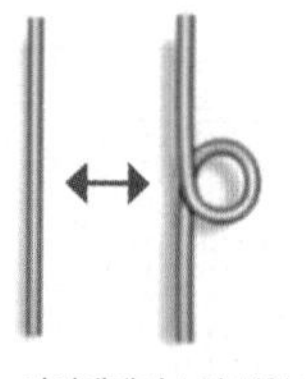
라이데메이스터 변형 I

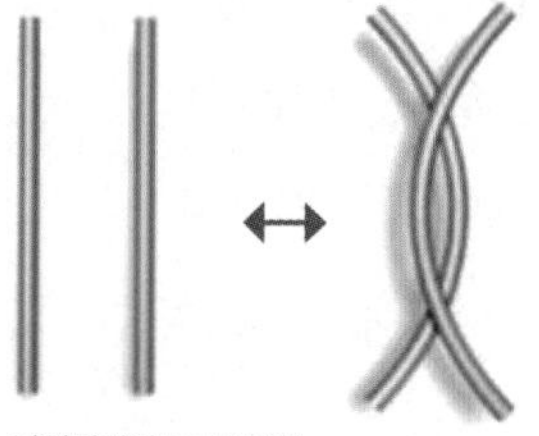
라이데메이스터 변형 II

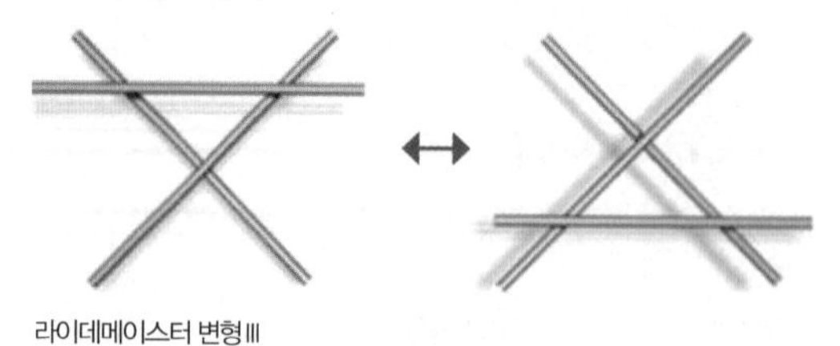
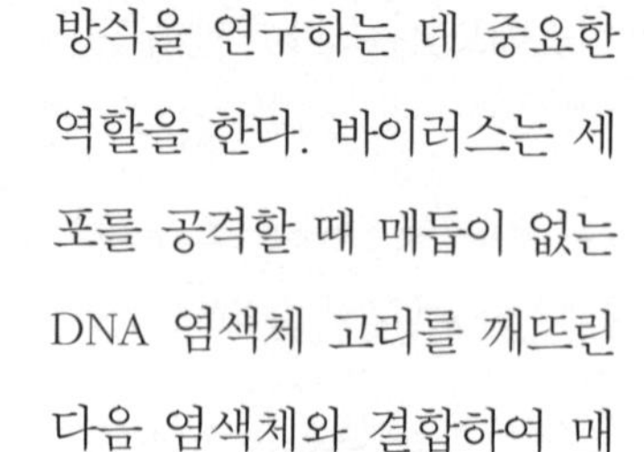
라이데메이스터 변형 III

오늘날 매듭은 DNA의 구조나 바이러스의 행동 방식을 연구하는 데 중요한 역할을 한다. 바이러스는 세포를 공격할 때 매듭이 없는 DNA 염색체 고리를 깨뜨린 다음 염색체와 결합하여 매듭을 만든다. 그러므로 바이러스가 우리의 몸 안으로 들어와 어떤 작용을 하는지 밝혀내려면 매듭이론의 원리를 알아야 한다. 그리고 매듭이론은 DNA 복제에도 중요 요소로 작용한다. DNA가 복제되려면 꼬여 있는 이중 나선을 분리해야 한다. 이 꼬인 이중 나선을 최소한의 횟수로 끊어야 하는데, 이때 매듭이론이 사용된다.

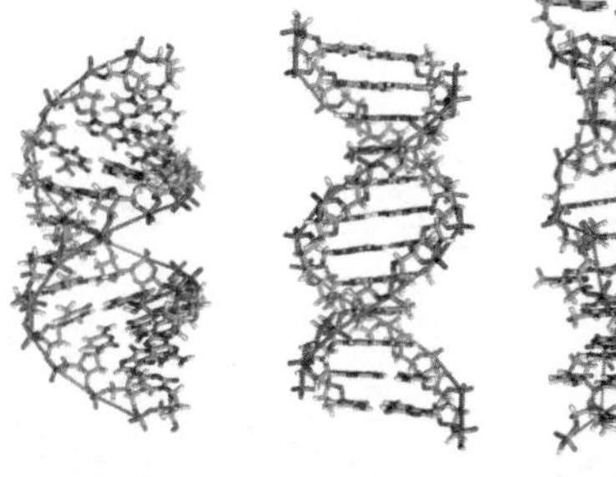

DNA의 구조

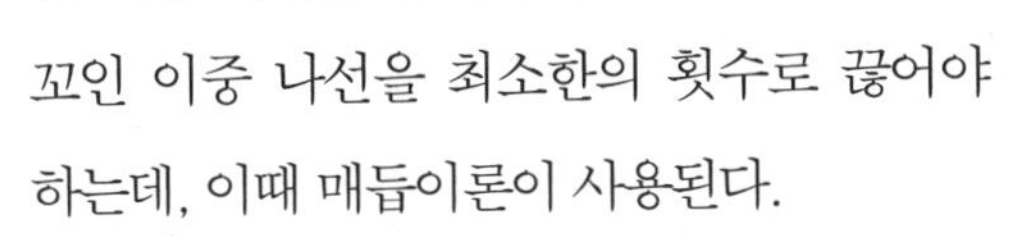

이렇듯 매듭이론은 선진국을 중심으로 지난 30년간 대단한 발전을 이루었으며 매듭을 연구하는 많은 수학자들이 필즈상(Fields Medal)을 받기도 했다.[5]

> **필즈상**
> 국제 수학연맹이 4년마다 개최하는 세계 수학자 대회에서 40세가 되지 않은 수학자 2~4명에게 수여하는 상이다. 캐나다의 수학자 존 찰스 필즈의 유산을 기금으로 1936년 처음 시행되었으며, 수학 부문에서 권위가 있는 상이라는 의미로서 흔히 '수학의 노벨상'이라고도 불린다.

보통 매듭이론은 간단하다고 생각할 수도 있지만, 깊이 들어가면 대칭군과 마찬가지로 매우 어려운 부분이다. 쉽고 흥미로운 소재처럼 보이지만 그것에 관해 좀 더 이해하려면 중·고등학교에서 배운 내용을 뛰어넘고, 심지어 대학에서 수학을 전공하는 사람들도 이해하기 어려운 깊은 수학적 배경을 갖춰야 한다.

이 책에서는 중학교 수준의 수학을 공부한 사람이면 누구나 이해할 수 있는 수학적 내용만을 선별하여 소개할 것이다. 그럼에도 불구하고 더 많은 것을 알고 싶어하는 독자를 위해 관련 내용과 참고문헌을 곳곳에 제시했다.

이제 사람이 살아가는 세상의 이치를 이해하기 위해 다양한 분야에서 활용되고 있는 수학을 찾아 떠나보자.

수학과 음악, 환상의 조화를 이루다

—— 고대 그리스에서 음악은 수학과 더불어 반드시 배워야 할 과목이었다. 최초로 스스로를 '철학자'라고 부른 피타고라스는 철학을 하는 데에서 수학적 관점을 가장 중요하게 생각했다. 앞서도 언급했듯 그는 이 수학적 관점을 4가지로 나누며, "산술 · 음악 · 기하학 · 천문학은 지혜의 근본으로 1, 2, 3, 4의 순서가 있다"고 했다.

피타고라스에 의하면 산술은 수 자체를 공부하는 것이고, 음악은 시간에 따른 수를 공부하는 것이며, 기하학은 공간에서 수를 공부하는 것이고, 천문학은 시간과 공간에서 수를 공부하는 것이다.

피타고라스가 이렇게 주장한 것은 이 4가지가 모두 일정한 규칙과 아름다운 비율로 이루어져 있기 때문이다. 그의 주장에 의하면 음악은 시간이 흐르는 동안 수가 변하면서 생기는 것이다. 따라서 음악과 수학은 고대부터 아주 밀접한 관련이 있었다는 것을 짐작할 수 있다.

피타고라스는 왜 음악을 수학으로 해석하려고 했을까?

이 장에서는 피타고라스가 수학을 이용해 음악을 이해하려고 했던 이유에서 출발하여 음악 속에서 수학을 찾아보는 여행을 시작하자.

음악에서 '조화'를 찾은 피타고라스

육체와 영혼의 조화를 이루는 음악

피타고라스는 음악이 오락과 같이 단순하게 다루어져서는 안 된다고 가르쳤다. 오히려 그는 음악이 혼돈과 불화에 질서를 가져오는 신성한 원리인 '하르모니아(harmonia)'의 표현이라고 인식했다. 하르모니아는 '조화'라는 의미의 그리스어로 음악에서 음계를 뜻할 뿐만 아니라 형이상학적 조화와 일치라는 의미도 있다.[1] 이 말은 원래 목공예나 선박을 건조할 때 사용되던 단어로 나뭇조각을 붙이거나 묶는 것을 의미했다. 그러나 가장 중요한 의미는 "본질적으로 다른 원소들을 함께 묶는다"는 것이다.

샤르트르 대성당 오른쪽 문에 새겨진 피타고라스. 피타고라스 위쪽에 망치로 철금을 두드리는 여인이 조각되어 있는데, 이는 피타고라스가 대장장이가 철을 두드리는 소리를 듣고 순정률을 발견한 것을 상징한다.

피타고라스에 의하면 음악은 2가지 가치를 지니고 있다. 하나는 수학과 마찬가지로 사람들로 하여금 자연의 구조를 볼 수 있게 해준다는 것이고, 다른 하나는 만약 음악을 정확하게 사용한다면 영혼의 조화를 가져다줄 뿐만 아니라 몸과 마음을 정화시켜 우리의 육체와 영혼을 완벽하게 유지해준다는 것이다.

피타고라스는 제자들에게 "어떤 지식이든 가장 먼저 신경 써야 할 것은 모양이나 형태의 아름다움을 인식하는 것이 아니라, 아름다운 리듬과 멜로디를 듣는 것"이라고 가르쳤다. 피타고라스는 음악의 멜로디나 리듬을 통해 지식을 전달할 수 있다고 생각했다. 또 그렇게 함으로써 사람의 예절을 바로잡고 감정을 치료하며 육체와 영혼을 조화시킬 수 있다고 믿었다.

피타고라스는 마음의 상태에 따른 리듬과 멜로디를 선택해서 들음으로써 슬픔 · 분노 · 욕망 · 실망 · 질투 · 자만심 같은 감정을 조절할 줄 알았다. 더욱이 그는 영혼과 육체의 병을 치료할 수 있는 음악과 춤 그리고 몸동작을 고안했다. 즉 분별이 없거나 나쁜 감정에 휩싸여 있는 제자들에게 온음계, 반음계 그리고 반음 이하의 음정을 신묘하게 뒤섞은 연주를 들려주어 그런 부정적인 영혼의 감정을 간단히 바꾸고 돌려놓았다. 그는 또한 영혼을 정화하기 위해 호메로스(Homeros)와 기원전 8세기

경의 그리스 시인 헤시오도스(Hesiodos)의 시를 노래로 사용하기도 했다.

피타고라스는 제자들이 매일 저녁 잠자리에 들기 전에 낮 동안의 혼란과 흥분을 가라앉히기 위한 음악도 만들었다. 그는 이런 음악을 들으며 잠자리에 들면 지적인 힘이 순수해지고, 즐겁고 예언적인 꿈을 꾸며, 숙면을 취할 수 있다고 주장했다.

피타고라스는 제자들이 아침에 일어날 때 리라(lyra)나 목소리를 이용해 만든, 독특한 화음과 리듬의 변화로 이루어진 음악을 들려주어 밤 동안의 무기력한 혼수상태와 무감각에서 깨어나게 했다. 또 때로는 가사 없이 악기로 연주하는 음악을 이용해 제자들의 영혼의 격정과 불건전함을 황홀한 상태로 이끌어 평안해지도록 했다. 피타고라스가 고안한 리듬과 노래는 길고 짧은 행이 번갈아 나타나는 고대 그리스 서정시의 기원이 되었다.

피타고라스는 음악이 건강에 매우 좋다고 여겼기 때문에 몸을 정화하는 의식에서 늘 음악을 사용했다. 그는 또한 각각의 시간과 계절에 맞는 음악이 있다고 생각했다. 봄이 되면 피타고라스 공동체 사람들은 리라 연주자를 가운데 두고 주변에 둥글게 모여 앉아 리라 연주자가 멜로디를 만들어내면 다 함께 노래를 불렀다. 조화를 이룬 합창과 같은 노래가 만들어지면 기쁨에 넘쳤고, 그들의 이런 의식은 우아하고 질서 있게 치러졌다. 또한 이런 의식은 몸의 병을 치료하는 데에도 이용되었다.

피타고라스 공동체
피타고라스가 크로톤으로 이주한 뒤 만든 공동체 '케노비테스(Cenobites)'를 일컬으며, 나중에 피타고라스학파라 불리는 것도 이 공동체다. 그리스어로 '공동체 생활'이란 뜻이다. "여성들은 공공장소의 모임에 나올 수 없다"는 당시의 법률을 깨고 많은 여성들이 참석했는데, 그중 제자였던 테아노(Theano)는 피타고라스의 부인이 된다.

조금은 신화적인 이야기지만, 피타고라스는 음악으로 다른 사람의 마음을 움직일 수 있었던 것으로 알려져 있다. 어느 날 밤 피타고라스는 별을 관찰하며 크로톤 시내를 걷던 중 어떤 술집 앞을 지나면서 술을 마시고 있는 한 젊은이를 보았다. 그 젊은이는 자신이 좋아하는 여인이 다른 남자와 친하게 지내는 것을 알고 상심하여 술을 마시고 있었다. 그때 그 술집의 악사는 플룻을 연주하고 있었다. 얼마쯤 지나 피타고라스가 다시 그 술집 앞을 지날 때, 그 젊은이는 자신이 좋아하는 여인의 집에 불을 지르겠다고 소란을 피우고 있었다. 피타고라스는 얼른 술집 악사에게 연주하고 있던 프리기아(Phrygia) 음악을 차분하고 긴 리듬으로 바꾸라고 조언했다. 악사가 얼른 리듬을 바꾸어 연주하자 젊은이의 분노는 금세 진정되었고, 주위 사람들의 위로의 말을 듣고는 조용히 집으로 돌아갔다.

이런 음악들은 단순히 악기나 인간의 발성기관으로 만든 것이라기보다는 보통 사람은 이해하기 힘든, 형언할 수 없는 피타고라스만의 신성함이 더해진 것이었다.

음악을 통해 우주의 근원에 다가가다

피타고라스는 부단한 연습을 통해 청취력을 향상시켰으며, 결국 특별한 힘을 갖게 되었다. 그리하여 이 세상의 어떤 소리보다 강렬하고 풍부한 선율을 만들어내는 우주의 조화와 그곳에서 움직이는 별들의 협화음을 들을 수 있게 되었다. 피타고라스는 자신만이 들을 수 있는 천지만물의 근원과 원천에서 비롯된 천상의 소리를 악기나 노래를 이용하여 제자들에게 전달하고자 했다. 그는 천체에 관한 것을 배우고 가르치려면 음악을 이용하는 것이 효과가 있다고 스스로 생각했다.

또한 피타고라스는 음악을 사용해 우주를 묘사하고자 했다. 이렇게 해서 만들어진 선율은 여러 가지 음색 · 박자 · 음정과 리듬을 잘 배치하여 음악적으로 매우 복잡하지만 우아하고 부드러운 소리를 냈다. 여기에 피타고라스 자신의 사상과 지성을 가미하여 우주를 모방한 음악을 만들어냈고, 이것을 노래나 악기 연주를 통해 제자들에게 들려주었다.

피타고라스는 제자들에게 "자신의 육체를 조율할 수 있어야 한다"고 가르치고 훈련시켰다. 하지만 이런 능력을 발휘하지 못하는 사람들은 피타고라스의 육체를 통해 사물의 원형을 완전히 이해할 수 있다고 생각했다. 이를테면 맨눈으로 태양을 똑바로 쳐다볼 수 없기 때문에 잔잔한 물이나 녹인 역청에 반사된 것을 보거나, 태양 관찰용으로 검게 그을린 유리 또는 놋쇠거울을 이용하는 것과 같다. 엠페도클레스는 다른 사람보다 더 뛰어났던 피타고라스를 다음과 같이 수수께끼 같은 시로 표현했다.

> 피타고라스학파 중에서 지식이 가장 뛰어난 사람이 있다네.
> 그는 매우 풍부하고 광대한 지식창고를 가지고 있네.
> 그리고 가장 높은 위치에서 지혜의 일을 돕고 있네.
> 그의 지성의 모든 힘이 전개될 때, 그는 모든 것을 쉽게 알 수 있다네.[2]

TIP

피타고라스는 왜 무리수의 발견을 숨겼을까?

수학을 조금이라도 공부한 사람치고 피타고라스를 모르는 사람은 없을 것이다. 왜냐하면 이른바 '피타고라스 정리'라는 직각삼각형에 대한 유명한 정리가 있기 때문이다.

피타고라스는 기원전 582년경 에게 해의 사모스(Samos) 섬에서 태어난 것으로 추정된다. 탈레스보다는 약 50세가량 어렸던 것으로 추측되는데, 이런 사실에서 피타고라스가 탈레스의 제자였다고 짐작된다.

피타고라스는 오늘날의 이탈리아 남부에 위치한 항구도시 크로톤에 학술 연구단체이면서 수도원 성격을 띤 피타고라스 공동체를 결성했다. 이 공동체는 영혼의 윤회사상을 가르치고, 육식을 금하며, 온화와 겸손, 과묵을 덕목으로 추구했다. 그곳에서는 철학 · 수학 · 자연과학 등을 가르쳤는데, 수업 방식은 독특하게도 모두 구두로만 행해졌으며, 어떠한 기록도 남기는 것을 허용하지 않았다.

이 공동체에서 공부하고 연구하는 사람들은 이른바 '피타고라스학파'라고 일컬어졌다. 그들이 발견한 모든 내용은 피타고라스 한 사람의 이름으로만 발표되었는데, 이는 그들이 종교집단적인 성격을 강하게 띠고 있었기 때문이다. 기원전 5세기 후반에 이르러 민주세력에 의해 학교가 해산되었지만, 이 학파는 그 뒤에도 약 200년간 존속되었다.

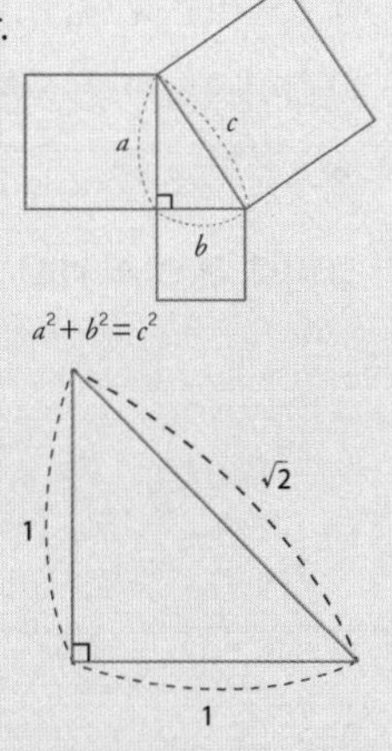

피타고라스 정리. 히파수스가 발견한 무리수의 비밀.

직각삼각형에 대한 피타고라스 정리는 "만

물의 근원은 정수"라는 피타고라스학파의 중심 사상을 무너뜨렸는데, 그것은 이 정리를 이용하여 '무리수(無理數, irrational number)'를 발견했기 때문이다. 피타고라스학파는 무리수 $\sqrt{2}$의 발견을 숨기기 위해 그에 대해 발설하는 사람을 죽이기까지 했다고 한다.

당시 피타고라스학파였던 히파수스(Hippasus)가 처음으로 무리수를 발견했는데, 이 일은 피타고라스학파에게 큰 충격이었다. 그들은 이 수들에 '하르곤'이란 이름을 붙여서 오랫동안 극비에 붙였다. '하르곤'은 '비합리적인' 또는 '비이성적인'이라는 뜻의 그리스어로, '합리적인'이라는 뜻의 '로고스'와 이를 부정하는 접두어 '하'의 합성어다. 이 무리수의 발견으로 피타고라스학파 안에서 이단아 취급을 받던 히파수스는 지중해 너머로 추방되었고, 바다에서 죽었다고 전해진다.

무리수의 발견을 발표하지 않은 피타고라스학파는 정오각형에 별을 그려 넣은 모양을 학파의 상징으로 삼았는데, 그 이유는 별의 임의의 한 변이 그것과 교차되는 나머지 두 변을 1 : 1.618로 '황금분할(golden section)'하기 때문이었다.

황금분할은 기원전 4700년경에 건설된 이집트 피라미드에 이미 나타나 있다. 황금분할 또는 황금비라는 명칭은 그리스의 수학자 에우독소스(Eudoxus)가 처음 명명한 것으로, 그리스인들은 이 황금비에 흠뻑 빠져서 장신구 · 그림 · 조각품 · 건축물 등에 즐겨 사용했다. 어쨌거나 황금비가 무리수임을 생각하면 무리수의 존재를 숨기려 했던 피타고라스학파의 상징은 아이러니컬하다.

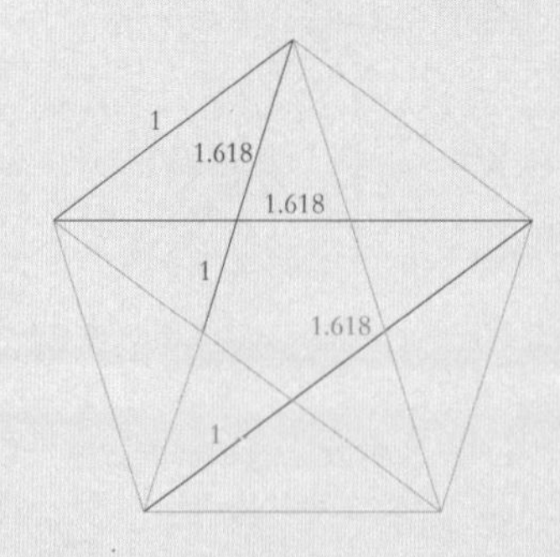

만물의 근원은 정수라는 피타고라스학파의 주장에서 알 수 있듯이 그들은

'수'를 매우 신성시했다. 그 결과 산술에서도 여러 종류의 수를 발견했다. '친화수', '완전수', '부족수', '과잉수', '형상수' 등이 그것이다.
어떤 두 수가 친화수라는 것은 그들이 서로의 '진약수'의 합이 된다는 뜻이다. 예를 들어 220의 진약수는 1, 2, 4, 5, 10, 11, 20, 22, 44, 55, 110이고, 이들의 합은 284이다. 또 284의 진약수는 1, 2, 4, 71, 142로 이들의 합은 220이다. 따라서 두 수 220과 284는 친화수이다. 현재까지 친화수는 10억보다 작은 수의 경우까지 찾아져 있다.
어떤 수가 완전수라는 것은 그 수와 그 수의 진약수의 합이 같다는 것이다. 예를 들면 6의 진약수는 1, 2, 3이고, 합은 6이다. 따라서 6은 완전수이다. 이외의 완전수에는 28, 496, 8128 등이 있다. 예전에는 이 완전수들을 부적(符籍)으로도 사용했다. 완전수에 관한 것 중 특히 "완전수에 홀수가 있는가?" 하는 문제는 지금까지도 해결되지 않았다. 부족수와 과잉수는 각각 진약수의 합이 자신보다 작은 것과 큰 것을 말한다.
그리고 형상수는 도형으로 묘사된 자연수로서 일정한 모양을 유지하는 점들의 개수에 의해 결정되는데, 이는 당시 기하학이 산술과 밀접한 관계가 있다는 증거이기도 하다. 예를 들어 정삼각형으로 나타낼 수 있는 수를 삼각수, 정사각형으로 나타낼 수 있는 수를 사각수라고 한다.
수학의 역사를 연구하는 사람들 중에는 친화수와 완전수가 피타고라스학파에 의해 만들어졌다고 주장하는 쪽과 그렇지 않다고 주장하는 쪽, 두 부류가 있는데 형상수의 경우는 피타고라스학파에 의해 만들어졌다는 데 모두 동의한다.[3]

우주의 원리를 음악과 수학의 언어로 바꾸다

음악의 법칙

대장간에서 발견한 음악의 법칙, 순정률

피타고라스는 우주의 조화를 이해하고, 그것을 다시 구현하는 데 어느 정도 성공했다. 하지만 그의 가르침은 상징적으로 이루어졌기 때문에 '상징적 표상의 체계'가 부족한 사람들을 위해 음악의 여러 가지 요소들을 정리할 필요가 있었다. 그래서 피타고라스는 이성적으로 판단할 수 있도록 음악을 어떻게 체계화할 것이며, 정확한 소리를 내는 악기를 어떻게 만들지를 궁리했다.

어느 날 이 문제를 고민하며 걷던 피타고라스는 우연히 대장간 옆을 지나가다가 그곳에서 대장장이가 모루 위의 달군 쇠를 망치로 치는 소리를 들었다. 그는 뛰어난 청취력으로 번갈아 내리치는 망치의 소리가 서로 다르다는 것을 알게 되었다. 그런데 한 번을 제외하고 모든 소리들이 조화를 이루고 있는 게 아닌가? 그는 망치들이 내는 소리가 어울림음으로 완전5도라는 것을 알았다. 자신이 알아내고자 열망했던 음악의 법칙이 신의 도움으로 갑자기 완전한 형태로 나타났음을 깨달은 것이다.

| 완전5도 |

첫 음과 다섯 번째 음 사이에 온음 3개와 반음 1개가 있는 음정을 말한다.

- 1옥타브에서의 온음 : 도-레, 레-미, 파-솔, 솔-라, 라-시.
- 1옥타브에서의 반음 : 미-파, 시-도.

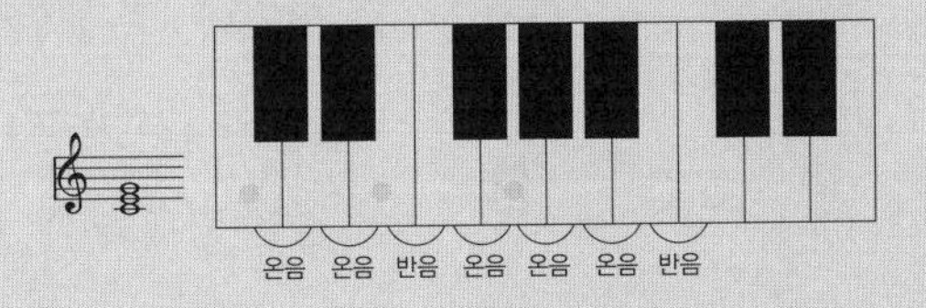

'**도**-레-**미**-파-**솔**'의 5음 안에 온음 3개(도-레, 레-미, 파-솔)와 반음 1개(미-파)가 있다.

그는 자신의 발견을 기뻐하며 대장간으로 들어갔다. 오랫동안 대장장이가 쇠를 내리치는 소리를 듣던 피타고라스는 음정의 차이가 생기는 원인을 알게 되었다. 음정의 차이는 대장장이들이 쇠를 내리치는 힘도, 망치의 모양도, 얻어맞는 쇠의 모양이 다르기 때문도 아니었다. 바로 망치의 무게 때문이었다. 망치들의 무게는 각각 6파운드, 8파운드, 9파운드, 12파운드였다(1파운드는 약 453g). 그는 망치들의 무게의 정확한 비례 관계 안에서 음정의 조화가 발생한다는 사실을 발견했다. 더 나아가 이 3가지 듣기 좋은 음정의 비율이 모두 숫자 1, 2, 3, 4, 5로 표현된다는 사실도 알아냈다.

> **산술평균**
> 주어진 수의 합을 수의 개수로 나눈 값
>
> $$\frac{a_1+a_2+a_3+\cdots+a_n}{n}$$
>
> **조화평균**
> 주어진 수들의 역수의 산술평균의 역수를 말한다. 두 수 a, b의 조화평균은 $\dfrac{2}{\frac{1}{a}+\frac{1}{b}}=\dfrac{2ab}{a+b}$이다.

집으로 돌아온 피타고라스는 탁자 위에 판자를 세우고 길이가 같은 6개의 줄을 탁자 끝에 고정시켰다. 그 줄들의 다른 끝에는 대장간에서 알아낸 망치의 무게와 같은 6파운드, 8파운드, 9파운드 그리고 12파운드의 추와 더불어 4파운드와 16파운드의 추를 각각 매달았다. 그리고 대장간 망치의 무게 조합과 같은 비율로 실험을 했더니 똑같은 결과를 얻었다. 즉 1 : 2 비율인 6파운드와 12파운드의 추를 매단 줄을 튕겼을 때, 무거운 추인 12파운드를 매단 줄이 내는 소리는 가벼운 추인 6파운드를 매달았을 때와 비교하여 8음 낮은 소리가 났고, 6과 12의 산술평균(算術平均)이 9임을 이용해 6파운드와 9파운드 추를 매단 줄을 튕기면 완전5도의 음정을 이룬다는 것을 알게 되었다. 6파운드와 9파운

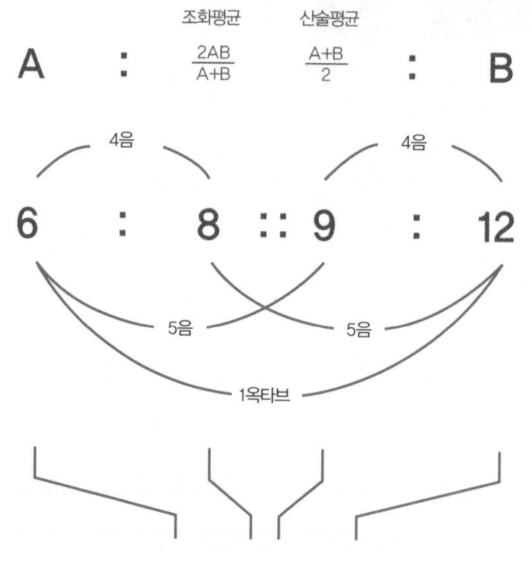

6파운드(약 2.7kg)의 추를 매단 줄을 튕기면 C키, 8파운드(약 3.6kg)는 F키, 9파운드(약 4kg)는 G키, 12파운드(약 5.4kg)는 높은 C키가 된다.

드는 2 : 3의 비율이므로, 8파운드 추와 12파운드 추를 매달아 튕겼을 때도 마찬가지로 완전5도였다.

피타고라스는 6과 12의 조화평균(調和平均)인 8파운드 추를 이용해 같은 실험을 했다. 그래서 6파운드와 8파운드 추를 매단 줄을 튕기면 완전4도(온음 2개와 반음 1개)가 된다는 것을 알았다. 물론 마찬가지 이유로 9파운드와 12파운드 추도 완전4도가 되는데 이들은 모두 3 : 4의 비율이었다.

이처럼 간단한 정수의 비를 이용해서 음계를 나타내는 것을 '피타고라스 순정률(純正律)'이라고 한다. '순정'은 잘 어울려서 동시에 음들을 연주할 때 서로 간섭을 일으키지 않는 음정을 말하고, '순정률'은 순정 음정을 만드는 음률을 일컫는데, 이 순정률의 기원이 바로 피타고라스 순정률인 것이다.

피타고라스는 줄에 일정한 비율로 추를 매달면 조화로운 소리가 나는 것에 착안하여 악기를 만들었다. 그 악기는 현을 죄는 '주감이'를 더해 추를 매달았을 때와 같은 효과로 현을 팽팽하게 할 수 있었다. 그는 이 실험적 악기의 이름을 '현을 퍼지게 하는 악기'라는 의미로 '코르도토논(Chordotonon)'이라고 불렀다. 또 '현이 하나'라는 뜻으로 '일현금(monochord)', 또는 '신성한 일현금(Celestial Monochord)'이라고도 불렀다.[4]

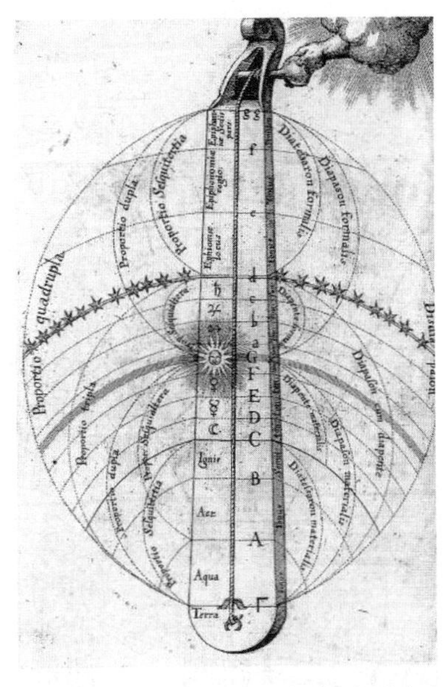

피타고라스의 일현금. G키를 연주했을 때를 나타내며, 각 키에 따른 조화를 보여주고 있다. 다만 위쪽 3개의 키는 정확하지 않은 위치에 있다. 출처: Robert Fludd, *Utriusque cosmi maioris scilicet et minoris metaphysica, physica atque technica historia*, 1617~1624.

8음계와 피타고라스

피타고라스는 일현금을 기본으로 하여 다른 여러 가지 기구로도 실험해보았는데, 앞서와 같은 비율의 길이로 자른 대롱들을 불었을 때도 마찬가지의 결과를 얻었다. 같은 무게 비율의 트라이앵글을 쳤을 때와 컵에 주어진 비율대로 물을 채우고 두드렸을 때도 결과는 같았다.

피타고라스는 사람들이 쉽게 음악을 연주하고 들을 수 있도록 했다. 리라를 비롯한 현악기들이 어울리는 음정을 만들어낼 수 있는 음악적 체계를 세우기 시작한 것이다. 그가 만든 음정은 오늘날의 '도, 레, 미, 파, 솔, 라, 시, 도'라는 8음계인데, '피타고라스의 8현 리라'라고도 알려지게 되었다.

현악기를 만들어 음악을 연구하는 피타고라스(왼쪽 아래).
출처: Franchinus Gaffurius, *Theorica musicae*, 1492.

피타고라스가 대장간에서 음악적 체계를 발견했다는 일화는 저자가 불분명한 고대의 전기적 자료들에서 나온 것이므로 사실이 아닐 가능성이 있다. 고대의 다른 저작 중에는 대장간이 아닌 다른 이야기로 피타고라스의 음악을 소개하는 경우도 있다.[5]

사실 음정은 추 무게의 제곱에 따라 바뀌기 때문에 추의 무게를 이용해 음정을 변화시키기는 쉽지 않다. 다만 중요한 것은 피타고라스가 음악의 체계를 세웠다는 사실인데, 이를 소개하기 위해

극적이고 흥미로운 이야기로 포장한 것으로 보인다.

궁극적으로 피타고라스는 그가 발견했던 우주의 모든 기본적인 원리를 음악과 수학의 언어로 바꾸어놓을 수 있게 되었다. 피타고라스의 제자들은 스승에게서 이러한 과학을 배웠고, 결국 우주의 조화를 이해할 수 있었다.

그 결과 피타고라스도 음악과 수학을 통해 우주의 조화와 육체의 건강 그리고 영혼의 열정에 영향을 미치는 자신의 능력을 더욱 완벽하게 다듬을 수 있었다. 음악에 대한 그의 이해는 자신뿐만 아니라 제자들에게 인간의 품행과 예술에 담겨 있는 신성함을 인식할 수 있게 해주었다.

수학으로 아름다운 음악을 만들다

피보나치수열과 황금비

피보나치수열과 황금비율

사실 수학을 이용해 음악을 구성한 이는 피타고라스뿐만이 아니다. 수학을 음악에 접목시킨 음악가는 매우 많지만 여기서는 바르토크(Bela Bartok)에 대해 간단히 소개하겠다. 그가 음악에 어떤 방법으로 수학을 이용했는지 알아보기 위해 먼저 '피보나치수열(Fibonacci sequence)'에 대해 알아보자.

피보나치수열은 13세기 이탈리아 피사에 살았던 레오나르도 피보나치(Leonardo Fibonacci)가 지은 책인 『산반서(*Liber Abbaci*)』에 처음 등장했다. 이 책에는 다음과 같은 문제가 나온다.

"어떤 사람이 토끼 1쌍을 우리에 넣었다. 이 토끼 1쌍은 1달에 한 번 새로운 토끼 1쌍을 낳고, 낳은 토끼들도 1달이 지나면 다시 1쌍의 토끼를 낳는다. 그렇다면 1년이 지나면 몇 쌍의 토끼가 우리 안에 있을까?"

이 문제를 그림을 그려가며 풀어보자.[6]

첫 달에는 처음 우리에 넣은 토끼 1쌍만이 있다.

벨라 바르토크
헝가리의 작곡가. 헝가리 국민음악에 유럽의 새로운 기법을 도입하면서도 독자적인 스타일로 작곡 활동을 전개해나갔다. 20세기를 대표하는 작곡가 가운데의 한 사람으로, 오늘날 민족적인 면이나 전위적인 면(무조음악)에서 많은 영향을 끼쳤다.

1월

2달째, 토끼들이 1쌍의 새끼토끼를 낳는다. 따라서 모두 2쌍의 토끼가 우리에 있다.

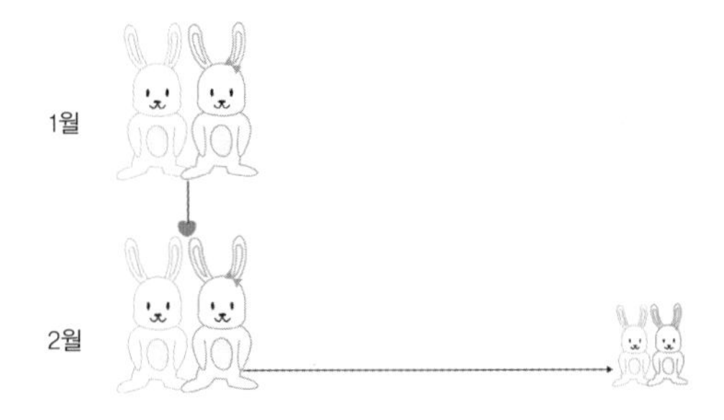

다음 달, 처음의 토끼 1쌍이 또 다른 새끼토끼 1쌍을 낳고, 처음 태어난 1쌍의 새끼 토끼가 자랐을 것이다. 이제 3쌍의 토끼가 우리에 있다.

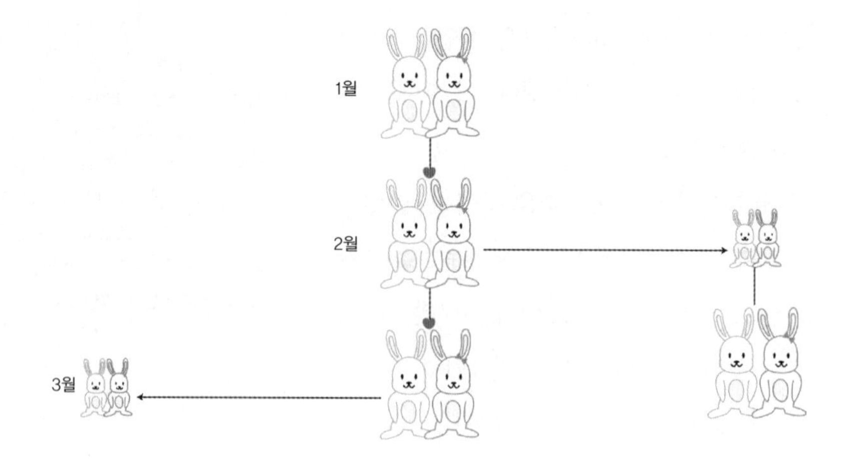

다시 1달 후, 처음 토끼 1쌍이 또 새끼토끼 1쌍을 낳고, 첫 번째 태어나서 다 자란 토끼 1쌍이 또 다른 새끼토끼 1쌍을 낳는다. 그러면 우리에는 모두 5쌍의 토끼가 있게 된다.

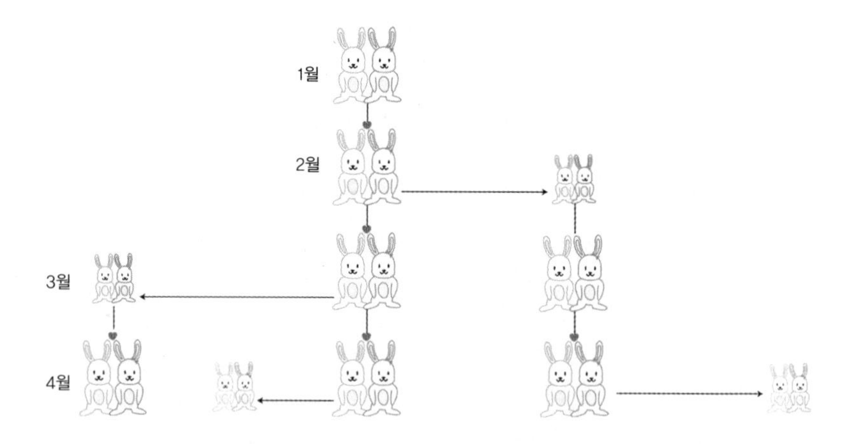

다섯째 달에는 8쌍이 되고, 여섯째 달에는 13쌍이 된다.

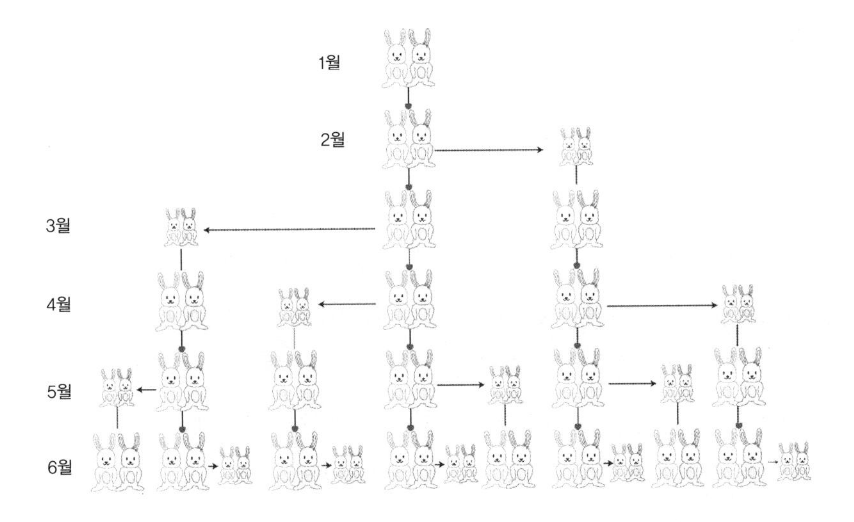

이와 같은 방법으로 계속 그려나가며 매달 토끼 쌍의 수를 조사하면 문제를 풀 수 있는 패턴이 아래와 같이 나타난다. 이 패턴에서 처음 수를 1로 설정하면 다음과 같은 규칙과 수열을 구할 수 있다.

	0+1	1+1	1+2	2+3	3+5	5+8	
1	1	2	3	5	8	13	…

즉 앞의 두 달의 토끼 쌍의 수를 합하면 다음 달의 토끼 쌍의 수를 구할 수 있다. 이렇게 해서 나오는 수열을 '피보나치수열'이라 하고, 이 수열의 각 항에 있는 수들을 '피보나치 수'라 하는데, n번째 피보나치 수를 F_n으로 나타낸다. 일반적으로 피보나치수열은 $F_{n+2}=F_{n+1}+F_n$이 성립한다. 그런데 연속된 2개의 피보나치 수 F_n, F_{n+1}에 대하여 n이 점점 커질수록 $\frac{F_{n+1}}{F_n}\approx 1.618$이 되며, 여기서 얻어지는 수 1.618은 곧 우리가 '황금비' 또는 '황금분할'이라고 부르는 것이다.

자연에서 발견하는 피보나치 수

처음에 피보나치수열은 수학적으로 흥미로운 수열로만 여겨졌다. 그런데 1900년대에 옥스퍼드 대학의 식물학자 처치(A. H. Church)가 놀라운 사실을 발견했다. 해바라기꽃 씨의 형태가 나선을 그리는 수를 세었더니 바로 피보나치 수로 이루어져 있었던 것이다.

처치의 발견 이후로 식물학자들은 자연 이곳저곳에서 피보나치 수를 찾았다. 예를 들면, 식물 배아의 성장 패턴, 솔방울 비늘의 배열, 데이지 꽃잎의 배열 등에서 피보나치 수를 손쉽게 발견할 수 있다.

피보나치 수에 따른 성장 패턴은 식물뿐만 아니라 동물에서도 찾아볼 수 있다. 가장 좋은 예가 벌의 생식이다. 여왕벌은 교미 시기가 되면 혼인 비행을 나가 다른 군락의 수벌들의 정자를 체내에 저장하고 돌아온다. 여왕벌이 낳는 수많은 알 중 수정된 것은 암벌(여왕벌 1개체와 나머지 일벌)이 되고, 수정되지 않은 것은 수벌로 부화한다. 즉 수벌은 어머니(여왕벌)에게

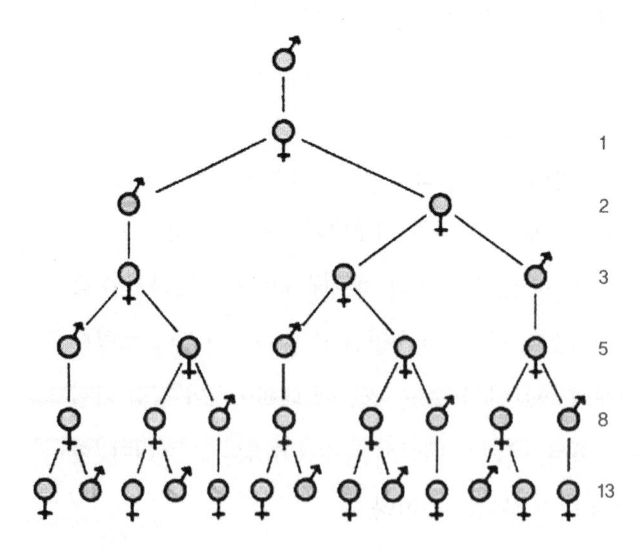

피보나치 수의
가장 대표적인 예인 벌의 생식.

서 태어나긴 하지만 미수정란이기에 아버지가 없다. 벌의 이러한 생리를 바탕으로 수벌 1개체의 가계도를 따라가다 보면 피보나치수열을 발견할 수 있다.

앞의 그림에서 맨 위에 있는 수벌은 여왕벌 1개체에게서 태어났고, 여왕벌은 암벌이므로 어머니(여왕벌)와 아버지(다른 군락의 수벌)가 모두 있다. 이런 패턴으로 거슬러 올라가면 각 세대의 개체수가 피보나치 수를 이룬다는 것을 알 수 있다.

한편, 자연에서 가장 흔히 볼 수 있는 피보나치 수는 5이다. 섬게와 불가사리는 바다에서 볼 수 있는 오각형이고, 과일과 채소에서도 오각형을 쉽게 찾아볼 수 있다.

자연에서 찾아볼 수 있는 오각형. 협죽도과의 호야(왼쪽 위), 불가사리(오른쪽 위), 사과의 단면(왼쪽 아래), 방패연잎성게(오른쪽 아래).

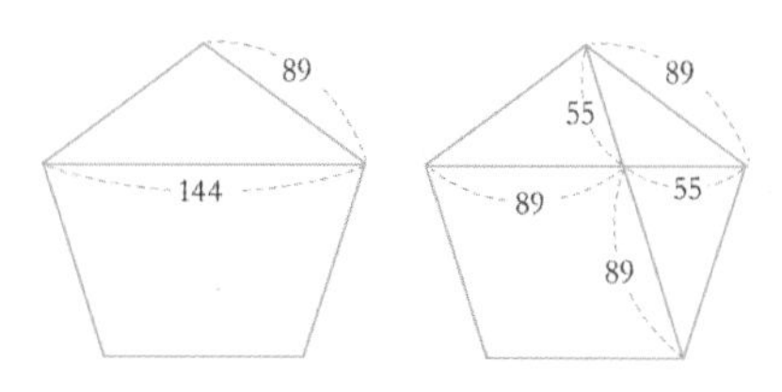

정오각형 대각선의 길이가 144일 때 두 대각선은 길이가 각각 89와 55인 곳에서 교차하는데, 55, 89, 144는 모두 피보나치 수다.

피보나치 수와 가장 밀접한 관련이 있는 도형은 정오각형이다. 정오각형 한 변의 길이가 피보나치 수라면, 대각선의 길이는 바로 다음 피보나치 수이다.

음악 속 피보나치수열과 황금비

피보나치 수와 황금비는 음악에서도 찾을 수 있는데, 대표적인 것이 피아노의 건반이다. 도(C)에서 출발하여 7개의 흰 건

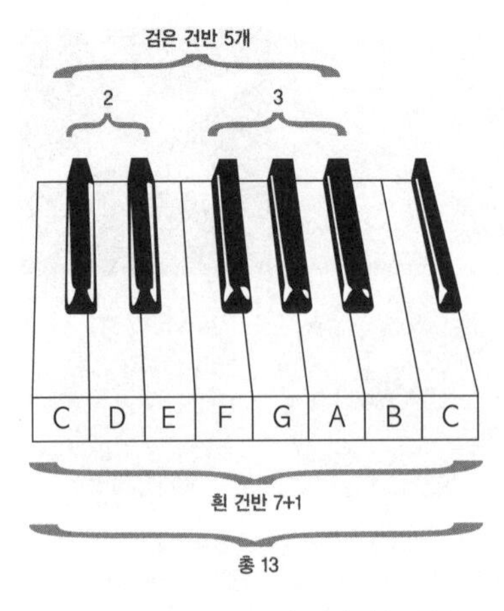

2, 3, 5, 8, 13의 피보나치 수로 이루어진 피아노 건반.

반 사이에 2개와 3개로 그룹 지어진 5개의 검은 건반이 있고 여덟 번째 음이 한 옥타브가 되는데, 이를 모두 더하면 13이 된다. 잘 알다시피 이는 모두 피보나치 수다.

흰 건반 7개와 검은 건반 5개로 이루어진 12개의 음은 서양음악에서 반음계로 알려져 있는 가장 완벽한 음계다. 반음계는 앞 장에서 알아보았듯이 피타고라스에 의해 만들어졌다고 알려져 있는데, 도-레-미-파-솔-라-시의 7음 사이사이에서 반음씩 높거나 낮은 5음계가 합해져서 12음계가 된 것으로, 이 5음계는 검은 건반을 쳤을 때 나는 음이다. 피아노에서 보듯이 검은 건반 5음계(5)와 흰 건반 온음계(7) 그리고 이들을 합한 반음계(12)가 서양음악의 기본이다.

이번에는 피아노를 연주할 때 들을 수 있는 음정을 살펴보자.

장음정
장2도—온음 1+반음 0
장3도—온음 2+반음 0
장6도—온음 4+반음 1
장7도—온음 5+반음 1

단음정
단2도—온음 0+반음 1
단3도—온음 1+반음 1
단6도—온음 3+반음 2
단7도—온음 4+반음 2

많은 이들에게 가장 듣기 좋은 음정은 장음정의 6도와 단음정의 6도이다.

장음정의 6도는 매초 약 264번 진동하는 C음(도)과 매초 약 440번 진동하는 A음(라)으로 이루어진다. C음과 A음의 진동비 C : A＝264 : 440은 황금비에 가까운 $\frac{3}{5}$이다. 단음정 6도의 예로는 매초 약 330번 진동하는 E음(미)과 매초 약 528번 진동하는 C음(도)을 들 수 있는데, 이것도 황금비에 가까운

$\frac{5}{8}$이다. 모든 6도의 진동 차이가 피보나치 비를 갖는 것으로 보아, 피보나치 수는 눈으로 보기에도 아름답지만 귀로 듣기에도 아름답다는 것을 알 수 있다.

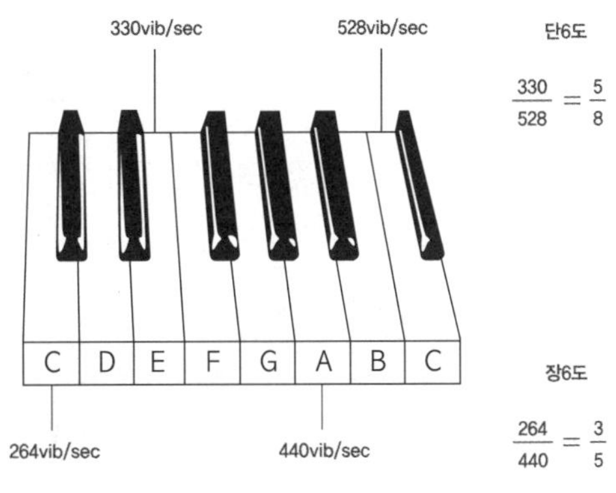

음정에서의 피보나치 비.

음악가들은 자신들의 작품에 의식적으로 황금비를 사용했다. 특히 피보나치 수는 작곡에서 다양한 방법으로 적용되었는데, 작곡가들이 가장 중요하게 여긴 것은 악절을 황금비에 가까운 피보나치 비로 나누는 것이었다. 즉 작곡자들은 테마 · 무드 · 짜임 등의 시작과 끝을 정할 때 악절을 황금비로 나눈다. 이 기법은 팔레스트리나(Palestrina), 바흐(Bach), 베토벤(Beethoven), 바르토크의 작품을 포함해 초기 교회음악에서 현대의 작곡법에까지 두루 나타나고 있다.

바르토크는 〈현 · 타악기, 첼레스타를 위한 음악〉에서 피보나치수열을 사용했다. 그는 이 곡의 첫 악장을 모두 89소절로 구성했으며, 55번째 소절에서 클라이맥스를 이루도록 했다. 더욱이 55소절 앞부분은 34소절과 21소절 두 부분으로 나누었고, 34소절은 다시 13소절과 21소절로 나누어 피보나치수열을 치밀하게 사용했다. 여기에 등장하는 13, 21, 34, 55, 89는 연속되는 피보나치 수이다.

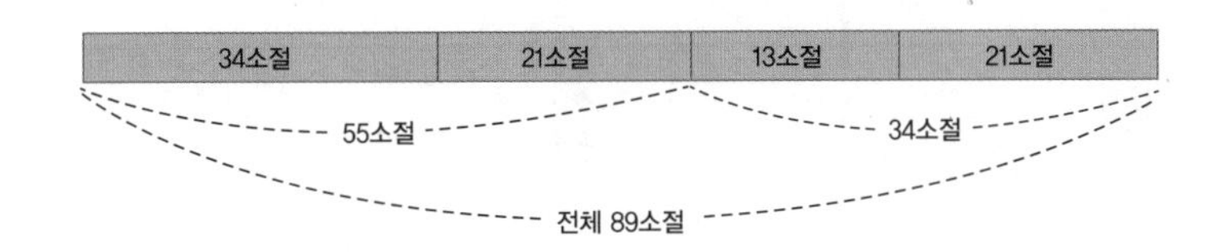

TIP

인도-아라비아 수 체계를 유럽에 알린 『산반서』

중세에서 가장 뛰어난 수학자로 알려진 레오나르도 피보나치의 역작 『산반서』의 초판은 현존하지 않으며, 1228년에 출판된 제2판을 통해 우리에게 알려졌다. 전체 15장으로 이루어진 이 책은 인도-아라비아의 수를 읽고 쓰는 방법, 정수와 분수의 계산 방법, 제곱근과 세제곱근의 계산 방법, 임시 위치법과 대수적 방법에 의한 일차방정식 및 이차방정식의 해법 등에 관해 설명하고 있는데, 방정식의 음수근과 허수근은 인정하지 않고, 대수학은 수사적으로 표현되어 있다. 또한 물물교환, 조합 영업, 혼합법, 측량기하 등에 관한 응용문제들도 주어져 있다. 가장 중요한 점은 이 책이 인도-아라비아 수 체계를 유럽에 널리 보급했다는 사실이다.

『산반서』에는 재미있는 수열이 소개되어 있는데, 그것은 바로 '피보나치수열'이다. 이 수열은 『산반서』에 있는 내용 중에서 예가 가장 많은 문제다. 이 수열은 하나의 정사각형을 서로 같지 않은 정사각형으로 분할하는 문제와 같은 분할 수수께끼, 그림, 잎차례(줄기에 대한 잎의 배열 방식) 등에 적용되며, 수학의 여러 분야에서 다양한 형태로 나타난다.

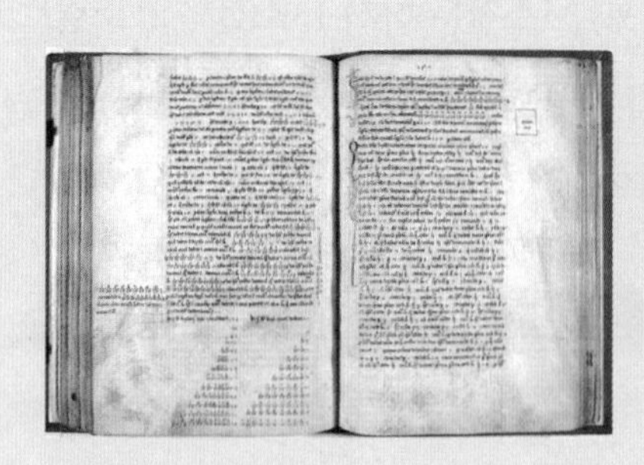
레오나르도 피보나치의 『산반서』 제2판, 1228.

『산반서』에는 피보나치수열 외에도 중세에 유행했던 다음과 같은 문제가 실려 있다.

"로마로 가는 길에 7명의 늙은 여인들이 있다. 각 여인은 7마리의 노새를 데리고 있다. 각 노새는 7개의 부대를 운반한다. 각 부대에는 7개의 빵 덩어리가 담겨 있다. 각 빵 덩어리는 7개의 칼과 함께 있다. 각 칼은 7개의 칼집을 가지고 있다. 로마로 가는 길에 있는 여인 · 노새 · 부대 · 빵 · 칼 · 칼집을 모두 합하면 얼마인가?"

이는 세계에 전승된 수수께끼의 한 부분으로 보존되어온 문제로 그 답은 다음과 같다.

여인(7)+노새(49)+부대(343)+빵(2401)+칼(16807)+칼집(117649)
=137256

또한 다음과 같은 문제도 있다.

"어떤 사람이 맏아들에게 자신의 재산 중 금화 1닢과 남은 금화의 $\frac{1}{7}$을 상속했다. 그리고 둘째아들에게 그 나머지에서 금화 2닢과 남은 금화의 $\frac{1}{7}$을 상속했다. 셋째아들에게 이 나머지에서 금화 3닢과 남은 금화의 $\frac{1}{7}$을 상속했다. 이와 같은 방법으로 계속해서, 아들 각자에게 바로 위 형제보다 금화 1닢을 더 주고 나머지의 $\frac{1}{7}$을 상속했다. 이와 같이 분배하여 마지막 아들에게까지 금화를 모두 주었는데, 모든 아들이 똑같이 재산을 분배받았다. 이 사람에게는 얼마나 많은 아들이 있으며, 얼마나 많은 재산이 있었는가?"

이 문제의 풀이는 다음과 같다.

x를 상속 재산 전체, y를 아들 각자가 상속받은 몫이라 하자. 그러면 첫째아들은 $1+\frac{x-1}{7}$을 받고, 둘째아들은 $2+\frac{x-(1+\frac{x-1}{7})-2}{7}$만큼 받았다. 이것들을 같게 놓음으로써 $x=36$, $y=6$을 얻고, 이로써 아들의 수는 6명임을 알 수 있다.[7]

잉여계로 피아노 건반의 음계를 나타내다

음계와 잉여계

잉여류와 잉여계

"음악은 시간에 따른 수를 공부하는 것"이라는 피타고라스의 말은 음악과 수학이 얼마나 밀접한 관련이 있는지 말해준다. 음악은 다양한 수학적 방법을 이용하여 표현할 수 있는데, 간단한 것으로 피아노 건반의 음계를 '잉여계(剩餘系)'로 나타내는 방법이 있다.

'잉여류(剩餘類)'는 0이 아닌 한 정수로 나누었을 때 같은 나머지를 갖는 정수의 집합이다. 나눗셈에서 나머지는 항상 0 이상이어야 한다. 이를테면 $-23=12\times(-2)+1$이므로 -23을 12로 나누면 몫이 -2이고 나머지는 1이다. 여기서는 12로 나누었을 때이므로 나머지는 각각 0, 1, 2, …, 10, 11 중에 하나가 될 수 있다. 12로 나누었을 때 나머지가 0인 정수를 모두 모아놓은 것을 $\bar{0}$으로 나타내면 $\bar{0}=\{\cdots, -36, -24, -12, 0, 12, 24, 36, \cdots\}$이다. 나머지가 1인 정수를 모두 모아놓은 것을 $\bar{1}$로 나타내면 $\bar{1}=\{\cdots, -35, -23, -11, 1, 13, 25, 37, \cdots\}$이고, 나머지가 2인 정수를 모아놓은 것을 $\bar{2}$로 나타내면 $\bar{2}=\{\cdots, -34, -22, -10, 2, 14, 26, 38, \cdots\}$이다. 이와 같은 방법으로 각각의 경우를 구하여 나타낸 것이 잉여류 $\overline{Z}_{12}=\{\bar{0}, \bar{1}, \bar{2}, \bar{3}, \cdots, \overline{11}\}$이다.

잉여류와 잉여계
정수 m의 잉여류는 m으로 나누었을 때 나머지가 같은 것들만 모두 모아놓은 집합이며, 잉여계는 잉여류를 대표하는 원소들만 간단히 나타낸 것이다.

잉여계는 숫자 위에 '$^{-}$'를 쓰지 않고 간단히 $Z_{12}=\{0, 1, 2, \cdots, 11\}$로 나타내고, '최소양의 잉여계'라고 한다. 잉여계에서 13과 14는 12로 나누면 나머지가 각각 1과 2이므로 잉여계에서 13은 1과 같고, 14는 2와 같다. 이때 등호 '$=$'를 쓸 수 없기 때문에 '$\equiv$'를 사용하여 $13\equiv1$, $14\equiv2$와 같이 나타낸다. $13+14=27$이고, 27은 12로 나누면 나머지가 3이므로 잉여계에서 27은 3과 같다. 즉 $27\equiv3$이다. 따라서 잉여계에서 $1+2\equiv3$이 성립한다. 그런데 $6+7=13$이지만 12로 나누면 나머지가 1이므로 잉여계에서 $6+7\equiv1$이다. 이를테면 18과 19는 12로 나누었을 때 나머지가 각각 6과 7이고, $18+19=37$이며, 37은 12로 나누면 나머지가 1이다. 따라서 잉여계에서 $6+7\equiv13\equiv1$이 성립한다.

피아노 건반에 적용된 잉여계

앞에서 살펴봤듯이 두 음 사이에 검은 건반이 없는 '미-파'와 '시-도'는 반음이고, 나머지는 모두 온음이다. 즉 온음 사이에는 검은 건반이 있고, 흰 건반과 바로 위 검은 건반 사이는 반음이다. 따라서 피아노 건반은 한 옥타브가 '도-도#(레♭)-레-레#(미♭)-미-파-파#(솔♭)-솔-솔#(라♭)-라-라#(시♭)-시'인 12개로 구성되어 있고, 이와 같은 옥타브는 계속 반복되므로 음을 왼쪽 그림과 같이 시각적으로 표현할 수 있다. 이때 각 음을 수학적으로 표현하기 위해 도-0을 대응시키는 것을 시작으로 시-11까지 차례로 대응시킨다. 그렇게 하면 12개의 음은 수학적으로 잉여류 $\overline{Z}_{12}=\{\bar{0}, \bar{1}, \bar{2}, \cdots, \overline{11}\}$와 같다.

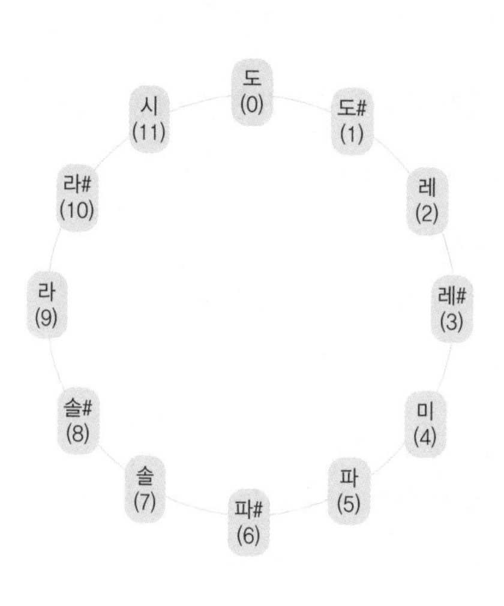

다음 그림은 피아노 건반에 잉여계를 대응시킨 것이다. 잉여계를 이용하면 '조성관계 도표(table of tonal relations)'인 '톤네츠(Tonnetz)'에 대해 알 수 있는데, 톤네츠란 화음(chord)의 변화를 한눈에 볼 수 있도록 만든 도표다.

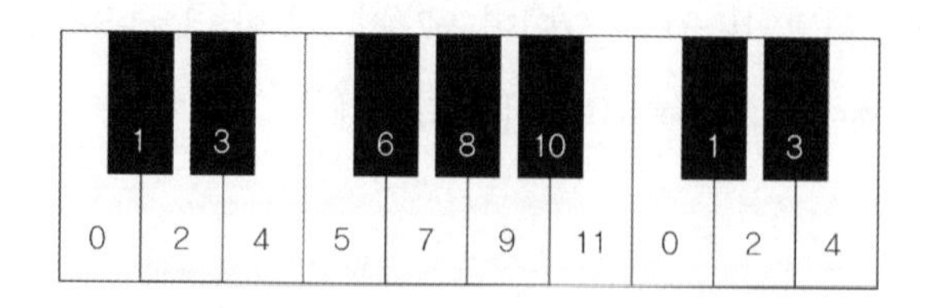

TIP

바코드에는 잉여류의 원리가 숨어 있다

우리 생활에서 잉여류의 활용은 무궁무진하다. 특별한 수의 배수 판정법, 리그전 대진표 만들기, 컴퓨터에서 자료를 표현하기 위해 사용되는 비트열(bit strings)과 여권 번호, 수표 번호, ISBN을 확인하는 데 사용된 숫자열에 대한 오류 검사 방법 등에 활용된다.

그중에서 우리가 슈퍼마켓에서 물건을 살 때 흔히 볼 수 있는, 상품에 찍혀 있는 바코드(bar code)에 대해 알아보자.

바코드는 굵거나 가는 검은 막대와 흰 막대(빈 공간)의 조합을 이용해 숫자 또는 특수 기호를 광학적으로 판독하기 쉽게 부호화한 것이다. 문자나 숫자를 나타내는 검은 막대와 흰 막대를 적당히 배열하여 이진수 0과 1의 비트로 바꾸어 만들어진다. 이는 하나의 컴퓨터언어로, 바의 두께와 빈 공간 폭의 비율에 따라 여러 종류의 코드 체계를 갖고 있다. 이 인쇄된 코드는 빛의 반사를 이용해 바코드 인식장치에 데이터를 재생시켜 상품을 확인하고 정해진 값을 출력한다.

바코드는 미국의 식료품 소매산업의 발전과 함께 등장했는데, 우여곡절 끝에 AIM(Automatic Identification Manufacture)에서는 기술표준위원회를 구성하여 표준 기호를 정했다. AIM은 1972년 설립된 이후 바코드를 포함한 자동인식기술 분야 세계 최대 유일의 단체이며, 우리나라의 경우 1988년에 정식으로 KAN(Korean Article Number) 코드를 취득하면서 본격적인 바코드 체계를 세웠다. 현재 전 세계적으로 코드 체계가 표준화되어 있으며, 일반적으로 널리 사용되는 표준형은 자리수가 13자리이고, 단축형은 표준형 크기로 인

쇄 공간이 부족한 일부 제품에 8자리로 사용된다.

13자리를 사용하는 표준형 바코드의 시작과 끝에는 여백이 있는데, 이 여백은 '비밀구간(quiet zone)'이라고 하며, 바코드의 시작과 끝을 명확하게 해주는 구간이다. 시작 문자는 바코드의 맨 앞부분에 기록된 문자에 데이터의 입력 방향과 바코드의 종류를 스캐너에 알려주는 역할을 한다. 끝나는 문자는 바코드의 심벌이 끝났다는 것을 알려주어 바코드 스캐너가 양쪽 어느 방향에서든지 데이터를 읽을 수 있도록 해준다. 검사숫자는 메시지가 정확하게 읽혔는지를 검사하고 상품에 부여된 번호가 정확한지 확인하는 기능을 한다.

위의 바코드에서 알 수 있듯이 모두 13개의 숫자로 구성된 바코드는 제조국 코드 2자리, 제조업체 코드 5자리, 상품코드 5자리, 검사숫자 1자리로 구성되어 있다. 국제적으로 부여받은 우리나라의 제조국 코드는 '880'으로 슈퍼마켓의 식품류에 붙어 있는 바코드는 거의 대부분 880으로 시작한다. 그런데 우리나라의 코드는 2자리가 아닌 3자리이므로 표준형에서 5자리인 제조업체 코드가 4자리가 된다.

880	4554	01114	X
국가식별 코드	제조업체 코드	상품 코드	검사 숫자

위에 주어진 바코드에 붙은 번호와 검사숫자를 정하는 방법에 대해 다음과 같이 단계별로 알아보자.

① 검사숫자를 포함하여 오른쪽에서 시작해 왼쪽으로 다음과 같이 번호를 붙인다.

8	8	0	4	5	5	4	0	1	1	1	4	X
13	12	11	10	9	8	7	6	5	4	3	2	1

② 짝수 번째의 수를 모두 더한다.

$$4+1+0+5+4+8=22$$

③ ②에서 구한 값에 3을 곱한다.

$$22\times3=66$$

④ X를 제외하고 홀수 번째의 숫자를 모두 더한다.

$$1+1+4+5+0+8=19$$

⑤ ③과 ④에서 구한 값을 더한다.

$$66+19=85$$

⑥ ⑤에서 얻은 결과에 10의 배수가 되도록 더해진 최소수가 검사숫자가 된다.

$$85+X=90$$

따라서 이 바코드의 검사숫자는 5이다. 즉 코드가 잘 이루어진 바코드인 것이다.

환상의 화음을 이루는 톤네츠

잉여계와 톤네츠

음정과 3화음

이제 잉여계를 이용하여 음악에서 화음의 변환을 한눈에 볼 수 있는 '톤네츠'에 대해 알아보자. 그러려면 먼저 음정과 3화음에 대해 알아야 한다.

음정은 두 음 사이의 거리로, 1도 음정은 '도-도'처럼 같은 음이고, 2도 음정은 '도-레'와 같이 어떤 음과 바로 옆의 음이다. 또 3도 음정은 '도-미'와 같이 두 음 사이에 다른 음이 하나 있는 것이다. 이때 장3도란 온음 2개(=반음 4개)로 이루어져 있고, 단3도란 온음 1개에 반음 1개(=반음 3개)로 이루어져 있다. 반음은 '도-도#'처럼 흰 건반과 바로 뒤의 검은 건반, 또는 '미-파', '시-도'처럼 두 음 사이에 검은 건반이 없이 바로 붙어 있는 것을 말하며, 온음은 이 반음이 2개 모인 것이다. 예를 들어 3도 음정인 '도-미'는 '도-레'와 '레-미'라는 2개의 온음을 포함하고 있으므로 장3도이고, '미-솔'은 반음 '미-파'와 온음 '파-솔'을 포함하므로 단3도다.

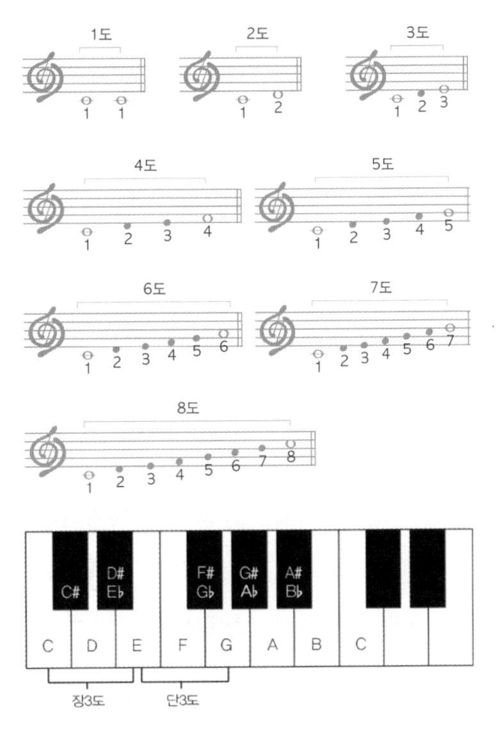

그런데 #(샵)은 반음 올리는 것이고 b(플랫)은 반음 내리는 것이므로 도에 #이 붙은 '도#-미'는 단3도이고, 시에 b이 붙은 '시b-레'는 장3도이다.

높이가 다른 2개 이상의 음이 동시에 울릴 때 이를 '화음'이라고 하며, 일정한 법칙에 따라서 연결된 화음을 '화성(harmony)'이라고 한다. 보통 3도 간격으로 쌓아올린 음이 화성학에서 다루는 화음인데, 3개의 음을 포갠 것을 3화음, 4개로 포갠 것을 7화음, 5개로 포갠 것을 9화음이라고 한다. 이 중 3

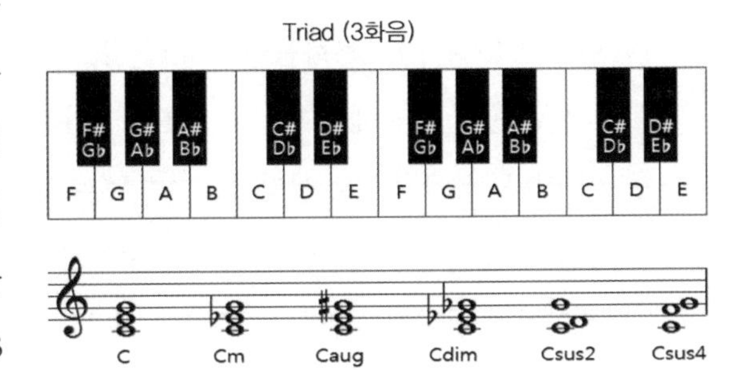

화음에서 3개의 음을 아래에서부터 제1음, 제3음, 제5음이라 한다.

3화음에는 다음과 같이 4가지 종류가 있다.

① 장3화음(major triad): 장3도+단3도=완전5도

② 단3화음(minor triad): 단3도+장3도=완전5도

③ 증3화음(augmented triad): 장3도+장3도=증5도

④ 감3화음(diminished triad): 단3도+단3도=감5도

장3화음은 제1음과 제3음 사이가 장3도, 제3음과 제5음 사이가 단3도, 제1음과 제5음 사이가 완전5도로 구성된다. 장3화음을 이루는 3개의 음을 각각 x, y, z라 할 때, (x, y, z)로 나타내면 $y=x+4$(반음 4), $z=x+7$(반음 4+3)이다. 즉 $(x, x+4, x+7)$이다. 예를 들어 장3화음인 C화음은 '도-미-솔'인데, 도는 0, 미는 4, 솔은 7이므로 $(0, 4, 7)$과 같이 나타낼 수 있다.(p.76 피아노 건반 참조)

단3화음을 이루는 3개의 음을 (x, y, z)로 나타내면 $y=x+3$, $z=x+7$, 즉 $(x, x+3, x+7)$이다. 예를 들어 단3화음인 Cm화음은 '도-미♭-솔'인데 도는 0, 미♭은 3, 솔은 7이므로 $(0, 3, 7)$과 같이 나타낼 수 있다. 이와 같은 방법으로 증3화음은 $(x, x+4, x+8)$이고, 감3화음은 $(x, x+3, x+6)$과 같이 나타낼 수 있다. 이를테면 증3화음인 Caug는 '도-미-솔#'이므로 $(0, 4, 8)$, 감3화음인 Cdim은 '도-레#-파#'이므로 $(0, 3, 6)$이다.

한편 음악 이론에는 화음의 중요한 3가지 변화인 P변형, R변형, L변형이 있다. 음악적으로 설명하면 P변형은 주어진 화음의 병행 장조 혹은 단조로 옮겨지는 것이며, R변형은 주어진 화음의 관계 장조 혹은 단조로 옮겨지는 것이고, L변형은 주어진 화음의 이끌음이 교환되어 나타나는

것이다. 간단히 말하면 P변형은 장3화음의 경우에는 제3음을 반음 내리고(-1), 단3화음의 경우 제3음을 반음 올리는(+1) 것이므로 다음과 같이 나타낼 수 있다.

$$P(x, x+4, x+7)=(x, x+3, x+7)$$
$$P(x, x+3, x+7)=(x, x+4, x+7)$$

R변형은 장3화음의 경우 제5음을 온음 올리고(+2), 단3화음의 경우 제1음을 온음 내리므로(-2) 다음과 같이 나타낸다.

$$R(x, x+4, x+7)=(x, x+4, x+9)=(x+9, x, x+4)$$
$$R(x, x+3, x+7)=(x+10, x+3, x+7)=(x+3, x+7, x+10)$$

또 L변형은 장3화음의 경우 제1음을 반음 내리고(-1), 단3화음의 경우 제5음을 반음 올리므로(+1) 다음과 같이 나타낼 수 있다.

$$L(x, x+4, x+7)=(x+11, x+4, x+7)=(x+4, x+7, x+11)$$
$$L(x, x+3, x+7)=(x, x+3, x+8)=(x+8, x, x+3)$$

이와 같은 3가지 변형을 이용해 화음 간의 화성관계를 한눈에 알아볼 수 있도록 만든 것이 바로 톤네츠이다. 톤네츠를 통해 음고(音高) 및 화성들 간의 관계는 물론이고 전체 조성관계도 쉽게 파악할 수 있다.

톤네츠를 이용해 작곡하는 음악가들

1990년대 음악 이론가들은 해석하기 난해한 반음계의 진행을 논리적으로 분석할 수 있는 이론을 연구했는데, 그 결과 '네오리만 이론(Neo-Riemannian Theory)'이 탄생했다. 네오리만 이론의 탄생은 후고 리만(Hugo Riemann)과 아르투르 폰 웨팅겐(Arthur Joachim von Oettingen)이 중심이 되는 19세기 독일의 '기능화성(機能和聲) 이론'을 데이비드 르윈(David Lewin)이 '변형 이론'으로 발전시킨 데서 출발한다.[8]

기능화성 이론
장조와 단조의 구별이 뚜렷했던 18~19세기의 조성적(調性的) 음악에서, 가락의 중심을 그 음계의 으뜸음으로 보고 으뜸화음 · 딸림화음 · 버금딸림화음 등 세 화음의 기능을 중시하던 화성이론.

네오리만 이론가들에 의해 재구성된 톤네츠는 2개의 축, 즉 수평의 완전5도 축과 우측으로 올라가는 장3도 축으로 구성된다. 이 톤네츠에서 정삼각형은 장3화음을, 역삼각형은 단3화음을 의미하며, 삼각형의 꼭짓점과 그 꼭짓점을 잇는 변들은 각각 음의 높이와 음정을 나타낸다. 완전5도 축을 경계로 맞닿아 있는 정삼각형과 역삼각형, 즉 완전5도 축 변을 공유하는 협화3화음(장3화음과 단3화음) 간에는 P변형이 형성되며, 장3도 축 변을 공유하는 협화3화음 간에는 R변형이, 단3도 축 변을 공유하는 경우는 L변형의 관계가 성립한다. P, R, L 각각의 변형들은 2개의 공통 음을 지니며, 화성이 변하는 공통점을 가지고 있다.

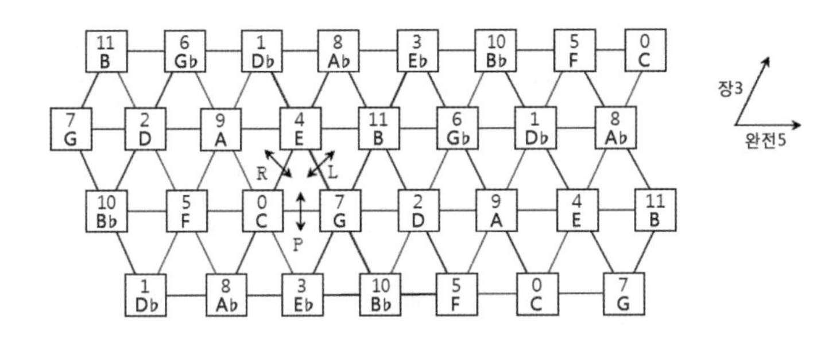

위의 톤네츠를 보면 장3화음인 (0, 4, 7)은 P변형에 의하여 (0, 3, 7), R변형에 의하여 (0, 4, 9), L변형에 의하여 (4, 7, 11)이 된다. 이때 (0, 4, 9)는 장3화음이고 (0, 3, 7)과 (4, 7, 11)은 단3화음임을 알 수 있다. 즉 P변형, R변형, L변형에서 $x=0$이므로 다음이 성립한다.

$$P(x, x+4, x+7)=(x, x+3, x+7)=(0, 3, 7)$$

$$R(x, x+4, x+7)=(x, x+4, x+9)=(0, 4, 9)=(9, 0, 4)$$

$$L(x, x+4, x+7)=(x+11, x+4, x+7)=(11, 4, 7)=(4, 7, 11)$$

한편 톤네츠에서 역삼각형 (11, 2, 6)은 단3화음이므로 $(x, x+3, x+7)=(11, 2, 6)$에서 $x=11$이다. 즉 잉여계 Z_{12}에서 $11+3\equiv14\equiv2$이고, $11+7\equiv18\equiv6$이다. 단3화음은 P변형, R변형, L변형에 의해 다음과 같이 바뀐다.

$$P(x, x+3, x+7)=(x, x+4, x+7)=(11, 15, 18)=(11, 3, 6)=(3, 6, 11)$$

$$R(x, x+3, x+7)=(x+10, x+3, x+7)=(21, 14, 18)=(9, 2, 6)=(2, 6, 9)$$

$$L(x, x+3, x+7)=(x, x+3, x+8)=(11, 14, 19)=(11, 2, 7)=(2, 7, 11)$$

음악가들은 이와 같은 톤네츠를 이용하여 음악을 작곡한다고 한다. 예

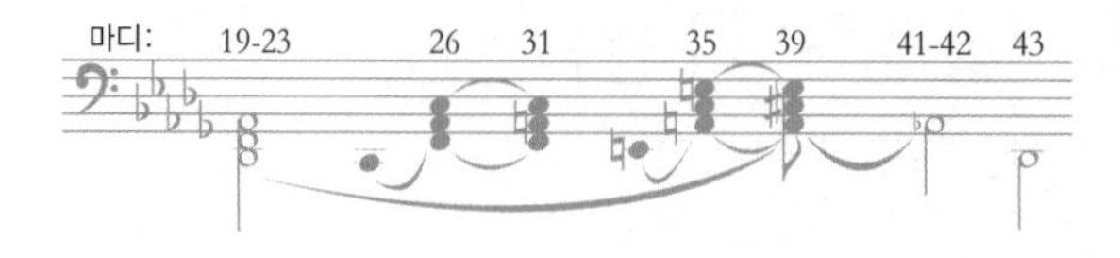

를 들어 다음은 리스트(Franz Liszt)의 피아노 작품 〈위로(Consolation)〉(1849~1850) 3번, 마디 19-43의 베이스 스케치와 그것의 톤네츠다. 톤네츠에서 알 수 있듯이 리스트는 L변형과 P변형을 연달아 사용하여 작품을 완성했다. 악보에 표기된 𝄢는 낮은음자리표로, 𝄞(높은음자리표)가 붙은 악보의 '라'에 해당하는 자리가 '도'이며, ♮는 ♭, #의 효력을 없애고 제자리로 돌리는 제자리표이다. 악보에서 시, 미, 라, 레, 솔 자리에 ♭이 붙었으므로 각 음은 반음씩 내려간다.

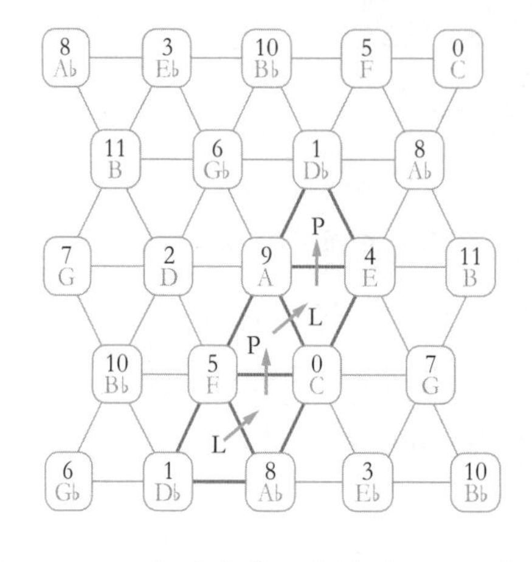

이를 좀 더 자세히 설명해보자.

$L(x, x+4, x+7)=(x+11, x+4, x+7)$에서 $x=1$이므로, $L(1, 5, 8)=(12, 5, 8)=(0, 5, 8)=(5, 8, 0)$이다. 즉 (D♭, F, A♭)이 L변형에 의해 (C, F, A♭)이 되었다. 또 $P(x, x+3, x+7)=P(5, 8, 0)=(x, x+4, x+7)=(5, 9, 12)=(5, 9, 0)$이므로 P변형에 의해 (C, F, A♭)이 (F, A, C)가 된다. 다시, $L(5, 9, 0)=(16, 9, 12)=(4, 9, 0)=(0, 4, 9)=(9, 0, 4)$이므로 L변형에 의해 (F, A, C)는 (A, C, E)가 된다. 마지막으로 $P(9, 0, 4)=P(x, x+3, x+7)$이므로 $x=9$이다. 따라서 $P(9, 0, 4)=(9, 13, 16)=(9, 1, 4)$가 된다. 즉, P 변형에 의해 (A, C, E)는 (A, D♭, E)가 된다. 따라서 화음 변화는 다음과 같다.

(D♭, F, A♭) → (C, F, A♭) → (F, A, C) → (A, C, E) → (A, D♭, E)

한편 다음은 베토벤의 피아노 소나타 Op.57 〈열정(Appasionata)〉(1804~1805) 제1악장 중 일부의 베이스 스케치와 그것의 톤네츠다. 톤네츠에서 알 수 있듯이 베토벤 또한 P변형과 R변형을 연달아 사용하여 작품을 완성했다.

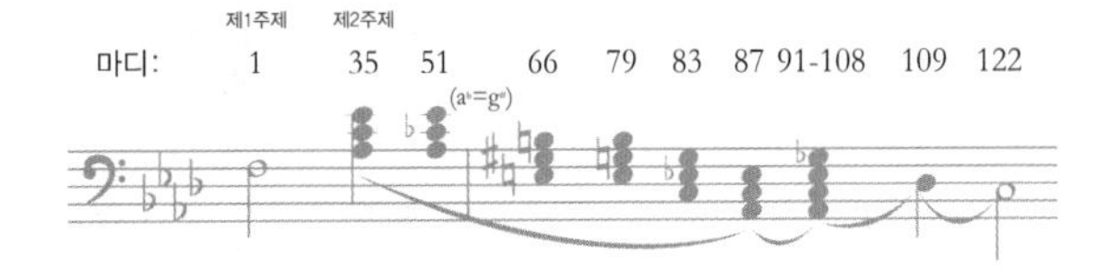

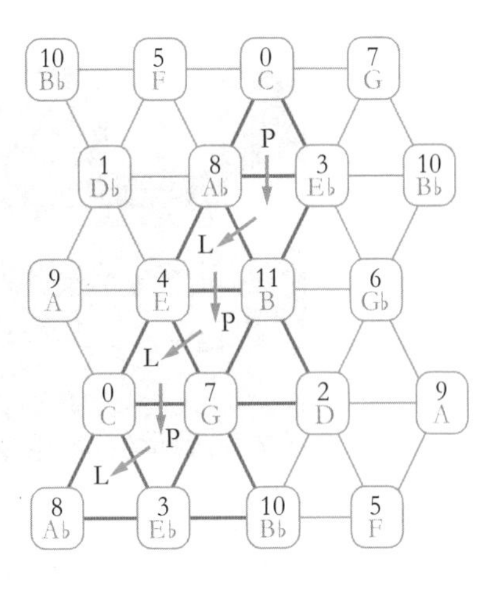

이를 좀 더 자세히 설명해보자.

$P=(x, x+4, x+7)=P(8, 0, 3)=(x, x+3, x+7)=(8, 11, 3)$이다. 또 $L(8, 11, 3)=L(x, x+3, x+7)=(x, x+3, x+8)=(8, 11, 16)=(8, 11, 4)=(4, 8, 11)$이다. $P(x, x+4, x+7)=(x, x+3, x+7)$이므로 $P(4, 8, 11)=(4, 7, 11)$, $L(4, 7, 11)=L(x, x+3, x+7)=(x, x+3, x+8)=(4, 7, 0)=(0, 4, 7)$이다. 또 $P(x, x+4, x+7)=(x, x+3, x+7)$이므로 $P(0, 4, 7)=(0, 3, 7)$이고, $L(0, 3, 7)=(0, 3, 8)$이다. 즉 화음 변화는 다음과 같다.

(A♭, C, E♭) → (A♭, B, E♭) → (E, A♭, B) → (E, G, B) → (C, E, G) → (C, E♭, G) → (C, E♭, A♭).

위의 예에서 알 수 있듯이 뛰어난 음악가들도 좀 더 아름다운 소리를 내기 위해 수학적 원리를 활용했다. 따라서 그들의 작품 속에 수학적 원리가 숨어 있음을 이해하고 음악을 듣는다면 음악을 이해하는 데 훨씬 도움이 될 것이다.

TIP

수학을 품은 음악, 더 아름답고 흥미롭다

올리비에 메시앙, 1940년경.

수많은 작곡가들이 음악과 수학의 긴밀한 연관성을 강조하고, 또 그 둘 사이의 상호작용으로 일궈낸 창작물 등을 통해 그 사실을 증명해 보였다. 그중 실내악 〈시간의 종말을 위한 4중주(Quatuor Pour La Fin Du Temps)〉를 작곡한 올리비에 메시앙(Olivier Messiaen)이 있다.

메시앙이 평생 동안 작곡한 일이 없는 실내악을 만들고, 그것도 바이올린 2대와 비올라, 첼로의 일반적 4중주 편성과 달리 피아노 · 클라리넷 · 첼로 · 바이올린이라는 극히 이례적인 구성의 작곡을 하게 된 데에는 불가피한 사정이 있었다.

이 곡이 작곡된 1940년 여름 제2차 세계대전 당시 메시앙은 프랑스군으로 참전했다가 독일군에게 포로로 잡혀 폴란드 슐레지엔의 괴를리츠 수용소에 수감되어 있었다. 수용소의 동료들 중 악기를 다룰 줄 아는 다른 세 명과 함께 연주하려고 작곡했기 때문에 유례없는 구성의 4중주곡이 된 것이다. 이 작품은 1941년 1월 15일 영하 30°의 혹한 속 5,000명의 전쟁 포로들 앞에서 약 48분 동안 초연되었다. 줄이 3개밖에 없는 첼로와 한번 누르면 다시 올라오지 않는 피아노 건반을 가지고 연주할 수밖에 없는 참혹한 현실 속에서 현대음악의 걸

작으로 손꼽히는 메시앙의 4중주가 탄생한 것이다.[9]

〈시간의 종말을 위한 4중주〉에는 하나의 수학적 원리가 숨어 있다. 바로 1악장을 소수를 이용해 작곡한 것이다. '크리스털 같은 전례(Liturgie de Cristal)'라고 제목을 붙인 1악장은 2개의 층으로 구성된다. 바이올린과 클라리넷은 반복적이고 단순한 선율을 반복하다가 점차 역동적이고 리드미컬하게 고조되어간다. 반면 피아노와 첼로는 계속 정적인 움직임을 보인다. 피아노 성부는 17개의 음표로 이루어진 리듬 패턴과 29개로 이루어진 화성 패턴이 제한적인 조건 속에서 끊임없이 반복되는 모습을 보여준다. 바이올린과 클라리넷은 새의 소리를 묘사하고 있다.

그런데 특히 이 피아노 부분에 메시앙은 소수를 이용한 반복적인 리듬과 화성 패턴을 사용했다. 17개의 리듬 패턴과 29개 화성 패턴, 즉 소수 17과 29를 중심 패턴으로 작곡했기 때문에 이들은 서로 만나지 못한다. 17개의 음표로 이루어진 리듬 패턴과 이 리듬 위에 연주되는 29개의 화성 패턴이 서로 만나려면 $17 \times 29 = 493$개의 음을 지나야 하는데, 1악장은 이들이 만나기도 전에 곡이 끝나고 만다. 이렇듯 메시앙은 소수를 이용해 결국 만나지 못하는 리듬과 화성의 패턴을 표현했고, 이로써 "시간 너머에 있는 영원을 음악적으로 형상화"하고자 했다.[10]

한편, 특정 숫자를 좋아해 음악에 활용한 음악가들도 있다. '음악의 아버지'라 불리는 바흐는 14라는 수를 유난히 좋아했다. 바흐는 왜 14라는 수를 좋아했을까? 우선 알파벳 A를 1, B를 2라는 식으로 짝을 지으면, Bach라는 이름은 $2+1+3+8=14$에 해당한다. 그리고 풀네임도 요한 세바스찬 바흐(Johann Sebastian Bach)인데, 이 알파벳 이름에도 수를 대입해 더하면 158이 나온다. 또 이를 더하면 1+

5+8=14가 된다.

바흐가 수 14를 좋아하는 데서 비롯된 또 하나의 재미있는 에피소드가 있다. 바흐는 1747년 당시 음악협회 회원으로 가입했는데, 이는 원래 가입하기로 한 것보다 2년 뒤의 시기였다. 왜냐하면 2년 전에 가입하면 자기의 가입 순서가 14번째가 안 되기 때문이었다.

그리고 14와 더불어 바흐를 사로잡은 수가 84이다. 84는 바흐가 아끼던 수 14에 천지창조의 기간인 6을 곱한 수이다. 바흐 작품의 대부분이 84마디로 되어 있고, 바흐는 작품의 마지막에 84라는 사인을 남기기도 했다.

이렇게 숫자를 사랑한 음악가에는 바흐만 있는 것이 아니었다. 리하르트 바그너(Richard Wagner)도 평생 13이라는 숫자와 함께했다. 보통 서양에서는 13을 불길한 수로 여기는데, 오히려 바그너는 자신을 나타내는 수로 간주했다. 'Richard Wagner'라는 이름도 13개의 알파벳으로 이루어져 있고, 태어난 해도 1813년이며, 또 이를 더하면 1+8+1+3=13이 된다. 그가 처음으로 대중들 앞에 나타난 것이 1831년인데, 이를 모두 더하면 13이 된다.

바그너는 심지어 오페라도 13곡만 작곡했는데, 그중에서 유명한 〈탄호이저(Tannhäuser)〉(3막으로 구성된 오페라)를 완성한 날은 1845년 4월 13일이었다. 그 후 파리에서 초연했는데, 그 날짜는 바로 1861년 3월 13일이었다. 또한 〈니벨룽의 반지(Der Ring des Nibelungen)〉(4부작으로 구성된 초대형 악극)도 1876년 8월 13일 처음 연주되었다. 그가 리가에 있는 주립 극장의 대표가 되었을 때, 그 극장은 9월 13일 개관했다. 그리고 13년간 망명하고, 독일이 새 연합국이 된 지 13년째 되던 해 13번째 날에 사망했다고 한다.

Chapter 3

수학을 알면 경제가 보인다

—— 경제는 특정 국가의 생산, 교환, 분배 그리고 재화 및 서비스의 소비와 관련된 인간의 모든 활동을 가리킨다. 간단히 말해 사람이 살아가면서 서로 교류하며 일어나는 상호작용의 모든 것이라고 할 수 있다. 이와 같이 '경제' 하면 가장 먼저 떠오르는 것이 '수요-공급 곡선'이다.

수요와 공급은 경제학에서 개별 상품 판매자와 구매자의 시장 관계를 나타낸다. '수요와 공급 모형'은 시장에서 거래되는 재화의 양과 시장에서 형성되는 가격을 결정하고 예측한다.

수요는 가격과 수요량 사이의 관계이므로 아래 그래프에서와 같이 수요 곡선으로 나타낼 수 있다. 수요 곡선은 가격이 오를수록 수요량이 감소하는 경향을 띠는데, 이를 '수요의 법칙'이라 한다. 또한 그래프에서 보듯, 수요가 많아지면 가격이 오른다.

한편 공급은 생산자들이 어떤 재화를 일정 시간 안에 얼마나 많이 생산할 의향이 있는가를 나타낸 것이며, 어떤 상품을 판매하고자 하는 욕구나 계획을 말한다. 수요와 마찬가지로 공급을 그래프로 나타낸 것이 '공급 곡선'이다.

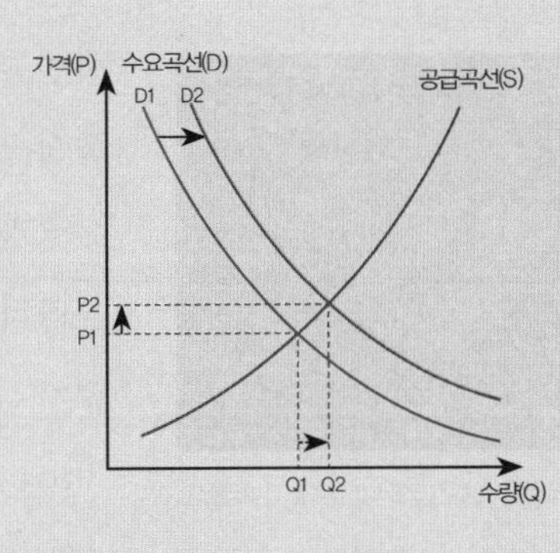

수요-공급 곡선은 수학적 이론과 아이디어를 이용하여 경제 상황을 나타낸 것이다. 이와 같이 경제를 이해하는 데도 반드시 수학이 필요하다. 이제 경제에서 활용되는 몇 가지 수학 이론에 대해 알아보자.

파동원리로 주가를 예측하다

피보나치수열

주식시장에 보이는 엘리엇 파동원리

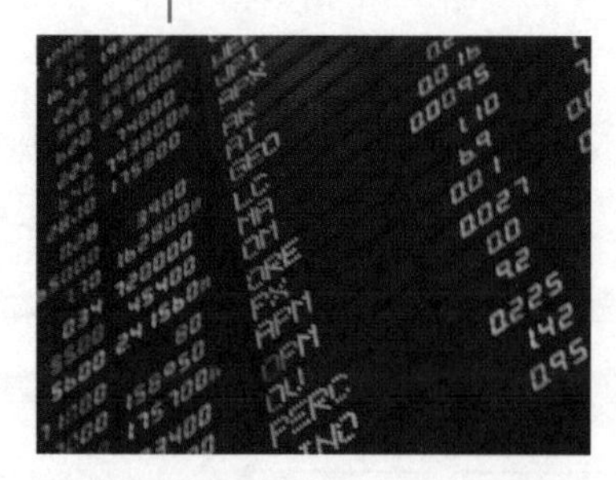

주가의 상승과 하락을 실시간으로 나타내는 시세전광판.

사실 경제 현상 속에는 많은 수학적 원리가 숨어 있지만, 먼저 앞에서 소개한 피보나치수열과 관련된 내용을 살펴보고자 한다. 피보나치수열은 제2장에서 살펴본 음악에서뿐만 아니라 증권시장에서도 찾을 수 있다.

1930년 엘리엇(Ralph Nelson Elliot)은 미

국 주식시장의 변화를 주의 깊게 살피고 있었다. 당시 미국의 다우존스(Dow Jones)는 주요 기업 30곳의 주식가격을 이용하여 평가를 내리고 있었는데, 여기에서 엘리엇은 주식시장의 변화가 자연계에서 나타나는 것과 같이 조화로운 변화를 보인다는 것을 알아냈다. 그 후 엘리엇은 자신의 이론을 체계화하여 1939년 이른바 '엘리엇 파동원리(Elliot Wave Principle)'를 발표했다.

이 이론에 따르면, 주식시장은 아래 그림과 같이 항상 같은 주기를 반복하며, 각 주기는 정확하게 8개의 파동으로 구성된 두 단계로 이루어졌다는 것이다.

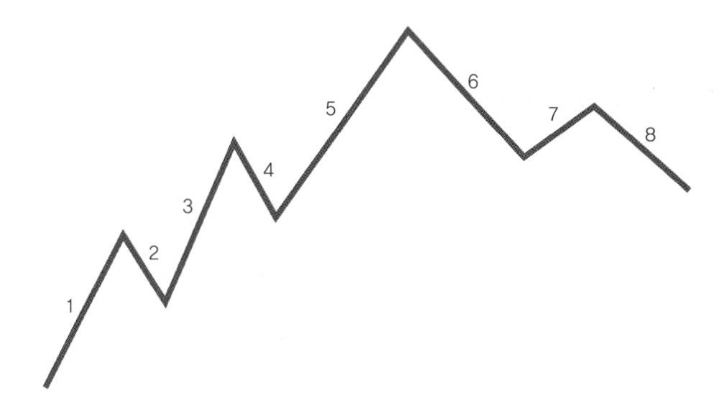

이 파동 그림을 잘 살펴보면 올라가는 단계와 내려가는 단계로 구성되어 있음을 알 수 있다. 즉 1부터 5까지의 파동은 전체적으로 올라가는 단계이고, 6부터 8까지는 전체적으로 내려가는 단계다. 각 단계에서 상승하는 1, 3, 5, 7 파동을 '추진파(impulse waves)'라 하고, 하락하는 2, 4, 6, 8 파동을 '조정파(corrective waves)'라고 한다. 1번 파동에서부터 5번 파동까지는 전체적으로 주가가 상승하고, 6번 파동에서부터 8번 파동까지는 전체적으로 주가가 하락하고 있다.

따라서 크게 보면 1번 파동부터 5번 파동까지는 추진파이고, 6번부터 8번 파동까지는 조정파다. 그러나 주가가 상승하는 상황에서도 2번과 4번 같은 조정 국면이 있고, 주가가 전체적으로 하락하는 상황에서도 7번 파동과 같이 상승하는 국면이 있음을 알 수 있다. 상승 국면에 있는 파동 수열 1-2-3-4-5에서는 강세장(强勢場, bull market)이 형성되고, 6-7-8에서는 약세장(弱勢場, bear market)이 형성된다.

강세장
증권 또는 상품의 거래에서 나타나는 상승 시세. 'bull'은 주식을 나중에 높은 가격에 팔 생각으로 황소처럼 적극적이고 저돌적으로 주식을 매입하는 투자자를 가리킨다.

약세장
증권이나 상품 거래에서 가치가 하락하는 시장. 'bear'는 곰을 잡기 전에 곰 가죽을 판다는 속담, 또는 증권이 없을 때(bear) 판다는 것에서 유래한 듯하다.

강세장과 약세장에서 보이는 피보나치수열

이제 주식시장의 동향을 좀 더 자세하게 살펴보자. 다음 그림은 주가가 변하며 생기는 강세장과 약세장을 나타낸 분석표다. 그러나 이 분석표도 매일매일 변하는 주가를 표시한 것이 아니라 며칠 단위로 조금 간단하게 표시한 것이다.

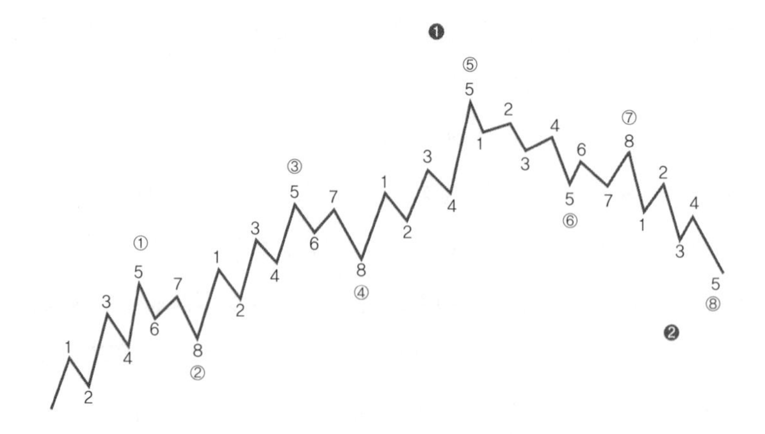

앞의 주가 변동 그래프는 크게 보면 ❶번 파동의 상승 국면과 ❷번 파동의 하락 국면으로 나눌 수 있다. 이 경우 파동은 2개로 구성된다. 2개의 파동은 다시 추진파로 된 파동 수열 ①-②-③-④-⑤와 조정파로 된 파동 수열 ⑥-⑦-⑧로 구성되는데, 이 경우 파동의 수는 모두 8개다. 그러나 더 자세히 살펴보면 전체적으로 파동 수열은 다음과 같다.

1-2-3-4-5-6-7-8-1-2-3-4-5-6-7-8-1-2-3-4-5-1-2-3-4-5-6-7-8-1-2-3-4-5

이 경우 파동의 총수는 34개이다. 즉 큰 파동 2개는 중간 크기의 파동 8개로 구성되어 있고, 다시 이 파동은 작은 크기의 파동 34개로 구성되어 있음을 알 수 있다.

그렇다면 실제 주식시장에서 매일매일 나타나는 그래프를 좀 더 자세히 분석해보자. 다음 그림은 실제로 주식시장에서 나타나는 그래프의 일부분을 그린 것이다.

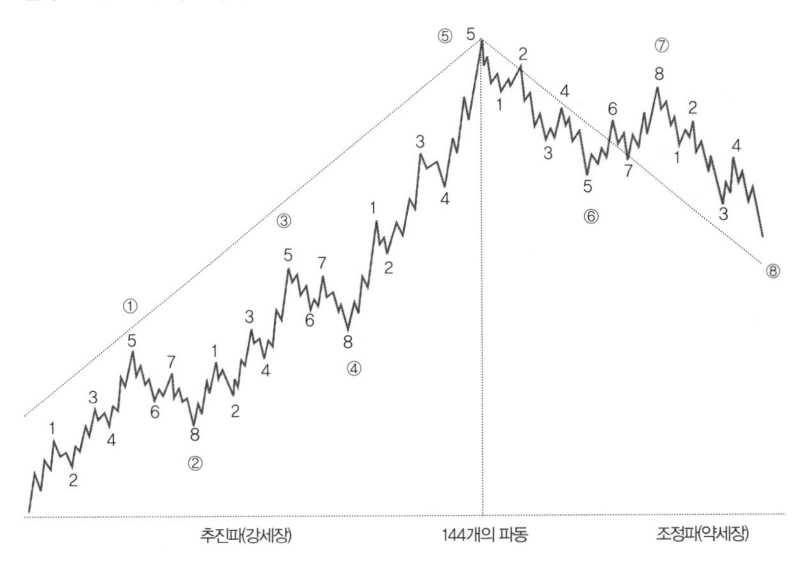

이 그래프는 전체적으로 가장 큰 2개의 파동(제1파)인 추진파(강세장)와 조정파(약세장)로 구분할 수 있다. 점선으로 나누어진 두 번째 파동(제2파)은 왼쪽 5개(①~⑤), 오른쪽 3개(⑥~⑧)의 파동으로 구성되어 있다. 중간 크기의 파동(제3파)은 왼쪽에 21개(8+8+5), 오른쪽에 13개(8+5)로 이루어져 있으며, 가장 작은 파동(제4파)은 왼쪽에 89개, 오른쪽에 55개로 이루어져 있다.

파동	강세장	약세장	합계
제1파	1	1	2
제2파	5	3	8
제3파	21	13	34
제4파	89	55	144

이것을 정리하면 왼쪽 표와 같다. 즉 주식시장의 상승과 하락이 피보나치수열에 따라서 이루어지고 있음을 알 수 있다. 따라서 주식시장에 투자하여 성공하려면 피보나치수열을 참고할 필요가 있다.

엘리엇 파동원리는 1987년 미국 주식시장의 폭락 사태를 예견하여 최상의 주식 예측 도구로 각광받았으나, 이 이론은 원래 다우지수와 같은 전체 주가지수의 움직임을 바탕으로 연구한 것이기 때문에 개별 종목에 적용하기에는 무리가 있다. 그래서 증권가에서는 이 이론을 바탕으로 다양한 소프트웨어를 개발하여 사용하고 있다.

이 밖에도 오늘날의 과학기술에서 피보나치수열을 활용하는 경우가 아주 흔하다. 데이터를 분류하고 정보를 검색하는 데에도 이용되고 있으며, 최근에는 암호는 물론 컴퓨터과학 분야에서도 광범위하게 쓰이고 있다.

블랙숄즈 방정식, 금융공학의 꽃인가?

확률편미분방정식

파생상품의 기본이 된 블랙숄즈 방정식

2008년 세계는 글로벌 경제위기를 겪으며 한 차례 휘청거렸다. 그 원인에는 여러 가지가 있지만 그중 위기의 주범으로 지목된 것은 바로 서브프라임 모기지(sub-prime mortgage)와 그것의 이론적 토대를 만들어준 금융공학(金融工學)이다.

원래 서브프라임 모기지는 미국에서 저소득층을 대상으로 하는 부동산담보 대출을 의미하는데, 2008년 미국의 초대형 모기지론 대부업체들

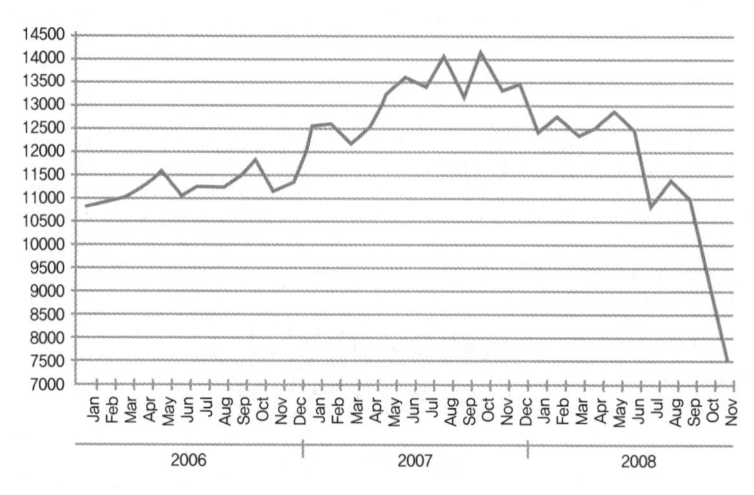

2006~2008년 다우존스 산업평균지수.

이 파산하면서 미국만이 아닌 국제금융시장에까지 연쇄적인 경제위기를 초래했다.

금융공학은 수학적 도구와 경영학 · 산업공학 · 응용수학 등이 어우러진 융합학문으로, 주식과 채권, 원자재 등의 현물시장과 선물, 파생시장을 분석하는 분야다. 금융공학이 발달하면서 특정한 기초자산을 근거로 수많은 파생상품(派生商品)이 쏟아져 나왔다. 그 과정에서 거품이 만들어졌고, 결국 세계경제가 금융위기를 맞게 된 것이다.

파생상품
주식과 채권 같은 전통적인 금융상품을 기초자산으로 새로운 현금 흐름을 만드는 증권. 위험을 감소시키거나 새로운 금융상품을 만들어내는 기능을 하며, 대표적인 파생상품으로는 선도 거래, 선물 옵션 등이 있다.

이 파생상품의 핵심 이론이 바로 '블랙숄즈 방정식'이라고 알려졌는데, 어떠한 원리로 이 모델이 활용되었는지 살펴보자.

1973년 피셔 블랙(Fischer Black)과 마이런 숄즈(Myron Scholes)는 옵션의 이론가격을 계산하기 위해 '블랙숄즈 가격결정 모형'을 개발했다. 이 모형은 일부 수정되기는 했지만 현재에도 널리 이용되고 있으며, 금융공학의 발전에 가장 핵심적인 기여를 했다. 특히 이 모형의 중심에는 '블랙숄즈(Black-Scholes) 방정식'이라는 수학적 원리가 자리 잡고 있다. 이 방정식은 일본 교토 대학 이토 교수의 확률미적분 이론을 이용해 파생상품 옵션의 가격을 계산한 모델이다.

이토 교수는 공기 중에 피어오르는 연기나 물 위를 떠다니는 꽃가루와 같은 불규칙한 운동을 수학적으로 설명했는데, 블랙숄즈 모델은 이토 이론을 응용한 특정한 방정식을 통해 옵션과 같은 금융상품의 가격결정 원리를 풀어냈다. 즉 위험이 전혀 없는 차익거래는 불가능하다는 공리를 세우고, 주식의 현물과 선물, 옵션 그리고 위험이 거의 없는 국채, 리보(LIBOR, 런던 은행 간 거래 금리) 간 관계식을 세워서 방정식을 유도해 옵션 가격을 결정하는 방법을 정립했다.

이 과정에서 블랙과 숄즈는 물리학의 열 방정식을 기초로 하여 확률론적인 방법으로 풀이를 구했다. t는 시간, S는 자산 가격, f는 파생상품의 가격, r은 무위험수익률, $\sigma^2 S^2$은 순간분산율이라고 할 때, 블랙숄즈 방정식은 다음과 같은 '확률편미분방정식'이다.

$$\frac{\sigma f}{\sigma t}+rS\frac{\sigma f}{\sigma S}+\frac{1}{2}\frac{\sigma^2 f}{\sigma S^2}\sigma^2 S^2=rf$$

이 방정식은 일반인이 이해하기 어렵다. 그래서 여기서는 매우 간단한 예로 블랙숄즈 가격결정 모형에 대해 알아보자.

가격이 $S=100$인 주식이 1개월 후에 160이 되거나 80이 된다고 가정하자. 이 주식을 1개월 후에 120에 살 수 있는 권리(콜옵션)를 C라고 할 때, C의 가치는 얼마일까? 권리 C의 가치가 얼마인지를 결정하는 것이 바로 블랙숄즈 가격결정 모델이다.

예를 들어 1개월 뒤에 이 주식이 160원이 된다면 C의 권리를 행사할 경우 주식을 120에 구매하게 되므로 C는 40의 가치가 있다. 반면 1개월 후 이 주식이 80이 되었다면 C의 권리를 행사하지 않으면 되므로 C의 가치는 0이다. 가격이 100인 주식이 1개월 뒤에 160이 될 확률을 p, 80이 될 확률을 $1-p$라고 하자. 이는 다른 여러 가지 변수를 고려하지 않았을 경우다.

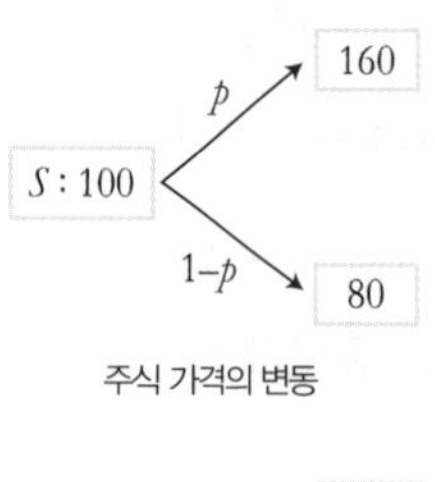

주식 가격의 변동

40
p
$C : C_0$
1–p
0

C의 가치의 변동

권리 C의 현재가치를 C_0라고 하면 C를 행사할 경우 C_0의 가치가 40이 될 확률은 p이고, 0이 될 확률은 $1-p$이다. 이는 왼쪽 그림과 같이 나타낼 수 있다.

첫 번째 그림으로부터 이율을 고려하지 않는다면 현재가치와 미래가치가 같아야 하므로 미래에 대한 기댓값은 다음과 같다.

$$p \cdot 160+(1-p) \cdot 80=100$$

이 식으로 $p=\frac{1}{4}$임을 알 수 있다. 이 확률을 두 번째 그림의 기댓값에 대입해 계산하면 다음과 같다.

$$C_0=p \cdot 40+(1-p) \cdot 0=\frac{1}{4} \cdot 40=10$$

즉 현재 100인 주식이 1개월 뒤에 160이 된다고 가정할 때, 1개월 뒤에 그 주식을 120에 살 수 있는 권리 C의 현재가치는 $C_0=10$이다.

그런데 위의 공식은 상품을 둘러싼 외부환경, 즉 금리와 환율 등 여러 변동 요인들이 반영되지 않은 순수 계산법에 의한 결과다. 이러한 변동 요인들이 상세히 반영되면 될수록 더욱 복잡한 계산식이 나오게 된다.

금융시장을 종횡으로 누비는 전문가 '퀀트'

숄즈는 파생상품을 발전시켜 금융의 영역을 크게 넓힌 공으로 1997년 노벨경제학상을 받았다. 그러나 안타깝게도 이미 1995년에 암으로 사망한 블랙은 사후에는 노벨상을 수여하지 않는 전통에 따라 수상하지 못했다. 대신 숄즈와 헤지펀드를 같이 만든 머튼 교수가 공동으로 수상했다.

블랙숄즈 방정식 하나로 월스트리트는 지난 10여 년간 역사상 최대 호황을 누렸고, 미국은 세계의 금융산업을 제패했다. 블랙숄즈 방정식은 말 그대로 금융공학의 꽃으로 화려한 위치를 누렸다. 그러나 앞에서 언급한 대로, 이 방정식은 아이러니컬하게도 세계 금융위기라는 불행의 단초가 되기도 했다. 엄격한 가정과 조건에서만 작동하는 모델을 변동성이 너무 큰 시장에 무리하게 적용했다가 실패한 것이다.

그럼에도 불구하고 금융위기가 점차 진정되면서 파생상품의 규모는 점점 더 증가하는 추세에 있다. 이는 아직까지 파생상품을 대체할 수단이 마땅치 않기 때문인 것으로 보인다. 원래 블랙숄즈 모델은 위험 없는 차익거래는 불가능하다는 입장에서 출발했지만, 궁극적으로는 위험을 최소화하고 차익을 극대화하는 상품을 개발하는 데 목표를 두고 있기 때문이다. 따라서 파생상품을 투기로 접근하지 말고 위험을 최소화하는 투자로 인식할 필요가 있다.

이렇게 금융 현장에서 파생상품을 설계하고 데이터에 근거해 위험을 관리할 뿐만 아니라 직접 프로그램 거래를 하는 전문가들이 있는데 이들을 '퀀트(Quant)'라고 부른다. 원래 이 단어는 '수량으로 잴 수 있는'을 뜻하는 '퀀터테이티브(quantitative)'의 줄임말로, 간단히 '계량'이라고 번역되는데 한마디로 철저하게 숫자를 다루는 분석기법을 뜻한다.

현재 우리나라 금융업계에는 200명 안팎의 퀀트가 활동하고 있으며 그중 상당수가 수학 전공자들이다. 확률편미분방정식에 근거한 복잡한 블랙숄즈 방정식을 실제 상품으로 활용할 수 있는 수학적 능력이 필요하기 때문일 것이다.

죄수의 딜레마로 수학을 배운다

게임 이론

응용수학의 한 영역으로 자리 잡은 게임 이론

우리는 현실에서 매 순간 수많은 의사결정의 상황에 놓이게 된다. 이때 우리 자신의 행동뿐만 아니라 다른 사람들의 행동까지도 고려해서 결정을 내려야 하는 전략적 상황이 많이 발생한다. 이와 같이 사회구성원들의 전략적 의사결정을 게임이라는 관점에서 수학적으로 설명한 이론이 있다. 바로 '게임 이론(game theory)'이다.

게임 이론은 게임의 결과가 자신의 선택과 기회뿐 아니라 함께 게임하는 다른 사람들의 선택에 의해서도 결정되는 경쟁 상황을 분석하는 데 이용되는 이론이다. 한 게임은 모든 경기자들의 선택에 달려 있기 때문에 각 경기자는 선택을 잘하기 위해 다른 경기자들이 무엇을 선택할지 예측하려고 한다. 어떻게 하면 이렇게 상호의존적인 전략적 계산을 합리적으로 할 수 있을까 하는 것이 게임 이론의 핵심이다.

게임 이론이라는 말은 수학자 존 폰 노이만(John von Neumann)과 경제학자 오스카 모르겐슈테른(Oskar Morgenstern)이 1944년 『게임 이론과 경제행동(*Theory of Games and Economic Behavior*)』을 출판하면서 구체화되었다. 이 이론은 사회과학, 특히 경제학에서 활용되는 응용수학의 한 분야로 발전했으며, 그 밖에 정치학 · 군사학 · 컴퓨터공학 · 생물학 · 철학 등 다른 분야에도 응용되었다.

제로섬 게임
두 사람이 경쟁을 통한 게임을 할 때 한 사람이 게임에 이겨서 하나를 얻으면 다른 한 사람은 필연적으로 하나를 잃는 것을 의미한다.

치킨 게임
어떤 사안에 대해 대립하는 두 집단이 있을 때 그 사안을 포기하면 상대방에 비해 손해를 보게 되지만 양쪽 모두 포기하지 않을 경우 가장 나쁜 결과가 벌어지는 상황을 의미한다.

게임 이론에는 대표적인 것으로 '제로섬 게임(zero sum game)', '치킨 게임(chicken game)', '죄수의 딜레마(Prisoner's Dilemma)' 등이 있는데, 그중에서 죄수의 딜레마가 가장 유명하다.

죄수의 딜레마는 2명이 참가하는 비제로섬 게임의 일종이다. 공범 혐의로 잡혀온 두 사람이 서로 격리돼 취조를 받는데 한쪽이 다른 한쪽의 범죄를 자백하면 그 사람은 형이 경감되고, 자백하지 않은 사람은 가중처벌을 받게 되는 상황에 처해 있다고 하자. 이 상황에서 둘 다 자백하지 않으면 범죄 혐의가 입증되지 않아 석방될 수 있는데 이기적 특성을 갖는 개인이 자신의 이익만을 추구한 결과 두 사람 모두 자백함으로써 중형을 받게 된다는 이론이다.

죄수의 딜레마에 숨어 있는 수학적 원리를 찾아보자.[1]

죄수의 딜레마에서 살아남는 법

하나의 살인사건이 일어났다고 가정해보자. 경찰은 친구 사이인 용의자 A와 B를 체포하지만, 살인이 아닌 징역 1년형만큼의 혐의만 밝혀냈을 뿐이다. 살인사건의 진상을 밝히기 위해 경찰은 이들을 각각 다른 방에 가두고 심문한다. 이 사건에 대해 두 사람 모두 침묵을 지키면 둘 다 경미한 죄를 저지른 혐의로 1년형을 선고받지만, 범죄 사실을 자백할 경우 5년형을 선고받는다. 여기서 한쪽이 자백했는데 다른 한쪽이 사실을 숨기고 말하지 않으면, 자백한 쪽은 불기소로 석방되지만 숨긴 쪽은 10년형을 받게 된다. 두 용의자는 묵비권을 행사할 것인지 자백할 것인지를 선택해야만 한다.

감옥에 갇혀 있는 기간으로 이득표를 만들고 두 용의자의 전략을 비교해보자. 앞의 숫자가 A가 얻는 이득이고, 뒤의 숫자는 B가 얻는 이득이다. 이때 형기는 마이너스로 표시한다.

		B	
		묵비권 행사	자백
A	묵비권 행사	−1, −1	−10, 0
	자백	0, −10	−5, −5

2명 모두 자백하는 것은 둘 다 합리적으로 냉정하게 생각한 끝에 내리는 결론이다. 그러나 그렇게 되면 A와 B 모두 5년형을 받는다. 이때 "만

약 둘 다 묵비권을 행사하면 1년으로 끝날 텐데" 하는 딜레마에 빠지게 된다.

우선 A의 입장에서 생각해보자. 전략에는 '묵비권 행사'와 '자백'이 있다. B가 묵비권을 행사할 경우, A가 침묵하면 이득은 -1이고 자백하면 0이다. B가 자백한다면, A가 묵비권 행사로 얻는 이득은 -10이고 자백하면 -5이다. A의 묵비권 전략과 자백 전략의 이득을 비교하면, B가 어떤 전략을 취하든 자백하는 쪽이 이득이 크다. 이 경우 자백 전략이 묵비권 전략의 지배 전략이 되기 때문에 A는 자백 전략을 취하는 것이 합리적이다. 그렇다면 B는 어떻게 생각할까? B 또한 마찬가지일 것이다. 그래서 둘 다 자백한 결과 A와 B는 징역 1년이 아닌 5년형을 받게 된다.

경제에서 전략으로 사용되는 내시 균형

죄수의 딜레마는 게임 이론의 한 형태인 '내시 균형(Nash equilibrium)'의 가장 대표적인 예로, 이는 미국의 수학자 존 내시(John Nash)가 발표한 것이다. 상대의 대응에 따라 최선의 선택을 하면 균형이 형성되어 각자가 한 선택을 바꾸지 않게 된다. 상대의 전략이 바뀌지 않으면 자신의 전략 또한 바꿀 필요가 없다. 결국 적절한 균형 상태가 이루어지는데 이것이 바로 내시 균형이다. 내시 균형은 오늘날 정치적 협상이나 경제 분야에서 전략으로 널리 활용된다.

그 전략의 조가 서로에게 최적인 상태인 내시 균형은 다음과 같이 구한다.

① B의 전략을 고정하여 그 전략에 대해 A의 이득이 최대가 되는 전략을 구한다. 이것이 A의 최적 반응이다.

② ①에서 구한 A의 전략에 대해 최적 반응이 되는 B의 전략을 구한다.

③ ①과 ②의 전략의 조가 내시 균형이 된다.

이 방법으로 앞에서 예를 든 A와 B의 경우를 살펴보자.

먼저 B가 묵비권 전략을 택했다고 해보자. 이때 A의 이득은 묵비권을 행사한다면 -1, 자백한다면 0이다. 따라서 A의 최적 반응은 자백이 된다. 이어서 A의 자백 전략에 대한 B의 최적 반응을 구해보자. B가 묵비권을 행사한다면 B의 이득은 -10, 자백하면 -5가 된다. 따라서 이때 B의 최적 반응은 자백 전략을 취하는 것이다. 이와 같이 (자백, 묵비권) 전략의 조는 내시 균형이 아니다.

한편 B가 자백 전략을 취했을 때 A의 최적 반응을 구해보자. A가 묵비권 전략을 취하면 A의 이득은 -10, 자백 전략을 취하면 -5가 된다. 따라서 A의 최적 반응은 자백 전략이다. A가 자백 전략을 택했을 때 B의 최적 반응을 구하면 역시 자백 전략이라는 것을 알 수 있다. (자백, 자백)으로 서로 최적 반응일 때 이것이 바로 내시 균형이다.

내시 균형의 좀 더 현실적인 예를 살펴보자.

H사의 인기 차는 소나타이고, K사의 인기 차는 K5이다. H사의 한 판매점 조사에 따르면 소나타와 K5 모두 2,000만 원일 때 주말에 팔리는 대수는 각각 15대이다. 그러나 경쟁사인 K사의 K5가 2,000만 원일 때 소나타의 가격을 1,800만 원으로 인하하면, K5가 3대, 소나타가 30대 팔린다고 한다. 반대로 소나타가 2,000만 원일 때 K5가 1,800만 원이면, 소나

타가 3대, K5가 30대 팔린다. 둘 다 1,800만 원으로 하면 각각 10대가 팔린다. 제조하는 데 드는 비용은 둘 다 1,500만 원이라고 할 때, 소나타를 판매하는 딜러 H는 주말에 2가지 가격 중 어느 쪽을 선택해서 판매해야 할까?

두 회사의 순이익을 판매대수에 곱한 경우의 이득표를 만들면 다음과 같다.

		딜러 K	
		2,000만 원 전략	1,800만 원 전략
딜러 H	2,000만 원 전략	7,500만 원, 7,500만 원	1,500만 원, 9,000만 원
	1,800만 원 전략	9,000만 원, 1,500만 원	3,000만 원, 3,000만 원

이 또한 죄수의 딜레마와 같다. 1,800만 원 전략이 가장 합리적인 전략이다. 물론 두 회사가 협조하여 가격을 인하하지 않고 2,000만 원으로 판매하는 쪽이 가장 이득이 높다는 것을 이득표에서도 알 수 있다. 그러나 상대가 어떻게 나올지 모를 경우, 이쪽이 손해를 보지 않으려면 지배 전략을 취해야 한다. 따라서 두 회사 모두 1,800만 원으로 가격을 인하하게 된다.

(H사, K사)가 (1,800만 원, 1,800만 원)과 (2,000만 원, 2,000만 원)으로 판매할 경우 이득은 각각 (3,000만 원, 3,000만 원)과 (7,500만 원, 7,500만 원)이 되므로, 두 회사 모두 2,000만 원의 가격 전략을 취하면 최선의 결과를 얻을 수 있다.

실제로 같은 품목을 판매하는 회사들은 죄수의 딜레마에 빠지지 않기 위해 몰래 모여 가격을 담합하기도 한다.

소득은 균등하게 분배되고 있는가?

로렌츠 곡선과 지니계수

로렌츠 곡선으로 소득분배를 측정한다

경제만큼 수학을 많이 이용하는 분야도 없을 것이다. 경제를 이야기할 때 언급해야 할 수학 이론이 너무 많기 때문에 어떤 내용을 얼마만큼 소개할지 오히려 고민해야 한다. 간단한 곡선 그래프를 이용하는 '수요-공급 곡선'에서부터 미래의 경제를 예측하기 위한 각종 통계자료를 분석하고 이용하는 복잡한 방법에 이르기까지 수학은 다양하게 활용되고 있다.

그 가운데 여기서는 한 나라 국민들의 소득이 잘 분배되고 있는지를 나타내는 방법에 수학을 어떻게 활용하고 있는지 알아보자.

사실 거시경제 정책의 2가지 큰 목표는 빵의 크기를 키우는 것과 키운 빵을 어떻게 나눌 것인가에 있다. 우리나라와 같은 자본주의 국가에서는 빵을 많이 가져가는 소수와 조금씩밖에 가져가지 못하는 다수가 있어서, 그들 사이의 격차를 줄이는 것이 늘 주요한 사회문제다. 한 사회의 분배 정도가 어느 수준인지, 즉 빵의 크기와 상대적 분배를 둘러싸고 사회구성원 간, 계층 간, 조직 간의 갈등이 어느 정도인지를 한눈에 파악할 수 있다면, 이런 문제의 해결책도 쉽게 제시할 수 있을 것이다.

소득분배의 불평등한 정도를 측정하는 방법 가운데 가장 많이 활용하는 것이 미국의 통계학자 로렌츠(Max O. Lorenz)가 고안한 '로렌츠 곡선(Lorenz curve)'이다. 경제학에서 로렌츠 곡선은 한 나라 국민들의 소득분배 정도를 나타내는 것으로, 가로축은 소득이 낮은 것에서 높은 순으로 전체 인구의 누적비율을 나타내고, 그에 대응하는 누적소득을 세로축에 나타낸 것이다. 이로써 소득의 불균등 정도를 나타낼 수 있다.

아래 그래프에서 가로축은 소득이 적은 사람부터 소득이 많은 사람까지 일렬로 쭉 늘어선 것이고, 세로축은 그 사람들의 소득 전체를 나타낸 것으로 보면 된다. 그래프에서 대각선 OO′는 인구가 늘어날수록 전체 소득도 똑같이 늘어나 누적되는 것을 나타낸다. 하위 20%의 소득이 전체 소득의 20%를 차지하므로, 즉 모든 사람의 소득이 똑같다는 뜻이므로 소득이

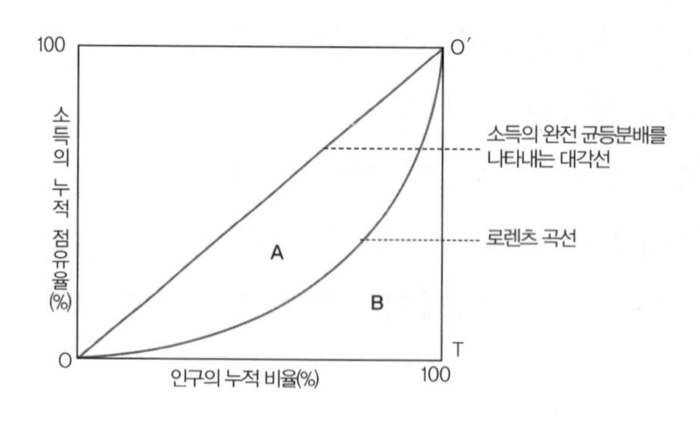

완전 균등분배되고 있음을 의미한다.

반면 OTO′선은 완전 불균등분배 상태를 뜻한다. 즉 오직 한 사람이 전체 소득의 100%를 차지하고 있고, 나머지는 소득이 전혀 없는 완전 불균등한 상황인 것이다. 따라서 로렌츠 곡선이 대각선에 가까워질수록 평등한 분배 상태를 뜻하고, OTO′선에 가까울수록 불균등한 분배 상태를 뜻한다고 할 수 있다.

불균형 정도를 나타내는 지니계수

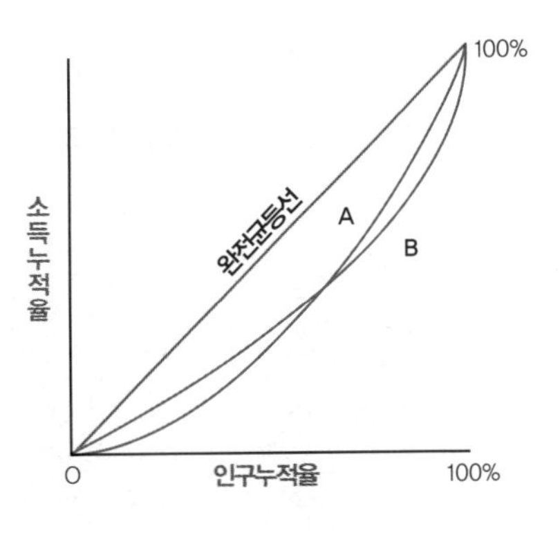

로렌츠 곡선을 이용해 국가 간 또는 지역 간 소득분배 상태를 비교할 수 있다. 하지만 오른쪽 그래프와 같이 A와 B 비교 대상들의 로렌츠 곡선이 교차하는 경우 어느 쪽의 분배 상태가 더 균등한지 판단할 수 없다. 따라서 로렌츠 곡선이 서로 교차하는 경우는 다른 분배 지표를 이용하여 분배 상태를 파악해야 한다. 이때 또 다른 분배지표로 가장 많이 활용되는 것이 '지니계수(Gini coefficient)'다.

지니계수는 오늘날 가장 널리 사용되는 불균형 정도를 나타내는 통계학적 지수로, 이탈리아의 통계학자 코라도 지니(Corrado Gini)가 1912년 처음 사용했다. 서로 다른 곡선들이 교차하는 경우 비교가 쉽지 않다는 로렌츠 곡선의 단점을 보완할 수 있는 지니계수는 소득분배의 불평등 외에, 부의 편중이나 에너지 소비에서의 불평등에도 응용된다.

앞에서 살펴본 것과 같이 소득분배가 완전히 평등하다면 로렌츠 곡선은 기울기가 1인 대각선 OO′가 될 것이다. 바꾸어 말하면 현실의 소득분포가 완전 평등에서 멀어질수록 로렌츠 곡선은 대각선에서 멀어진 곡선의 형태를 띤다.

대각선과 로렌츠 곡선 사이의 넓이를 A, 로렌츠 곡선 아래쪽 영역의 넓이를 B라고 할 때, 지니계수는 $\frac{A}{(A+B)}$로 구한다. 따라서 완전 평등하다면 A=0이므로 지니계수는 0이고, 완전 불평등한 상태라면 A=1, B=0이므로 지니계수는 1이다. 따라서 지니계수가 클수록 빈부의 격차가 크며, 보통 지니계수가 0.4를 넘으면 소득분배의 불평등 정도가 심한 것으로 평가된다.

그렇다면 우리나라의 지니계수는 어느 정도일까? 다음 표는 2011년 5월 통계청에서 발표한 한국의 소득 점유율을 나타낸 것이다.

소득분위	1분위	2분위	3분위	4분위	5분위
월평균 소득(천원)	1106.3	2409.6	3370.9	4568.3	7831.3
소득 점유율(%)	5.7	12.5	17.5	23.7	40.6
누적비	0.057	0.182	0.357	0.594	1

* 5분위 소득비율(상위 20%÷하위 20%)

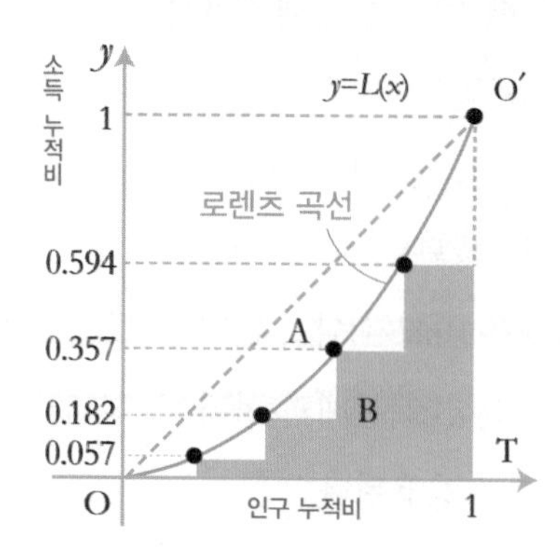

왼쪽 그래프는 위의 표를 이용하여 소득분위별 소득의 누적을 직사각형으로 그리고, 컴퓨터를 이용해 이에 해당하는 로렌츠 곡선을 그린 것이다. 그림에서 A+B 영역은 밑변과 높이가 모두 1인 직각삼각형 OTO′이므로 넓이는 $\frac{1}{2}\times1\times1=\frac{1}{2}$ 이다. A 영역의 넓이는 직각삼각형 OTO′의 넓이에서 B 영역의 넓이를 빼면 되므로, 결국 B 영역의 넓이를 구하면 우리나라의 지니계수를 알 수 있다. 하지만 B 영역은 다각형이 아니므로 넓이를 쉽게 구할 수 없다. 이때 필요한 것이 바로 '정적분(定積分)'이다.

TIP

빅맥 지수로 세계의 물가를 읽는다

우리가 생활 속에서 흔히 접하는 빅맥, 김치, 애니콜, 초코파이 등으로 세계의 물가수준을 알 수 있다고 한다. 이러한 방식은 세계적으로 잘 팔리는 특정 제품의 가격을 달러로 환산해서 각국의 물가수준과 통화가치를 비교하는 경우에 해당한다. 이때 동일한 상품은 세계 어디에서든지 그 가격이 같아야 한다는 '일물일가(一物一價)의 법칙'에 따른다.

가장 대표적인 것으로 '빅맥 지수(Big Mac Index)'가 있다. 세계적으로 품질과 크기 및 재료가 표준화되어 있는 맥도날드의 햄버거인 '빅맥'의 가격으로 각 나라의 물가수준과 통화가치를 평가할 수 있다는 이론을 토대로 한 지수다. 즉 세계적으로 판매되는 빅맥 햄버거의 품질이나 크기 및 재료 등이 표준화되어 있기 때문에 어느 곳에서나 값이 거의 일정한 빅맥 가격을 기준으로 통화가치를 알아보는 것이다.

빅맥 지수는 영국의 경제주간지 『이코노미스트』에서 1986년부터 '버거노믹스(Burgernomics, 햄버거경제학)'라는 이름을 붙여 매년 발표한다. 전 세계 120여 개국의 빅맥 판매가격을 비교해서 빅맥 지수를 산정하는데, 이론상으로 실제 환율과 빅맥 지수로 산정된 적정 환율의 차이를 보여준다는 점에서 의미 있는 지수다. 여기서는 환율이 각국의 통화의 구매력에 의해 결정된다는 '구매력평가설(PPP: Purchasing Power Parity)'을 근거로 삼는다. 구매력평가는 국내 화폐와 외국 화폐의 교환비율을 1 : 1로 전제한다.

2014년 1월 발표된 자료를 보면, 우리나라의 빅맥 가격은 3,700원,

미국은 4.62달러다. 구매력으로 봤을 때 우리 돈 3,700원이 4.62달러에 해당한다. 이때 구매력 비율은 3700/4.62=800.87이다. 즉 1달러의 원화 구매력평가는 800.87원이고, 이를 적정환율로 간주한다. 그런데 당시 외환시장의 실제 환율은 달러당 1067.30원이었다. 800.87<1067.30이므로, 당시 실제 환율이 빅맥 지수보다 높다. 즉 우리나라의 통화가치는 미국 달러에 비해 약 24.96% 정도 저평가되어 있다고 볼 수 있다.[2]

참고로 빅맥이 가장 비싼 나라는 노르웨이(7.80달러, 약 8,325원)고, 가장 싼 나라는 인도로 95루피(1.54달러, 약 1,644원)다.

그런데 이렇게 환산한 빅맥 지수는 각국의 인건비, 수요와 공급, 세금 등의 가격결정 요인이 반영되어 있지 않다는 단점이 있다. 그럼에도 불구하고 직관적이고 이해하기 쉬운 자료로서 꾸준히 인용되고 있다.

국가	해당 국가 가격	실제 환율	달러 환산 가격	구매력평가	환율 평가
인도	95	61.85	1.54	20.54	-66.78
중국	16.6	6.05	2.74	3.59	-40.68
일본	310	104.25	2.97	67.04	-35.69
한국	3700	1067.30	3.47	800.87	-24.96
뉴질랜드	5.5	1.20	4.57	1.19	-1.13
미국	4.62	1.00	4.62	1.00	0.00
캐나다	5.54	1.11	5.01	1.20	8.41
프랑스	3.8	0.74	5.15	0.82	11.47
스웨덴	40.7	6.47	6.29	8.80	35.97
노르웨이	48	6.1	7.80	10.38	68.58

*자료: 2014년 1월 『이코노미스트』에 발표된 빅맥 지수 참고.

또한 영국 경제신문 『파이낸셜타임스』에서 처음 소개한 '김치 지수'가 있다. 김치 지수는 김치찌개 가격으로 각국의 통화가치와 물가를 비교한 것이다. 전 세계 32개 도시를 대상으로 수개월에 걸쳐 조사했다고 하는데, 김치에 대한 세계적인 인지도를 확인할 수 있는 기회가 되기도 했다.

김치 지수를 기준으로 물가수준을 비교할 때 세계에서 가장 비싼 김치찌개는 스위스 취리히의 것으로 약 34.20달러(약 32,000원)였고, 가장 저렴한 곳은 중국 창춘으로 15위안(2,000원)이었으며, 서울은 4~5달러 정도였다. 베를린은 17,700원으로 조사되었고, 파리 · 암스테르담 등 여러 다른 유럽 도시들은 평균 22,000원선으로 나타났다. 로스앤젤레스처럼 한국인 거주민들이 많은 지역이거나 중국처럼 소득수준이 낮은 지역일수록 김치찌개의 가격이 낮아지는 경향이 나타났다.

그 밖에 삼성전자 휴대폰의 국제가격을 비교한 '애니콜 지수', 제과업체 오리온의 초코파이 가격을 달러화로 환산한 '초코파이 지수', 스타벅스에서 가장 잘 팔리는 카페라테의 가격을 비교한 '카페라테 지수' 등도 있다.

이러한 여러 지수들은 수출할 때 드는 운송비나 보험료 등의 요소가 가격에 반영되지 않거나, 특히 한 국가에서만 비싸게 팔리는 등의 특수 요인 때문에 정식 지표로 채택되기는 어렵다. 해당 업체들이 자사 제품의 홍보효과를 염두에 두고 발표하는 경향도 있으므로 이를 각국의 물가와 적정환율을 판단하는 실질적인 자료로 활용하기에는 다소 적합하지 않다.[3]

섬의 넓이는 어떻게 구할까?

구분구적법과 정적분

구분구적법으로 넓이 구하기

보통 섬 둘레는 불규칙적이고 들쑥날쑥한 형태의 해안선으로 구성되어 있다. 그렇다면 이러한 섬의 넓이는 어떻게 구할 수 있을까? 다음 지도와 같이 주변 작은 섬을 제외한 제주도의 넓이를 구하는 방법을 알아보자. 지도에 그려진 제주도의 넓이를 구하기 위해 먼저 〈그림 1〉, 〈그림 2〉, 〈그림 3〉과 같이 지도 위에 한 변의 길이가 각각 1cm, 0.5cm, 0.25cm인 정사각형 모눈을 그린다.

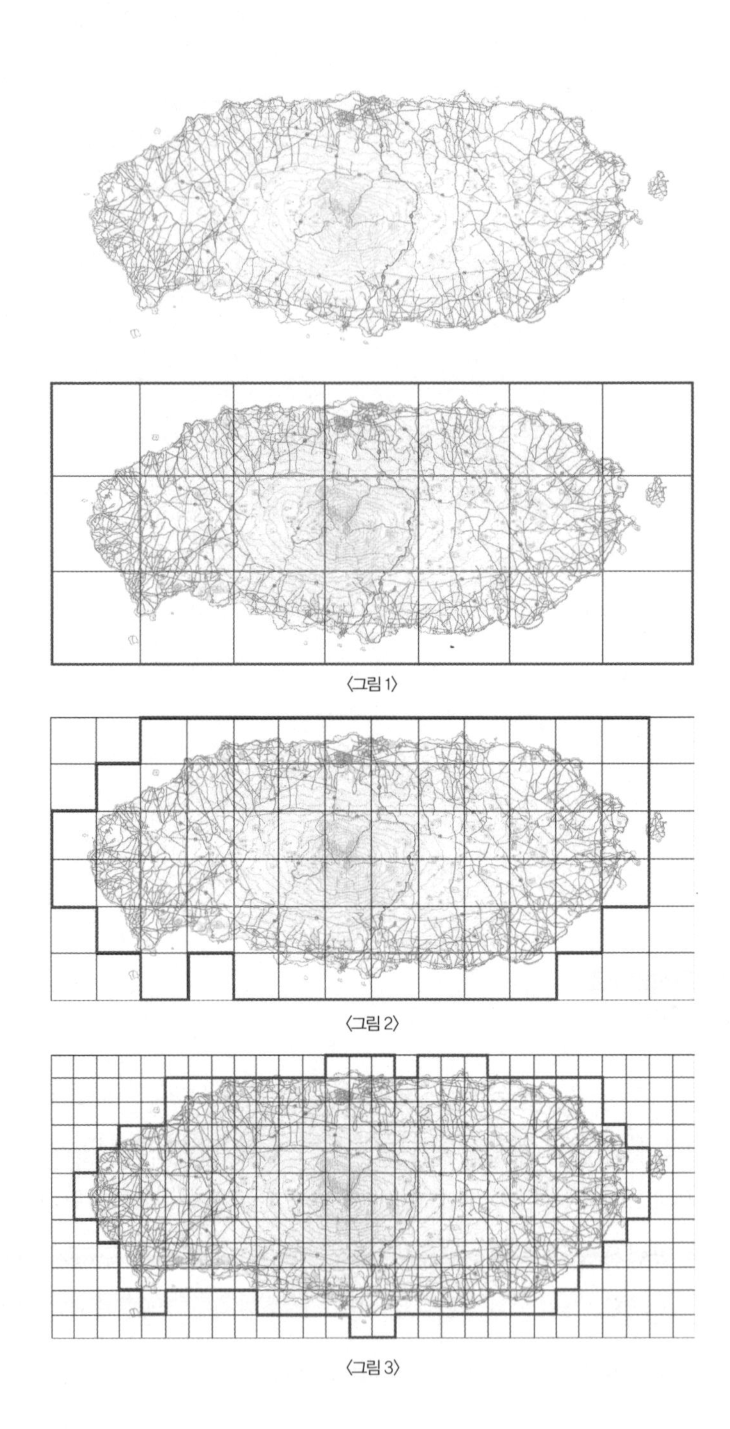

〈그림 1〉

〈그림 2〉

〈그림 3〉

각 그림에서 섬 내부에 있는 정사각형의 개수를 a, 이때의 정사각형 넓이의 합을 m, 섬 내부 및 경계선을 포함하는 정사각형의 개수를 b, 이때의 정사각형 넓이의 합을 M이라 하면 오른쪽과 같은 표를 완성할 수 있다.

구분	그림 1	그림 2	그림 3
a	5	33	160
b	21	67	219
m	5	8.25	10
M	21	16.75	13.6875
$m-M$	16	8.5	3.6875

〈그림 3〉과 같이 곡선으로 둘러싸인 제주도의 넓이를 S, 곡선 내부에 있는 정사각형들의 넓이의 합을 m, 곡선의 내부와 경계선을 포함하는 정사각형의 넓이의 합을 M이라 하면 $m \leq S \leq M$이다. 이때 위의 표에서 알 수 있듯이, 정사각형의 크기를 점점 작게 하면 m과 M은 도형의 넓이 S에 점점 가까워진다. 따라서 정사각형의 크기를 한없이 작게 하면 m과 M의 차가 점점 줄어들어 섬의 넓이를 구할 수 있다.

일반적으로 어떤 도형의 넓이 또는 부피를 구할 때, 주어진 도형을 몇 개의 기본 도형으로 나누고, 그 도형의 넓이나 부피의 합으로 어림한 값을 구한 뒤에 이 값의 극한값으로 그 도형의 넓이 또는 부피를 구하는 방법을 '구분구적법(區分求積法)'이라고 한다.

극한값
어떤 변수가 일정한 법칙에 따라 정해진 값에 한없이 가까워질 때의 값.

이제 x축과 로렌츠 곡선 사이의 영역의 넓이를 구분구적법으로 구해 보자.

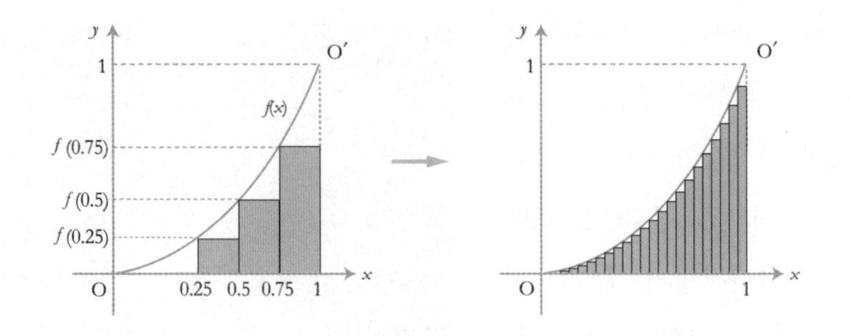

위의 왼쪽 그래프에서 x축, 함수 $f(x)$, $x=1$로 둘러싸인 영역의 넓이를 구해보자. 구분구적법을 적용하기 위해 먼저 x의 구간 $[0, 1]$을 적당히 균등분할한다. 그래프에서와 같이 x축을 길이가 모두 0.25가 되도록 4개 부분으로 나누면 높이는 각각 $x=0$일 때 $f(0)=0$, $x=0.25$일 때 $f(0.25)$, $x=0.5$일 때 $f(0.5)$, $x=0.75$일 때 $f(0.75)$이다. 직사각형의 넓이는 '(가로의 길이)'×'(세로의 길이)'이므로, 세 직사각형의 넓이의 합은 다음과 같이 나타낼 수 있다.

$$f(0.25)\times(0.25)+f(0.5)\times(0.25)+f(0.75)\times(0.25)$$

정적분으로 더 정확한 넓이 구하기

한편 좀 더 정확한 넓이를 구하기 위해 축의 구간을 더 작게 나누면 위의 오른쪽 그래프와 같이 되고, 각각의 직사각형 넓이를 구한 뒤 합하면 원하는 영역의 넓이에 좀 더 가까운 값을 얻을 수 있다.

이를테면 x축을 n개로 나누어 각 분점을 $x_0=0, x_1, x_2, \cdots, x_{n-1}, x_n=1$이라 하면, x축은 길이가 모두 $\frac{1}{n}$인 n개의 구간으로 나누어진다. 여기서 $\frac{1}{n}$은 x의 값이 변한 것이므로 $\frac{1}{n}=\Delta x$라 하자. 그러면 i번째 직사각형

의 세로의 길이는 $f(x_i)$, 가로의 길이는 $\frac{1}{n}$ 이므로 이 직사각형의 넓이는 $f(x_i) \times \frac{1}{n} = f(x_i)\Delta x$이다. 그런데 이런 직사각형은 그림에서 알 수 있듯이 $x_0 = 0, f(0) = 0$이므로 모두 $n-1$개가 있다. 따라서 i번째 직사각형의 넓이는 합의 기호 Σ(시그마)를 이용하여 다음과 같이 나타낼 수 있다.

$$f(x_1)\Delta x + f(x_2)\Delta x + \cdots + f(x_{n-1})\Delta x = \sum_{i=1}^{n-1} f(x_i)\Delta x$$

이 값은 우리가 구하고자 하는 정확한 값은 아니며, 더 정확한 값을 구하기 위해서는 x축을 좀 더 작게 자르면 된다. 한없이 작게 자르면 자를수록 참값에 가까운 값을 얻을 수 있다. 한없이 작게 자른다는 것은 자르는 횟수 n을 한없이 크게 한다는 것인데, 이것을 기호로 간단히 $\lim_{n \to \infty}$으로 나타내자. 이는 구간을 무한개로 나누어서 구하라는 뜻이다. 그러면 우리가 구하고자 하는 값은 간단히 다음과 같이 쓸 수 있다.

$$\lim_{n \to \infty} \sum_{i=1}^{n-1} f(x_i)\Delta x$$

그런데 이 표현은 수학기호가 많아서 복잡해 보인다. 따라서 "무한히 나누어 합하라"는 의미의 $\lim_{n \to \infty} \sum_{i=1}^{n-1}$을 간단히 $\int$로 바꾸고, 구간을 무한히 작게 자를 때 각 구간의 길이 Δx는 0에 가까워지는데 이것을 dx라고 하자. 또 각 구간의 x_i를 그냥 x로 표기하고, x의 구간이 [0, 1]임을 다음과 같이 간단히 나타낼 수 있다.

$$\lim_{n \to \infty} \sum_{i=1}^{n-1} f(x_i)\Delta x = \int_0^1 f(x)dx$$

이것이 바로 구분구적법을 이용한 정적분이며, 이것을 이용해 원하는 영역의 넓이를 구한다. 즉 곡선의 식 $f(x)$를 알면 값을 구할 수 있다.

이제 앞에서 주어진, 2011년 5월 통계청에서 발표한 우리나라의 소득 점유율에서 정적분을 이용해 당시 우리나라의 지니계수를 구해보자. 주어진 로렌츠 곡선은 컴퓨터를 이용해 다음과 같은 식으로 나타낼 수 있다.

$$L(x)=2x^5-3.3x^4+1.6x^3+0.5x^2+0.1x\ \ (0\leq x\leq 1)$$

따라서 로렌츠 곡선 아랫부분의 넓이는 정적분을 이용해 다음과 같이 구할 수 있다.

$$\int_0^1 L(x)dx=\int_0^1 (2x^5-3.3x^4+1.6x^3+0.5x^2+0.1x)dx=0.29$$

| 정적분의 계산 |

$$\int_0^1 L(x)dx=\int_0^1 (2x^5-3.3x^4+1.6x^3+0.5x^2+0.1x)dx$$
$$=\left[2\cdot\frac{1}{6}x^6-3.3\cdot\frac{1}{5}x^5+1.6\cdot\frac{1}{4}x^4+0.5\cdot\frac{1}{3}x^3+0.1\cdot\frac{1}{2}x^2\right]_0^1$$
$$=0.29$$

이제 B 영역의 넓이가 0.29임을 알았다. 즉 A+B=0.5이고 B=0.29이므로 A=0.21이다. 따라서 2011년 우리나라의 지니계수는 $\frac{A}{(A+B)}=\frac{0.21}{0.5}=0.42$이다. 지니계수가 0.4 이상이면 소득분배의 불평등 정도가 심한 것으로 평가되므로, 2011년 당시 한국의 소득분배는 매우 불평등했음을 알 수 있다.

맬서스의 인구론을 수학적으로 분석하다

자연대수와 로지스틱 모델

맬서스의 『인구론』과 지수 성장 곡선

경제에서 가장 중요한 것은 아마도 사람일 것이다. 특히 인구의 변화는 경제에 중요한 변수가 된다. 2011년 5월 초에 유엔이 공식 발표한 인구전망보고서 「세계인구전망」에 따르면 세계 인구는 2011년 말 70억 명을 넘어서고, 2050년 93억 명을 돌파하며, 2100년에는 101억 명에 이를 것이라고 한다. 또 인구가 급증하는 지역은 주로 아프리카 · 아시아 · 중남미 지역이 될 것이라고 예상했다.

이 보고서에 따르면 2100년에는 아프리카의 나이지리아 · 탄자니아 · 콩고민주공화국 · 우간다 · 케냐 · 에티오피아 · 잠비아 · 말라위 · 수단 · 이집트 등 10개국의 인구가 1억 명을 돌파하여 새로운 인구대국으로 등장하고, 아프리카가 세계 인구의 35%를 차지할 것으로 전망하고 있다. 반면 선진국의 인구가 차지하는 비중은 2011년 17.9%에서 2100년에는 13.1%까지 감소할 것으로 전망했다. 이 기간 동안 아시아와 유럽의 인구 비중은 각각 60%에서 45.4%로, 10.6%에서 6.6%로 줄어들 것으로 예상하고 있으며, 인도가 중국을 추월할 것이라고 했다. 또한 한국은 2100년 인구가 3,700만 명까지 감소하면서 고령화 추세가 빠르게 나타나고, 북한은 지금과 비슷한 2,400만 명 수준이 될 것이라고 예측했다.

이 보고서와 관련하여 『뉴욕타임스』는 "인구폭발 문제가 21세기에도 결코 해결되지 않았다는 사실을 보여준다"고 보도했다.[4]

옛날부터 전해오는 말 중에 "자기가 먹을 것은 가지고 태어난다"라는 말이 있다. 이는 먹고살기 힘든 집안일지라도 자식을 많이 낳게 하는 원동력이 되어주었다. 이와 같이 다산은 인류 역사를 통틀어 가장 큰 축복 중의 하나로 여겨져왔다. 먼 옛날부터 다산을 기원하는 유물이나 의식은 매우 많았는데, 『구약성경』에 의하면 아브라함은 신으로부터 "너의 자손이 땅 끝까지 이르게 될 것이다"라는 축복을 약속받았다. 사실 국가 차원에서도 인구가 많으면 더 많은 병력과 노동력을 얻을 수 있기 때문에 고대부터 인구는 곧 국력을 상징했다.

이런 생각은 영국의 경제학자 맬서스(Thomas Robert Malthus, 1766~1834)가 활동했던 시대에도 마찬가지였다. 그러나 맬서스는 다산에 대한 통념에 의문을 갖게 되었는데, 그는 자료 수집과 연구 끝에 많은 인구는 국가를 더 가난하게 만든다는 결론을 얻었다.

맬서스는 이 결과를 정리하여 1798년 『인구론(*An Essay on the Principle of Population*)』을 발표했는데, 여기에서 "인구는 기하급수적으로 증가하지만 식량은 산술급수적으로 증가한다"라고 주장했다. 식량 생산은 한정되어 있는데 인구는 매우 빠른 속도로 증가하기 때문에 결국 식량 생산량이 인구증가를 감당하지 못해 가난해진다는 것이다.

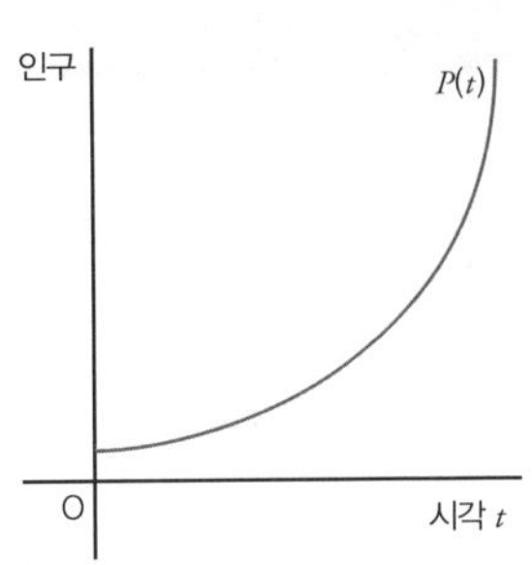

맬서스에 따르면, 현재의 인구를 P_0, 어느 한 시점, 즉 시각 t에서의 인구를 $P(t)$, 인구증가율을 r이라 할 때, $P(t)=P_0e^{rt}$과 같이 나타낼 수 있다. 이런 인구 모형을 맬서스의 '인구 성장 모델' 또는 '지수 성장 곡선'이라고 한다.

맬서스 인구 성장 모델에 사용되는 자연대수 *e*

그렇다면 맬서스의 인구 성장 모델에서 사용되는 e는 무엇일까?

e는 수학자 베르누이와 관련이 깊다. 베르누이는 복리 문제를 연구하던 중 다음과 같은 의문을 가졌다.

"1프랑을 연이율 100%인 계좌에 넣는다면 1년 뒤에는 $(1+1)^1=2$프랑, 1년에 2번 나누어 50%의 복리로 받는다면 $\left(1+\frac{1}{2}\right)^2=2.25$프랑, 1년에 4번 나누어 25%의 복리를 받으면 $\left(1+\frac{1}{4}\right)^4=2.44\cdots$프랑이군. 그렇다면 기간을 더 짧게 잡으면 더 많은 금액을 받을 수 있을까?"

n	$\left(1+\frac{1}{n}\right)^n$
1	2
10	2.59374···
100	2.70481···
1000	2.71692···
10000	2.71814···
100000	2.71826···
1000000	2.71828···

베르누이의 고민을 해결해보자. 원금 A원을 이자율이 $\frac{1}{n}$이고 $\frac{1}{n}$년마다 복리로 계산하는 예금에 들었다고 할 때, 1년 후의 원리합계 S는 $S=A\left(1+\frac{1}{n}\right)^n$이다. 여기서 $\left(1+\frac{1}{n}\right)^n$이 어떻게 변하는지 알아보기 위해 n에 1부터 1,000,000까지 대입하여 계산한 결과를 왼쪽 표로 나타냈다.

이 표로부터 자연수 n의 값이 한없이 커지면 $\left(1+\frac{1}{n}\right)^n$의 값은 일정한 수에 가까워짐을 추측할 수 있다. 실제로 n의 값이 한없이 커지면 $\left(1+\frac{1}{n}\right)^n$의 값은 일정한 수에 수렴한다. n의 값이 한없이 커지는 것을 $\lim_{n\to\infty}$로 나타내면 $\lim_{n\to\infty}\left(1+\frac{1}{n}\right)^n$의 값이 일정한 수에 수렴하며, 그 수렴 값을 문자 e로 나타낸다. 실제로 수 e는 다음과 같은 무리수다.

$$\lim_{n\to\infty}\left(1+\frac{1}{n}\right)^n=e=2.718281828459045\cdots$$

한편 $a=\frac{1}{n}$이라고 할 때 자연수 n이 한없이 커지면 a는 한없이 작아진다. 즉 $n\to\infty$일 때 $a\to 0$이므로 무리수 e는 $e=\lim_{a\to 0}(1+a)^{\frac{1}{a}}$과 같이 나타낼 수 있다. 무리수 e를 '자연대수(自然對數)'라고 부른다.

맬서스 인구 성장 모델의 수정안, 로지스틱 모델

일반적인 인구 모형에서 인구가 적은 초창기에는 인구가 기하급수적으로 성장하지만, 현실적으로는 식량, 거주 공간, 다른 천연자원의 영향을 받기 때문에 성장이 제한된다. 이런 점을 고려하여 벨기에의 수학자 페르훌스트(Pierre F. Verhulst)는 맬서스의 인구 성장 모델에 대해 다음과 같은 수정 모델을 제시했다.

$$P(t)=\frac{bP_0}{P_0+ae^{-rt}} \text{ (단 } a, b\text{는 상수)}$$

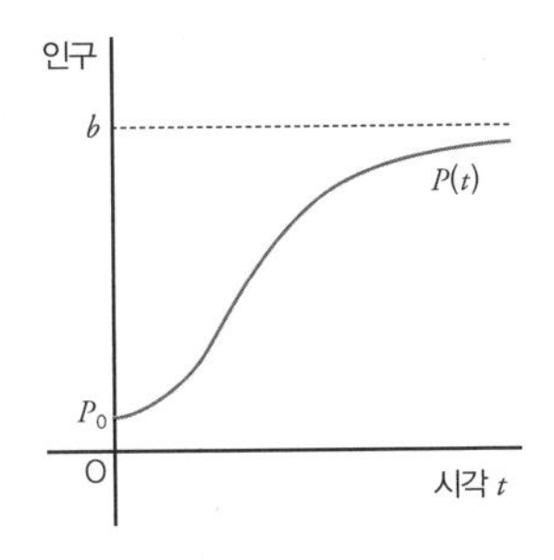

이러한 수정 모델을 '로지스틱(logistic) 모델'이라고 하는데, 이 식에서 알 수 있는 것은 초기에는 인구수가 급격하게 증가하지만 어느 순간부터는 완만하게 증가하여 인구수가 일정하게 유지된다는 것이다.

이런 특성은 자연현상이나 사회현상에서도 나타난다. 이를테면 일정한 공간에 토끼를 번식시키면 처음에는 기하급수적으로 개체수가 늘어나지만 시간이 지날수록 안정적인 상태를 유지한다.

하지만 맬서스는 인간이 동물과 다른 2가지 사실을 전제하고 『인구론』을 썼다. 하나는 무절제한 인간의 성욕이고, 다른 하나는 식욕을 충족하기 위한 수단의 한계다. 이 중에서 성욕은 그럴듯하지만 식욕은 오늘날의 상황과는 조금 동떨어진 문제인 듯하다.

그러나 맬서스가 살던 당시에는 상황이 많이 달랐다. 비옥한 토지는 부족했고, 농업생산성은 높지 않았다. 맬서스를 비롯한 고전학파 경제학자들은 생산량을 인위적으로 늘리는 것으로는 인구의 증가를 따라잡을 수 없다고 생각했다. 말하자면, 식량 생산에는 극복할 수 없는 자연의 절대적 한계가 있다고 보았다.

하지만 산업혁명 이래 서구 자본주의 사회는 맬서스의 예측과는 정반대의 길을 걸어왔다. 식량 생산량이나 인구 모두 기하급수적으로 증가했고, 서구 선진국 사회는 식량 걱정 없이 성욕을 마음껏 충족할 수 있게 되었다. 결국 맬서스의 이론을 바탕으로 한 고전경제학은 자본주의의 미래에 대해 무엇 하나 제대로 예측하지 못했다.

오늘날 맬서스의 『인구론』은 시대착오적이라는 비판을 받고 있지만, 범지구적 환경 문제나 후진국의 인구폭발 문제 그리고 선진국의 가정해체 문제를 생각해보면 그의 생각을 완전히 무시할 수는 없다. 다행히도 범지구적 환경 문제에 대해서는 국제적 공조가 시작되었으며, 가정해체 문제의 심각성에 대한 인식도 점차 강해지고 있다.

이러한 문제를 제기하는 여러 가지 방법 중의 하나는 영화를 이용하는 것이다. 그 가운데 영화 〈설국열차〉가 있다. 지구온난화를 막기 위해 지구에 살포한 신물질 CW-7으로 인해 지구가 강력한 빙하기를 맞이하며 생기는 복잡한 상황을 그렸다. 오직 달리는 열차 안에서만 인간이 살게 된다는 가정하에 진행되는 이 영화는 열차 안에서 벌어지는 다양하고 복잡한 사건들을 보여준다. 그리고 인간의 기본적 욕구인 성욕으로 생기는 인구의 증가를 억제하기 위해 열차의 권력자들은 인위적으로 인구수를 조절한다. 바로 맬서스의 『인구론』에서와 같이 인구폭발을 걱정하는 것인데, 어떤 내용이 전개될지는 다음 장에서 좀 더 자세하게 알아보자.

영화 속에서 빛나는 수학적 아이디어

—— 모든 예술작품에는 작가가 그 작품을 감상하는 사람들에게 전하고자 하는 메시지가 담겨 있다. 영화도 예외는 아니어서, 작가와 영화감독은 관객에게 전하고자 하는 뜻을 화면에 표현한다. 특히 모든 예술의 종합판이라고 할 수 있는 영화는 철저하게 작가와 감독의 의지대로 움직이고 편집되기 때문에 다른 어떤 예술보다도 만든 이의 메시지를 강하게 느낄 수 있다.

우리는 새로운 수학을 만들고 다듬어가는 사람들을 흔히 수학자라고 부른다. 즉 수학자는 자신의 생각을 문자와 수를 이용해 다른 사람에게 전달할 메시지로 만드는 사람들이다. 이런 면에서 보면 수학은 수학자라는 예술가가 만든 작품과 같다. 따라서 예술가인 수학자가 만든 수학 또한 종합예술인 영화에 반드시 녹아 있을 수밖에 없다. 작가나 감독이 영화를 만들면서 일부러 수학적 원리를 집어넣을 수도 있고, 영화에 시나브로 녹아 있을 수도 있다. 그것을 의도했든, 의도하지 않았든 상관없이 우리는 모든 영화에서 수학의 원리를 발견할 수 있다. 그리고 영화에 숨겨져 있는 수학 이론을 찾아보는 것은 영화를 보는 또 다른 즐거움이기도 하다.

"아는 만큼 보인다"라는 말이 있다. 영화와 관련된 여러 가지 지식을 알고 감상한다면 좀 더 감동적인 영화 보기가 될 것이다. 특히 그 속에 숨겨진 수학적 사실을 찾아 이해하며 영화를 감상한다면 만든 이의 의도를 좀 더 정확하게 파악할 수 있다. 영화와 관련된 수학은 경우에 따라서 일반인들에게는 이해하기 어려울 수도 있다. 그러나 그 속에 수학적 원리가 작용하고 있음을 알고 영화를 본다면 영화뿐만 아니라 수학을 공부하고 즐기는 데도 큰 몫을 할 것이다. 물론 여기 소개된 몇 편의 영화로 그 속에 숨어 있는 수학 이론을 완벽히 이해할 수는 없겠지만, 적어도 감독과 작가의 의도를 이해하는 데는 적지 않은 도움이 될 것이다.

생사를 가르는 〈설국열차〉 속 뉴턴의 냉각법칙

지수함수

팔을 7분 동안 열차 밖으로 내놓는 이유?

〈설국열차〉는 프랑스의 만화 시나리오 작가인 자크 로브와 벵자맹 르그랑 원작의 『설국열차』를 봉준호 감독이 2013년에 영화로 옮긴 작품이다. 만화도 재미있지만 영화도 매우 흥미롭게 제작되었다. 영화 〈설국열차〉 속으로 들어가보자.

때는 2014년. 세계 각국의 정상들은 지구온난화 문제를 해결하기 위해 개발된 신물질 CW-7을 지구에 살포하기로 결정한다. 그러나 CW-7

은 지구온난화를 해결하기는커녕 지구를 극한의 빙하기로 몰아넣는다. CW-7이 지구에 뿌려진 17년 뒤인 2031년, 오직 끝없이 달리는 열차 안에서만 사람이 생존할 수 있는 상황이 되었다.

영화 〈설국열차〉의 장면들.

설국열차의 맨 마지막 칸에는 가진 게 없는 사람들이 탑승했다. 그들은 식량을 배급받아야만 하고, 수시로 군인들에게 검열을 받는다. 반면 열차 앞칸에 탑승한 사람들은 온갖 호사를 누리며 풍요롭게 살아간다. 영화에서 감독은 무채색에 가까울 정도로 어두운 색을 이용해, 열차 뒤칸에 탑승한 무산계급의 물질적 · 정신적 빈곤함을 강조하고 있다. 열차 뒤칸 사람들이 앞칸을 접수하기 위해 한 칸 한 칸 앞으로 나아가면서 영화는 밝은 색을 띠기 시작한다. 형형색색의 다양한 색깔의 앞칸 사람들의 화려한 옷은 유산계급의 경제적인 여유로움을 반영한다.

열차의 뒤칸에서 사람들을 이끌고 있는 정신적인 지도자 길리엄과 앞칸을 접수하기 위해 반란을 일으키려는 커티스는 단백질 덩어리 속에 숨겨져 전달되는 쪽지를 통해, 앞칸으로 가려면 열차의 보안설계자인 남궁민수가 필요하다는 사실을 알게 된다. 커티스와 사람들이 앞칸으로 전진하기 위해 준비하는 동안 갑자기 군인들의 검열이 시작된다. 그리고 노란 옷을 입은 여자가 나타나 어린아이들의 신장을 재며, 적당하게 자란 아이들을 고른다. 타냐의 아들 티미와 앤드류의 아들 앤디가 노란 옷을 입은 여자에게 선택되어 끌려간다. 앤드류가 거칠게 항의하며 노란 옷의 여자에게 신발을 던지자 군인들은 그를 붙잡는다.

이때 나타난 열차의 총리 메이슨은 앤드류가 자신의 위치를 지키지 않고 반항하여 혼란을 일으켰다는 죄로 오른팔에 커다란 고리를 채워 정확하게 7분 동안 열차 밖으로 팔을 내놓게 한다. 7분이 지난 뒤에 열차 밖으로 내놓았던 팔은 냉동된 채로 부서지고 앤드류는 오른팔을 잃는다.

뉴턴의 냉각법칙

여기서 잠깐! 뜨거운 물질은 주변의 온도에 따라 얼마나 빨리 식을까? 이것을 알려면 먼저 '지수함수(指數函數)'에 대해 알아야 한다.

일반적으로 $a>0$이고 $a\neq1$일 때, 실수 x에 a^x의 값을 대응시키면 각각의 x에 대해 a^x의 값이 단 하나로 정해지므로 $y=a^x$은 x의 함수이다. 이와 같이 실수 전체의 집합을 정의역으로 하는 함수 $y=a^x(a>0, a\neq1)$을 a를 밑으로 하는 지수함수라고 한다.

예를 들어 실수 x에 a^x을 대응시키면 그 값은 하나로 정해지므로 $y=2^x$은 실수 전체의 집합을 정의역으로 하는 함수다. 이 함수에서 x값에 대응하는 y값의 순서쌍 (x, y)를 좌표평면 위에 나타내고 매끄러운 곡선으로 연결하면 왼쪽과 같은 지수함수 $y=2^x$의 그래프를 얻을 수 있다.

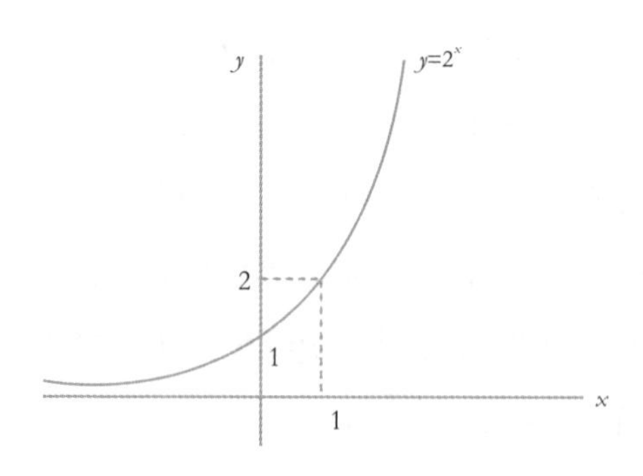

또 $y=\left(\frac{1}{2}\right)^x$의 경우, $y=\left(\frac{1}{2}\right)^x=(2^{-1})^x=2^{-x}$ 이므로 이 함수의 그래프는 함수 $y=2^x$의 그래프를 y축에 대하여 대칭 이동한 것이다. 따라서 함수 $y=\left(\frac{1}{2}\right)^x$의 그래프는 오른쪽과 같다.

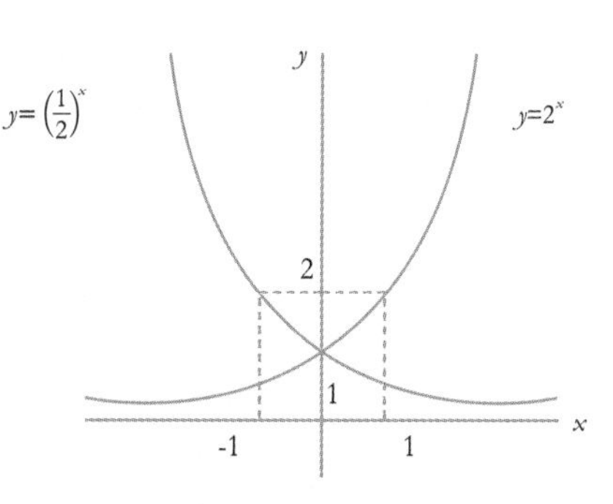

자연현상이나 사회현상을 수학으로 표현할 때 가장 많이 사용하는 것이 지수함수 중에서도 특히 e를 밑으로 하는 지수함수 $y=e^x$ 꼴이나 $y=e^{-x}=\frac{1}{e^x}$ 꼴이다.

뜨거운 음료나 국의 온도는 시간에 비례하여 일정하게 낮아지지 않고, 처음에는 빠르게 식다가 어느 정도 시간이 지나 주변 온도에 가까워지면 미지근한 상태가 상대적으로 오랫동안 유지된다. 뉴턴은 물체의 온도 변화가 시간에 대한 지수함수의 형태로 변한다는 사실을 알아냈는데, 이를 '뉴턴의 냉각법칙'이라고 한다. 법의학에서는 사체의 온도 변화를 측정하여 사망 시각을 추정하는 데 뉴턴의 냉각법칙을 활용하기도 한다.

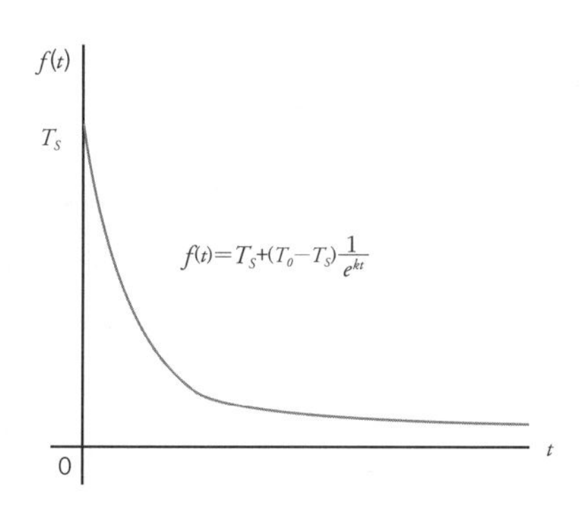

뉴턴의 냉각법칙에 의하면 어떤 물체의 처음 온도를 T_0℃, 주위의 온도를 T_S℃라고 할 때, 식기 시작한 지 t분 지난 뒤의 온도 $f(t)$℃는 다음과 같다.

$$f(t)=T_S+(T_0-T_S)\frac{1}{e^{kt}}$$ (단 k는 물체에 대한 상수)

뉴턴의 냉각법칙을 이용하면 뜨거운 음료가 언제 몇 ℃까지 식는지 알 수 있다. 예를 들어 실내온도가 20℃인 방 안에서 100℃의 뜨거운 커피가 10분 후에 60℃가 되었다고 하면, $60=20+(100-20)\frac{1}{e^{10k}}$이 된다. 여기서 $e=2.718$이라 하고 k를 다음과 같이 구할 수 있다.

$$40=\frac{80}{e^{10k}} \Leftrightarrow \frac{1}{2}=\frac{1}{e^{10k}} \Leftrightarrow 2=e^{10k} \Leftrightarrow k \approx 0.07$$

따라서 뉴턴의 냉각법칙에 처음 온도와 실내온도 그리고 k를 대입하면 $f(t)=20+(100-20)\frac{1}{e^{0.07t}}=20+80\frac{1}{e^{0.07t}}$이다. 즉 20분 후 이 커피의 온도는 $f(20)=20+80\frac{1}{e^{0.07\times20}}$이다. 여기서 $\frac{1}{e^{0.07\times20}}=\frac{1}{e^{1.4}}\approx\frac{1}{4}$이므로 $f(20)=20+80\times\frac{1}{4}=40$℃이다.

영화로 돌아가서, 열차 밖의 온도를 −50℃라 하고 뉴턴의 냉각법칙을 적용하면 체온이 36.5℃이므로 다음과 같은 식을 얻을 수 있다.

$$f(t)=T_S+(T_0-T_S)\frac{1}{e^{kt}}=-50+(36.5-(-50))\frac{1}{e^{kt}}$$
$$=-50+86.5\frac{1}{e^{kt}}$$

$t=7$분이 지난 뒤에 앤드류의 팔의 온도는 열차 밖의 온도와 거의 같아질 것이므로 다음과 같은 식을 얻을 수 있다.

$$-50=-50+86.5\frac{1}{e^{7k}} \Leftrightarrow \frac{86.5}{e^{7k}}=0$$

하지만 지수함수의 값은 0이 될 수 없고, 상수를 e^{7k}로 나눈 값도 0이 될 수 없으므로 $\frac{86.5}{e^{7k}}=0$은 되지 않는다. 다만 이 값이 0℃에 근접할 뿐이다. 그때 k의 값이 한없이 커야 $\frac{86.5}{e^{7k}}$의 값이 0에 점점 가까워진다. 즉 k의 값이 한없이 커야 앤드류의 팔의 온도가 열차 밖의 온도와 거의 비슷해진다는 결론이 나온다.

사실 뉴턴의 냉각법칙은 온도가 비슷할 경우에 적용할 수 있는 식으로, 영화에서처럼 온도의 차가 많이 나는 경우는 딱 맞아떨어지지 않을 수도 있다.

영화 〈설국열차〉의 장면들.

TIP

뉴턴의 운동법칙과 만유인력의 법칙

잘 알려져 있다시피 떨어지는 사과를 보고 보통 사람들은 그것을 주워 먹을 생각을 했지만 뉴턴은 중력의 법칙을 발견했다. 물론 뉴턴이 실제로 사과를 보고 중력의 법칙을 생각해냈는지는 확실치 않지만, '뉴턴의 사과'가 과학을 진보시킨 중요한 역할을 했다는 것을 아무도 부인할 수는 없을 것이다. 뉴턴의 세 가지 운동법칙과 만유인력의 법칙에 대해 간단하게 알아보자.

첫 번째, 모든 물체는 외부에서 힘을 가하지 않는 한 주어진 상태를 계속 유지하려는 성질을 갖는다. 정지한 물체는 계속 정지해 있고, 움직이는 물체는 계속 움직이려 하는 물체의 이런 성질을 '뉴턴의 제1법칙' 또는 '관성의 법칙'이라고 한다. 대표적인 예로, 버스가 급출발할 때 사람들이 뒤로 쏠리는 것과, 브레이크를 밟을 경우 차가 바로 멈추지 않고 조금 더 앞으로 나아가서 멈추는 것을 들 수 있다. 또 달리기를 할 때 갑자기 설 수 없는 것도 바로 관성의 법칙 때문이다.

'뉴턴의 제2법칙'은 '힘과 가속도의 법칙'이다. 물체의 운동 상태는 물체에 작용하는 힘의 크기와 방향에 따라 변한다. 이와 같은 운동 상태의 변화(속도의 변화)를 가속도라고 한다. 즉 물체에 힘이 작용하면 물체는 그 힘에 비례해서 가속도를 갖는다. 예를 들어 축구공을 세게 차면 세게 날아가고, 약하게 차면 천천히 날아가는 원리다.

'뉴턴의 제3법칙'은 '작용과 반작용의 법칙'이다. 어떤 물체 A에 작용하는 물체 B를 '작용'이라고 한다면, '반작용'은 물체 B에 작용하는 물체 A이다. 로켓이 발사되는 원리도 연료를 내뿜으면서 연료가 땅에게 작용하고, 땅이 연료에게 가하는 반작용 때문이다. 또 배의 노를 저어 앞으로 나아가는 것도 노와 물의 작용과 반작용으로 이루어지는 운동의 결과다.

뉴턴은 많은 논문과 책을 썼는데, 그중에서 가장 중요한 것은 『자연철학의 수학적 이해(*Philosophiae Naturalis Principia Mathematica*)』라는 책이다. 간단히 『프린키피아』라고 불리는 이 책에서 뉴턴은 만물은 서로 끌어당기는 힘을 가지고 있다는 '만유인력의 원리'를 소개했다.

뉴턴은 질량이 있는 두 물체 사이의 중력은 각 물체의 질량의 곱에 비례하고, 두 물체의 떨어진 거리의 제곱에 반비례한다는 것을 알아냈다. 두 물체의 질량이 각각 M, m이고, 두 물체 사이의 거리가 r이라면 중력은 수학적으로 다음과 같이 나타낼 수 있다.

$$F=G\frac{Mm}{r^2}$$

여기서 G는 오늘날 뉴턴상수라 불리는 상수로, 힘의 단위 N(뉴턴), 길이의 단위 m(미터), 질량의 단위 kg(킬로그램)으로 재면 다음과 같이 아주 작은 숫자다.

$$G=6.673\times10^{-11}\mathrm{Nm^2kg^{-2}}$$

이 상수는 뉴턴 생존 당시에는 알려지지 않았지만 1798년 영국의 물리학자 캐번디시(Henry Cavendish)가 실험적으로 정했다.

뉴턴은 수학자로서도 거의 모든 분야에서 가장 훌륭하다는 평가를 받는다. 라이프니츠(Gottfried W. Leibniz)는 다음과 같이 말했다.

"태초부터 뉴턴이 살았던 시대까지의 수학을 놓고 본다면, 그가 이룩한 업적은 절반이 넘는다."[1]

윌포드가 열차 속 개체수를 유지하는 방법

통계적 추정

74%를 유지하는 수학적 원리

다시 영화 〈설국열차〉로 돌아가보자.

커티스는 동생처럼 여기는 에드가와 함께 열차 뒤칸 사람들을 규합하여 앞칸을 접수하기 위한 반란을 일으킨다. 그리고 갇혀 있던 남궁민수와 그의 딸 요나를 꺼내주고 앞칸으로 가는 열차의 문을 열어달라고 한다. 차례로 문을 열어가던 뒤칸 사람들은 무장한 군인들과 만나게 되고, 곧 싸움이 시작된다. 한참 싸우던 사람들은 갑자기 예카테리나 다리에

당도하자 잠시 싸움을 멈추고 새해가 밝았음을 축하한다. 하지만 평화도 잠시. 긴 터널을 지나며 다시 싸움이 시작되는데, 이 싸움에서 메이슨 총리는 뒤칸 사람의 74%를 유지하고 나머지를 죽이라고 지시한다. 하지만 커티스의 활약으로 총리는 부상을 당하고, 뒤칸 사람들의 승리로 싸움은 일단락된다.

설국열차를 디자인하고 설계한 창조주 윌포드는 설국열차에 거주하는 사람들을 결정론적 시각에서 바라보고 있다. 어떤 사람은 이 분야에 적합한 반면에 또 어떤 사람은 다른 분야에 종사해야 한다고 생각하는 윌포드의 결정론적 사고관은, 1년에 1월과 7월 딱 두 번만 초밥을 먹을 수 있다는 총리의 대사를 통해서도 엿볼 수 있다. 일행은 총리를 인질로 삼아 앞칸으로 이동하던 중에 거대한 수족관 칸을 지나게 되는데 그곳에서 초밥을 먹게 된다. 총리는 수족관 안의 물고기에게도 74%의 균형이 적용된다며 초밥은 그 비율을 유지하는 만큼만 먹을 수 있다고 말한다.

영화 〈설국열차〉의 한 장면.

여기서 윌포드와 메이슨 총리가 열차의 인구 및 수족관의 물고기 수를 어떻게 정확하게 74%라는 수치로 유지할 수 있다고 믿는지 수학적으로 생각해보자. 영화에서처럼 열차에 타고 있는 사람들의 수는 정확히 셀 수 있지만 수족관에 들어 있는 물고기의 경우는 상황이 다르다. 물고기들은 잠시도 가만히 있지 않기 때문에 개체 하나하나에 특별한 표시를 하지 않는 한 정확한 수를 파악하기가 어려우므로 사람을 셀 때와는 다른 방법이 필요하다.

이에 대해 예를 들어 설명해보자.

창고에 쌓인 가마니에 들어 있는 콩의 개수를 일일이 세기는 어렵다. 그러나 콩 한 홉은 금방 셀 수 있다. 이를테면 한 가마니는 10말이고, 1말은 10되이며, 1되는 10홉이므로 한 홉에 들어 있는 콩의 개수가 500개면 한 가마니에 들어 있는 콩의 개수는 $500 \times 10 \times 10 \times 10 = 500000$(개)이라고 추정할 수 있다. 이와 같이 전체를 조사하지 않고 일부만 조사하여 전체를 예측하는 것을 '통계적 사고방식'이라고 한다.

그런데 조사할 대상이 계속해서 움직이므로 콩처럼 셀 수 없는 경우도 있다. 이를테면 저수지에 있는 붕어의 수나 지리산에 있는 노루의 수와 같이 넓은 지역에 살고 있는 동물의 수를 정확하게 파악하는 것은 거의 불가능하다. 이런 경우에는 다음과 같은 방법으로 그 지역에 사는 동물의 수를 추정할 수 있다.

먼저 적당한 수의 대상 동물들을 포획하고 표지를 단 다음 풀어준다. 일정한 시간이 흐른 뒤 다시 적당한 수의 대상 동물들을 포획하여 표지를 달고 있는 동물의 수를 조사한다. 이때 표지를 달고 있는 동물들이 무리 중에 골고루 분포되어 있다고 가정하면, 다시 잡은 동물 중 표지를 달고 있는 동물의 비율이 전체 동물 중 표지를 달고 있는 동물의 비율과 같다고 볼 수 있다. 이 방법은 조사 지역에서 연구 대상 개체군을 모두 조사할 수 없을 때 개체군의 크기를 알아내기 위해 생태학에서 흔히 사용하는 방법으로 '포획재포획법'이라고 한다.

예를 들어 어느 저수지에서 50마리의 붕어를 포획하고 표지를 단 다음 풀어주었다고 하자. 시간이 흐른 뒤 다시 100마리의 붕어를 잡았는데, 이 중 표지를 달고 있는 붕어는 20마리였다. 표지를 달고 있는 붕어가 저수지에 골고루 분포되어 있다고 가정할 때, 이 저수지에 살고 있는 전체 붕어의 수를 신뢰도 95%의 신뢰구간으로 추정해볼 수 있다.

먼저 간단히 모비율의 신뢰구간에 대해 알아보자. 모집단에서 임의추출한, 크기가 n인 표본의 표본비율을 $\hat{p}$이라고 할 때, n의 값이 충분히 클 경우 모비율 p의 신뢰도 95%의 신뢰구간은 다음과 같다. 여기서 $\hat{q}=1-\hat{p}$이다.

> **신뢰구간**
> 통계학에서, 모집단(母集團)의 평균이나 분산을 추정할 경우 표본에서 얻을 수 있는 구간.

$$\hat{p}-1.96\sqrt{\frac{\hat{p}\hat{q}}{n}} \leq p \leq \hat{p}+1.96\sqrt{\frac{\hat{p}\hat{q}}{n}}$$

전체 붕어 중에서 표지를 단 붕어의 모비율을 p라고 하면 $n=100$, $\hat{p}=\frac{20}{100}=0.2$이므로 모비율 p의 신뢰도 95%의 신뢰구간은 다음과 같다.

$$0.2-1.96\sqrt{\frac{0.2\times0.8}{100}} \leq p \leq 0.2+1.96\sqrt{\frac{0.2\times0.8}{100}} \Leftrightarrow 0.1216 \leq p \leq 0.2784$$

따라서 저수지에 살고 있는 전체 붕어의 수를 N이라 하고, 계산해보자.

$$0.1216 \leq \frac{50}{N} \leq 0.2784 \Leftrightarrow 179.59\cdots \leq N \leq 411.18\cdots$$

그러면 전체 붕어의 수는 180마리 이상 411마리 이하로 추정할 수 있다.

정밀도 99%의 의미

그런데 윌포드가 앞에서 설명한 방법으로 수족관 물고기의 개체수를 74%에 맞춘다 해도 이러한 통계적 추정 방법은 정

영화 〈설국열차〉의 장면들.

확도에 문제가 있다.

치사율이 높은 신형 바이러스가 발생해, 이미 10,000명 중 1명이 감염되었다고 해보자. 어떤 사람이 바이러스에 감염되었는지 확인하기 위해 정밀도가 99%인 검사를 받았는데 검사 결과가 감염되어 있음을 뜻하는 양성이었다. 오진 판정이 나올 가능성이 1%밖에 되지 않는 검사에서 양성 판정을 받았으므로 바이러스에 감염된 것이 거의 확실하다고 생각하기 쉽지만, 확률과 통계를 통해 생각하면 꼭 그렇지만은 않다.

예를 들어 100만 명이 이 검사를 받았다고 하자. 바이러스의 감염률은 10,000명 중 1명이므로, 100만 명 중에는 100명의 감염자가 있다. 정밀도 99%의 검사는 이 100명의 감염자 중에서 평균적으로 99명을 올바르게 양성으로 판정할 것이다. 그러나 나머지 1명은 음성으로 잘못 판정한다. 즉 '가짜 음성'이다.

한편 100만 명의 대부분을 차지하는 999,900명은 비감염자이다. 정밀도 99%의 검사는 999,900명의 99%에 해당하는 989,901명을 올바르게 음성으로 판정하지만 999,900명의 1%에 해당하는 9,999명은 양성으로 잘못 판정할 것이다. 즉 '가짜 양성'이다.

결국 양성으로 판정된 사람의 합계는 99+9999=10098명이 된다. 그러나 그 가운데 실제로 감염된 사람은 99명뿐이다. 이는 양성으로 판정된 사람의 1%에 지나지 않는다.

따라서 이 검사에서 양성 판정을 받았다고 해도 실제로 감염되었음을 의미하는 것은 아니다. 검사를 받기 전에는 0.01%(10,000명 중 1명)였던 확률이, 검사 결과 양성으로 판정됨으로써 1%(100명 중 1명)로 증가했을 뿐이다. 재검사가 필요한 것은 이러한 사정 때문이다. 또 음성으로 판정받았다고 해도 989,901명 중 1명(0.0001%)은 실제로 감염되어 있는 셈이다. 이것이 통계의 함정 중의 하나다. 영화에서 윌포드와 총리가 전체 생태계의 개체수를 정확히 74%에 맞추려고 해도 이것은 통계적인 수치일 뿐 실제로는 정확하게 74%를 유지한다고 할 수 없다.

영화에서 열차의 창조주인 윌포드의 결정론적 시각이 위험한 이유는 가진 재산에 따라 사람을 차별 대우하고 사람을 부속품으로 취급하고 있기 때문이다. 윌포드는 승객이 혹독한 빙하기에서 살아남은 최후의 인간이기에 설국열차에 탑승한 것이 아니라, 설국열차에 탑승해야 할 '존재의 이유'가 있어야 한다는 인간소외를 발생시킨다.

영화는 인간이 인간의 존재 자체로 말미암아 존중받는 것이 아니라 존재의 의미 때문에 탑승할 자격이 있다고 보는 윌포드의 결정론적 사고관을 보여주면서 맬서스의 『인구론』을 가장 부정적인 암흑세계의 픽션으로 그려냄으로써 현실을 날카롭게 비판하고 있다.

TIP

당선자를 예측하는 방법, 신뢰구간과 모비율의 추정

국회위원 선거에서 투표가 모두 종료되고 난 뒤에는 당선자를 정확히 가려내기 위해 투표용지를 모두 개표하여 조사한다. 이와 같이 조사 대상이 되는 자료 전체를 조사하는 것을 '전수조사'라고 한다. 반면 출구조사와 같이 투표가 모두 종료되기 전 투표를 한 사람 중에서 일부를 선별 조사하여 당선자를 예측하기도 하는데, 이와 같이 조사하고자 하는 자료에서 일부 대상을 뽑아 그 성질을 조사하고, 그 결과로부터 자료 전체의 성질을 추측하는 것을 '표본조사'라고 한다.

통계조사에서 조사 대상이 되는 집단 전체를 모집단이라 하고, 모집단에서 뽑은 자료 일부를 표본이라고 한다. 또 모집단에서 표본을 추출하는 여러 가지 방법 중에서 모집단의 각 원소를 같은 확률로 추출하는 것을 임의추출이라 하고, 임의추출된 표본을 임의표본이라고 한다. 모집단에서 조사하고자 하는 특성을 나타내는 확률변수를 X라고 할 때, X의 평균 · 분산 · 표준편차를 각각 모평균 · 모분산 · 모표준편차라 하고, 기호로 m, σ^2, σ와 같이 나타낸다.

모집단에서 크기가 n인 표본 $X_1, X_2, \cdots, X_n$을 임의추출했을 때, 이 표본의 평균 · 분산 · 표준편차를 각각 표본평균 · 표본분산 · 표본표준편차라 하는데, 이는 기호로 각각 $\bar{X}$, S^2, S로 나타내고, 다음과 같이 정의한다.

$$\bar{X}=\frac{1}{n}(X_1+X_2+\cdots+X_n)=\frac{1}{n}\sum_{i=1}^{n}X_i$$

$$S^2=\frac{1}{n-1}\{(X_1-\bar{X})^2+(X_2-\bar{X})^2+\cdots+(X_n-\bar{X})^2\}=\frac{1}{n-1}\sum_{i=1}^{n}(X_i-\bar{X})^2$$

$S=\sqrt{S^2}$

이때 표본평균 $\bar{X}$의 평균 m, 분산 $V(\bar{X})$, 표준편차 $\sigma(\bar{X})$는 각각 다음과 같다.

$$E(\bar{X})=m,\ V(\bar{X})=\frac{\sigma^2}{n},\ \sigma(\bar{X})=\frac{\sigma}{n}$$

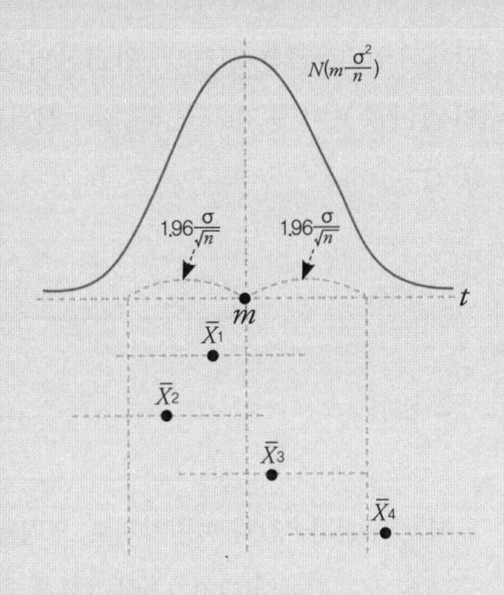

한편 모집단의 평균 · 표준편차와 같은 특성을 알지 못할 때, 모집단에서 추출한 표본에서 얻은 정보를 이용해 모집단의 특성을 나타내는 값을 확률적으로 추측하는 것을 '추정'이라고 한다. 정규분포 $N(m, \sigma^2)$을 따르는 모집단에서 임의추출한, 크기가 n인 표본의 표본평균을 $\bar{X}$라고 할 때, 모평균 m의 신뢰구간은 다음과 같다.

① 신뢰도 95%의 신뢰구간: $\bar{X}-1.96\frac{\sigma}{\sqrt{n}} \le m \le \bar{X}+1.96\frac{\sigma}{\sqrt{n}}$

② 신뢰도 99%의 신뢰구간: $\bar{X}-2.58\frac{\sigma}{\sqrt{n}} \le m \le \bar{X}+2.58\frac{\sigma}{\sqrt{n}}$

'모평균 m의 신뢰도 95%의 신뢰구간'이란, 모집단으로부터 크기가 n인 표본을 임의추출하는 일을 되풀이하여 모평균 m에 대한 신뢰구간을 만들 때, 이 중에서 약 95%는 모평균 m을 포함한다는 뜻이다.

후보자의 지지율, TV 프로그램의 시청률, 제품의 불량률 등과 같이 모집단에서 어떤 사항에 대한 비율을 모비율이라 하고, 기호 p로 나타낸다. 또 모집단에서 임의추출한 표본에서 어떤 사항에 대한 비율을 표본비율이라 하고, 기호로 $\hat{p}$과 같이 나타낸다. 일반적으로 크기가 n인 표본에서 어떤 사건이 일어나는 횟수를 확률변수 x라고 할 때, 이 사건에 대한 표본비율 $\hat{p}$은 $\hat{p}=\frac{X}{n}$이다.

모평균의 신뢰구간과 마찬가지로 모비율도 추정할 수 있다. 즉 모집단에서 임의추출한, 크기가 n인 표본의 표본비율을 $\hat{p}$이라고 할 때, n의 값이 충분히 클 경우 모비율 p의 신뢰구간은 다음과 같다. 여기서 $\hat{q}=1-\hat{p}$이다.

① 신뢰도 95%의 신뢰구간: $\hat{p}-1.96\sqrt{\frac{\hat{p}\hat{q}}{n}} \le p \le \hat{p}+1.96\sqrt{\frac{\hat{p}\hat{q}}{n}}$

② 신뢰도 99%의 신뢰구간: $\hat{p}-2.58\sqrt{\frac{\hat{p}\hat{q}}{n}} \le p \le \hat{p}+2.58\sqrt{\frac{\hat{p}\hat{q}}{n}}$

모평균의 신뢰구간과 마찬가지로 '모평균 m의 신뢰도 95%의 신뢰구간'은, 모집단에서 크기가 n인 표본을 임의추출하는 일을 되풀이하여 모비율 p에 대한 신뢰구간을 만들 때, 이들 중에서 약 95%는 모평균 p를 포함한다는 뜻이다.

영화 〈블라인드〉의 주인공이 점자를 읽는 원리

이산수학

이산수학의 기본 원리를 이용한 점자

2011년 발표된 〈블라인드〉(감독 안상훈)는 스릴과 유머, 감동을 두루 갖춘 할리우드식 휴먼 스릴러를 표방한 영화다. 이 영화에도 곳곳에 수학적 장치가 숨어 있어 흥미를 유발한다.

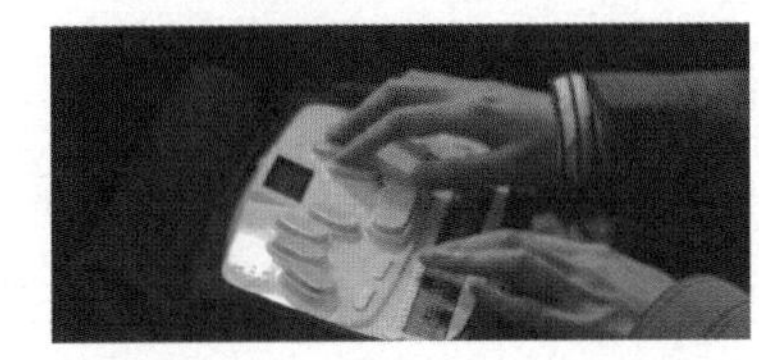
영화 〈블라인드〉의 한 장면.

경찰대학에 재학하며 현장실습을 나온 예비 경찰 수아는 고아원에서 같이 자란 비보이 동현과 함께 교통사고를 당한다. 이 사고로 동현은 죽고, 수아는 시력을 잃은 채 살아간다.

사고가 일어나고 3년 뒤, 혼자 살고 있던 수아는 어느 날 자신이 잠깐 있었던 보육원인 희망의 집에 들르라는 원장의 전화를 받는다. 희망의 집에 가기 위해 준비하던 수아는 뉴스에서 여대생 실종사건에 대해 듣게 된다. 맹도견 슬기 없이 혼자 집을 나선 수아는 장애인 전용차를 이용해 희망의 집에 도착한다.

그녀는 원장에게서 초음파 지팡이 울트라케인이라는 시각장애인용 기계를 받는다. 그 기계는 물체가 가깝게 있으면 진동이 심하고, 멀리 있으면 약하게 전달된다. 원장은 동현의 친구들이 동현의 기일에 추모공연을 하는데 수아도 참석했으면 좋겠다는 말을 전한다. 그러나 수아는 자기가 동현을 죽였다며 그 공연에 갈 수 없다고 말한다.

밤비가 내리는 그날, 수아는 택시정류장에서 장애인 전용차를 타기 위해 전화를 하지만 예약이 밀려서 두 시간 정도 기다리라는 말을 듣는다. 비 오는 정류장에서 사람들은 하나 둘 택시를 타고 떠나고, 이제 수아 혼자만 남게 된다. 그때 승용차 한 대가 서며 그녀에게 어디 가는지를 물으며 타라고 한다. 수아가 택시로 알고 탄 그 차는 그녀를 태우고 달리는 중간에 사람을 친다. 운전자가 차에 치인 사람을 확인하러 내리자 수아도 내리는데, 운전자는 곧 수아를 남기고 떠나버린다. 수아는 파출소에서 뺑소니 사고에 대해 증언하지만 조 형사는 그녀의 말을 믿으려 하지 않는다.

한편 배달부인 기섭은 오토바이를 타고 가다가 뺑소니 사건을 목격하고 경찰에 신고한다. 이 사건에 대해 2명의 목격자인 수아와 기섭은 대질신문을 받지만 조 형사는 기섭도 믿지 못한다. 신문을 끝내고 집에 돌아온 수아는 그동안 박스에 담아두고 있던 '점자(點字)'로 된 범죄심리학 책을 꺼내서 읽기 시작한다.

여기서 잠깐, 수아가 읽고 있던 점자에 관하여 알아보자.

어떻게 수아는 점만 찍혀 있는 범죄심리학 책을 읽을 수 있을까? 점자에는 배열의 원리가 숨어 있다. 그것은 수학의 한 분야인 이산수학(離散數學)의 기본이 되는 원리다.

이산수학에서 '이산(離散, discrete)'이란 끊이지 않고 계속해서 이어진다는 뜻의 '연속'에 대비되는 말로, 낱낱의 개체가 서로 떨어져 있다는 뜻이다. 즉 이산수학은 이산적인 대상, 이산적인 방법을 연구하는 수학이라고 할 수 있다.

이산수학은 컴퓨터과학 · 통계학 · 대수학 · 사회과학 · 경제학 등과 밀접하게 연관되어 있기 때문에 그 중요성이 날로 더해가고 있다. 이산수학은 대부분 조합이론(사물의 배열 · 조합을 연구하는 학문)을 바탕으로 이루어져 있는데, 조합이론은 주로 다음과 같은 문제를 다룬다.

① 어떤 모임을 원하는 형태로 배열할 수 있을까?

② 그런 배열이 있다면 몇 개나 있을까?

③ 여러 배열 중에서 어떤 것이 가장 좋은 배열일까?

④ 가장 좋은 배열은 어떤 모양을 하고 있을까?

한마디로 조합이론은 이산적 구조에 대한 존재성, 개수, 분석, 최적화 문제를 다루는 수학의 한 분야다.

앞에서 설명한 것과 같이 조합이론의 주된 관심 중의 하나는 특정한 형태의 배열이다. 이 배열을 이용하는 대표적인 것이 바로 영화 〈블라인드〉에서 수아가 손으로 읽던 점자이고, 이런 점자는 점자책뿐만 아니라 지하철 계단의 난간과 같은 곳에서도 쉽게 찾아볼 수 있다.

점자표의 원리

시각장애인을 위한 문자는 예로부터 여러 사람에 의해 발명되었지만, 모두 비장애인의 입장에서 생각하고 만든 것이었기 때문에, 실제로 시각장애인이 읽고 쓰기에는 불편함이 많았다. 시각장애인이 읽고 쓰기에 가장 쉬운 점자는 프랑스의 루이 브라유(Louis Braille)가 1829년에 만들었다. 3세 때 송곳에 눈을 찔려 시력을 잃은 브라유는, 당시 프랑스 장교가 밤에 군사용 메시지를 전달하기 위해 손가락으로 읽는 점으로 된 야간 문자를 만들었다는 데 착안해 점자를 고안하게 되었다고 한다.

오늘날 사용되는 점자는 모두 6개의 점을 가로로 2개, 세로로 3개씩 배열하고, 왼쪽 위에서 아래로 1-2-3점, 오른쪽 위에서 아래로 4-5-6점의 고유번호를 붙여 사용한다. 이런 6개의 점을 이용한 배열이 손으로 읽기에 가장 적합하다는 것이 최근 조합이론을 통해 밝혀졌다.

6개의 점은 각각 찍힌 상태와 찍히지 않은 상태로 구분된다. 따라서 6개의 점을 이용하면 모두 $2^6=64$가지의 서로 다른 배열을 얻을 수 있고, 그 각각의 배열에 의미를 부여하여 만든 문자가 바로 '점자'다. 64가지의 서로 다른 배열 중에서도 점을 하나도 찍지 않은 것은 단어 사이를 띄우는 빈칸으로 사용한다. 따라서 빈칸을 제외한 63개의 점의 배열을 이용하면 비로소 글을 나타낼 수 있다.

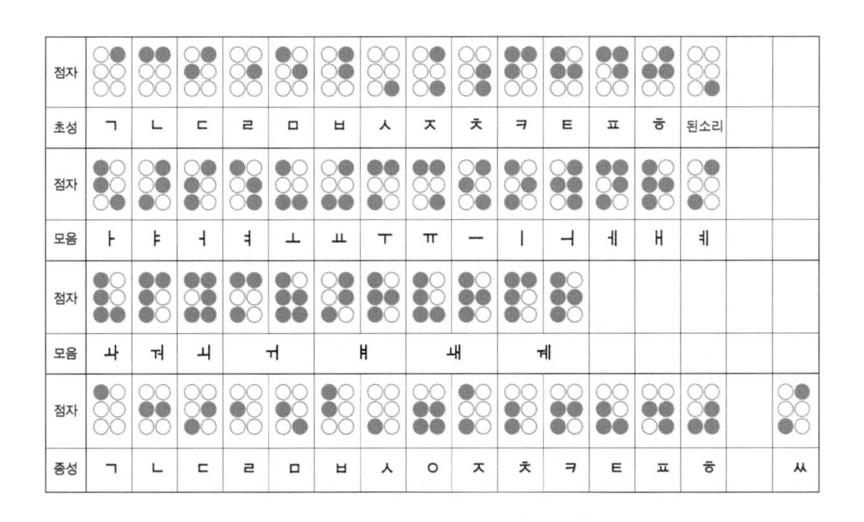

초성	ㄱ	ㄴ	ㄷ	ㄹ	ㅁ	ㅂ	ㅅ	ㅈ	ㅊ	ㅋ	ㅌ	ㅍ	ㅎ	된소리		
모음	ㅏ	ㅑ	ㅓ	ㅕ	ㅗ	ㅛ	ㅜ	ㅠ	ㅡ	ㅣ	ㅢ	ㅔ	ㅐ	ㅖ		
모음	ㅘ	ㅝ	ㅚ	ㅟ		ㅒ		ㅙ		ㅞ						
종성	ㄱ	ㄴ	ㄷ	ㄹ	ㅁ	ㅂ	ㅅ	ㅇ	ㅈ	ㅊ	ㅋ	ㅌ	ㅍ	ㅎ		ㅆ

위의 표는 한글을 나타낸 점자다. 한글 글자는 첫소리(초성)와 가운뎃소리(모음), 그리고 끝소리(종성)로 구분되기 때문에 점자에서도 이를 구분해서 표기한다.

점자표를 자세히 살펴보면 첫소리 중에서 'ㅇ'에 해당하는 점자가 없다는 것을 알 수 있다. 따라서 첫소리가 'ㅇ'인 단어의 경우 해당되는 모음을 첫 번째 점자로 사용하면 된다. 숫자나 간단한 기호 또한 다음과 같이 점자로 나타내어 사용하고 있다. 그래서 점자로도 수학을 공부할 수 있다.

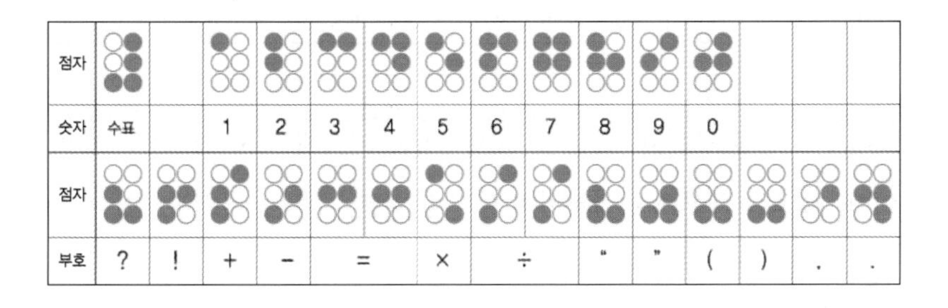

숫자	수표		1	2	3	4	5	6	7	8	9	0			
부호	?	!	+	−	=		×	÷		“	”	(	)	.	.

'행복한 사람'이란 문장을 점자를 사용하여 다음과 같이 나타낼 수 있다.

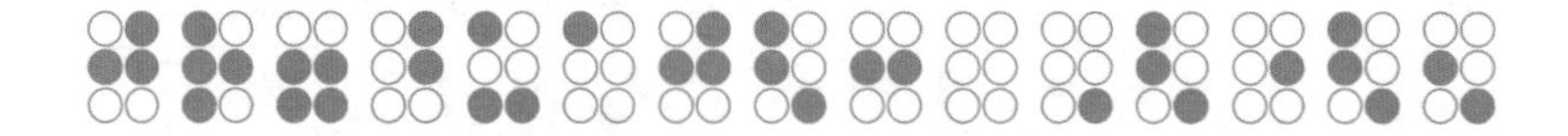

그런데 더 긴 문장을 나타내려면 많은 점자가 필요하기 때문에 불편하다. 따라서 자주 사용되는 단어나 말은 다음 그림과 같이 약자로 나타내기도 한다.

점자																
단어	가	사	억	옹	울	옥	연	운	온	언	얼	열	인	영	을	은
점자																
단어	것		그러나		그러면		그래서		그런데		그러므로		그리고		그리하여	

각 나라마다 그 말에 맞는 점자가 있는데, 다음 그림은 알파벳을 점자로 나타낸 것이다.

영어															
	로마자표	대문자표	이중 대문자표		a	b	c	d	e	f	g	h	i	j	k
	l	m	o		p	q	r	s	t	u	v	w	x	y	z

이것이 바로 앞에서 말한, 숫자를 이용해 메시지를 전달하는 한 방법이다. 복잡한 공식으로 이루어져 있진 않지만, 이렇듯 시각장애인을 위한 점자에도 수학의 원리가 숨어 있다.

형사가 범인을 밝혀내는 방법
추론과 논리

논증의 타당성

다시 영화 〈블라인드〉로 돌아가보자.

여러 가지 정황과 증거를 수집해가던 조 형사는 드디어 한 주차장에서 범인의 차를 발견한다. 그때 수아가 진술한 것과 같은 인상착의의 범인이 나타난다. 몸싸움 끝에 범인에게 수갑을 채우려는 순간 범인은 가지고 있던 수술용 칼로 조 형사의 목을 찌른다. 결국 조 형사는 죽고, 범인은 조 형사의 전화기와 총을 챙겨 기섭과 수아가 있는 희망의 집으로 향한다.

영화 〈블라인드〉의 한 장면.

여기서 잠깐! 조 형사는 그가 범인임을 어떻게 확신했을까?

사건을 수사하는 경찰관에게 반드시 필요한 것은 논리적인 사고방식이다. 그러나 논리는 수사나 수학에서의 추론뿐만 아니라 일상적으로 생각하고 판단하는 데 꼭 필요한 것이다. 기존에 알고 있는 정보를 이용해 무엇인가를 판단하고 결정하는 과정이 바로 '논증'이다. 그리고 모든 논증은 어떤 형태로든 명제에 기초하여 이루어진다. 즉 몇 개의 주어진 명제에서 새로운 명제를 도출해내는 것을 논증이라고 하며, 주어진 명제들은 '전제', 그것으로부터 도출된 명제를 '결론'이라고 한다. 처음에 주어진 전제는 참과 거짓 단 2가지만 존재하며, 참과 거짓을 동시에 만족하는 명제는 없다는 가정 아래서 전제로부터 얻어낸 결론이 옳은지 그렇지 않은지를 확인하는 것을 '논증의 타당성'이라고 한다.

영화에서 조 형사는 비록 범인에게 살해당하지만 마지막에 그자가 범인임을 확신하게 된 것은 스스로가 내린 결론이 옳다고 생각했기 때문이다. 이런 판단의 근거는 바로 논증의 과정을 통해 마련되었다.

전제가 참인 상황에서 결론이 참일 때 논증은 '타당하다'고 한다. 전제가 참이지만 결론이 거짓이든지, 혹은 경우에 따라서 결론이 참일 수도 있고 거짓일 수도 있을 때 논증은 '무효하다'고 한다. 무효한 논증을 우리는 '오류'라고 부른다. 그런데 논증의 타당성을 밝히기 위해 논증을 그대로 이용하기보다는 기호로 바꾸어 참이나 거짓을 가리는 것이 간단하고 편리하다.

다음 논증을 예로 들어보자.

그가 범인이라면 사건현장에 있었을 것이다.

그가 범인이다.

따라서 그는 사건현장에 있었다.

이 예에서 전제인 "그가 범인이라면 사건현장에 있었을 것이다"는 참일 수도 있고 그렇지 않을 수도 있다. 그러나 전제가 참이라면 결론도 참이 되므로 이 논증은 타당하다. 여기서 "p : 그가 범인이다", "q : 그는 사건현장에 있었다"라 하고 위의 세 문장을 기호로 나타내면 다음과 같다.

$p \rightarrow q$

p

———

q

직접추론과 간접추론

이와 같이 주어진 전제에서 직접 결론을 이끌어내는 방법을 '직접추론'이라고 한다. 다음과 같은 예를 들어보자.

그가 범인이라면 사건현장에 있었을 것이다.

그가 사건현장에 없었다.

따라서 그는 범인이 아니다.

영화 〈블라인드〉의 한 장면.

어떤 명제 p의 부정을 $\sim p$로 나타낸다. 이를테면 "p : 그가 범인이다"의 부정은 "$\sim p$: 그가 범인이 아니다"이다. 이제 위의 논증을 기호로 나타내면 다음과 같다.

$$p \to q$$
$$\sim q$$
$$\overline{}$$
$$\sim p$$

이 논증 또한 참이며, 이런 논증 방법을 '간접추론'이라고 한다. 그러나 다음의 논증을 살펴보자.

그가 범인이라면 사건현장에 있었을 것이다.
그가 사건현장에 있었다.
따라서 그는 범인이다.

이것을 기호로 나타내면 다음과 같다.

$$p \to q$$
$$q$$
$$\overline{}$$
$$p$$

그런데 이 논증에서 범인이라면 사건현장에 있었겠지만, 반대로 사건현장에 있었다고 해서 모두 범인인 것은 아니다. 따라서 이 논증은 타당하지 않다. 즉 무효하므로 오류다. 다음 논증을 살펴보자.

그가 범인이라면 사건현장에 있었을 것이다.
그가 범인이 아니다.
따라서 그는 사건현장에 없었다.

이것을 기호로 나타내면 다음과 같다.

$$
\begin{array}{l}
p \rightarrow q \\
\sim p \\
\hline
\sim q
\end{array}
$$

이 경우 역시 범인이 아니더라도 사건현장에 있을 수 있기 때문에 앞의 경우와 마찬가지로 오류라 할 수 있다.

이렇듯 〈블라인드〉는 하나의 사건에 2명의 목격자가 엇갈린 진술을 하면서 범인을 잡기 위해 사투를 벌이는 영화다. 즉 같은 사건에 대한 2가지 서로 다른 진술로, 어느 것이 진실이고 어느 것이 거짓인지 분간하기 힘들게 사건이 진행된다. 영화를 보면서, 앞에서 살펴본 논증의 과정을 적용해본다면 더욱 흥미로울 것이다.

TIP

명제와 증명으로 참 · 거짓을 가리다

우리가 사용하는 문장이나 식 중에는 그 내용이 참인지 거짓인지를 판별할 수 있는 것과 판별할 수 없는 것이 있다. 이때 그 내용이 참인지 거짓인지를 명확히 판별할 수 있는 문장이나 식을 '명제'라고 한다.

예를 들어 '$2x-3<1$'은 $x=1$이면 참이고 $x=3$이면 거짓이다. 따라서 '$2x-3<1$'만으로는 참인지 거짓인지 판별할 수 없으므로 명제가 아니다. 그러나 '7은 2의 배수이다'의 경우, 7은 2의 배수가 아니므로 참인지 거짓인지 판별할 수 있다. 거짓인 명제다.

명제 '$x=2$이면 $3x-1=5$이다'에서 '$x=2$'를 p라 하고, '$3x-1=5$'를 q라고 하면 이 명제는 'p이면 q이다'의 꼴로 나타낼 수 있다. 이때 명제 'p이면 q이다'에서 p를 가정, q를 결론이라 하고, 이것을 기호로 $p \to q$와 같이 나타낸다.

한편 실험 또는 경험을 따르지 않고 정의나 이미 알고 있는 옳은 사실, 밝혀진 성질 등을 이용하여 명제의 가정에서 체계적으로 결론을 이끌어내 명제가 참임을 설명하는 것을 '증명'이라고 한다. 논리학에서 증명은 논증이라고도 한다.

명제가 참임을 증명할 때에는 다음과 같은 순서를 따르면 편리하다.

① 무엇을 증명해야 하는지를 파악하고, 주어진 명제를 가정과 결론으로 나눈다.

② 가정에 알맞은 그림을 그리고, 기호를 붙인다.

③ 정의, 이미 알고 있는 옳은 사실, 밝혀진 성질 등을 이용해 가정에서 결론을 이끌어낸다.

또한 증명된 명제 중에서 기본이 되는 것이나 여러 가지 성질을 증명할 때 자주 이용되는 것을 '정리(定理)'라고 한다. 예를 들어 다음은 모두 그와 같은 정리다.

| 정리 1 | 평행한 두 직선이 다른 한 직선과 만날 때, 동위각과 엇각의 크기는 각각 서로 같다.

| 정리 2 | 삼각형에서 한 외각의 크기는 그와 이웃하지 않는 두 내각의 크기의 합과 같다.

〈인셉션〉, 복잡한 꿈의 공간을 지배하는 수학적 원리

위상수학

미로 탈출과 아리아드네의 실타래

2010년에 만들어진 〈인셉션(Inception)〉은 영국과 미국이 합작한 공상과학 액션 스릴러 영화다. 크리스토퍼 놀런이 감독 · 각본 · 제작을 모두 맡은 이 영화는 놀런 감독이 16세에 처음 구상한 후 약 10년 전부터 진행한 25년 프로젝트라고 한다. 깨어 있는 삶과 꿈의 연관성, 사람의 머릿속에서 수많은 것들이 창조된다는 사실과, 상상력 안에 잠재되어 있는 것들을 꿈을 통해 알 수 있다는 사실들을 반영한 영화가 바로 〈인셉션〉이다.

영화 〈인셉션〉의 한 장면.

꿈에서는 무슨 일이든 가능하다는 설정 덕분에 〈인셉션〉의 제작 규모는 엄청나게 거대해졌다고 한다. 제작비로 무려 2억 달러가 투입되었고, 주요 촬영지만 4개 대륙에 펼쳐진 6개국에 달했다.

영화는 스릴러 영화의 특징과 주인공을 중심으로 한 감성적인 전개가 균형을 이루고 있다. 정확히 말해 환상적인 틀 안에서 전개되는 스릴러 영화라고 할 수 있다. 거대한 액션신은 물론 진심으로 공감할 수 있는 캐릭터를 통해 관객의 감성을 자극하기도 한다. 흥미로운 사건들이 계속되는 스릴러의 요소와, 진실을 찾아 집으로 돌아가고자 하는 한 남자의 모험이라는 다층적인 스토리는 굉장히 새롭고 색다른 세계를 경험하게 만든다. 영화 속으로 들어가보자.

타인의 꿈속에 침투해 생각을 훔칠 수 있는 가까운 미래, 이 분야 최고 실력자인 코브는 아내 맬을 살해했다는 누명을 쓴 채 도망자가 된다. 코브와 그의 친구 아서는 기업 첩보 활동을 위해 일본인 기업가 사이토를 대상으로 꿈속에서의 정신적 추출(extraction)을 시도한다. 꿈속에서도 고통이 느껴지지만, 죽으면 꿈에서 깨어 현실로 돌아온다. 코브는 꿈과 현실을 구분하기 위해 팽이 모양의 토템을 가지고 다니는데, 이 팽이는 꿈속에서는 끝없이 회전하지만, 현실에서는 곧 멈춘다. 코브는 사이

주인공 코브가 꿈과 현실을 구분하기 위해 가지고 다니는 팽이.

토의 꿈에서 생각을 추출하려고 하지만 죽은 아내가 나타나서 방해하는 바람에 실패한다.

그런데 사이토는 이것이 타인의 꿈에 침투하여 생각을 빼오는 디셉션이 아닌, 생각을 심는 인셉션에 도전할 팀을 가려내기 위한 선발 과정이었음을 밝힌다. 사이토는 인셉션을 성공시킨다면 코브의 살인 혐의를 없애주고 가족이 있는 미국으로 돌아갈 수 있게 해주겠다고 약속한다. 인셉션의 대상은 사이토의 경쟁 기업 총수인 모리스 피셔의 아들 로버트 피셔다. 그 목적은 로버트 피셔로 하여금 아버지의 기업을 분열시키게 하는 것이다. 코브는 인셉션을 위해 페이크맨 임스와 약제사 유서프, 설계자 아리아드네를 끌어모은다.

영화 속에서 아리아드네가 만든 미로 모형.

코브는 꿈의 설계자인 아리아드네를 훈련시키기 위해 복잡한 미로를 설계하라고 주문하며 실력을 테스트한다. 아리아드네가 그린 간단한 미로를 너무 쉽게 풀어낸 코브는 그녀에게 더욱 복잡한 미로를 설계할 것을 주문한다.

여기서 왜 그녀의 이름이 아리아드네이고, 왜 그녀에게 미로의 설계를 맡겼는지 알아보자. 그러기 위해서는 잠시 그리스 신화의 세계로 떠나야 한다.

그리스 신화에 등장하는 최고의 발명가는 바로 인간인 다이달로스다. 다이달로스가 누구던가? '땅 위의 헤파이스토스'라는 이름을 얻었을 정도로 손재주가 좋은 발명가였다. '다이달로스'는 '쪼아서 만드는 자' 또는 '손재주가 좋은 자'라는 뜻이다. 다이달로스는 원래 지혜의 여신 아테나의 도시인 아테네 사람이었는데, 아테나는 자신의 도시에 다이달로스

같은 사람이 있다는 것을 자랑스러워했다. 여신은 자신의 신전인 파르테논 신전 한 귀퉁이를 다이달로스에게 빌려주고, 자신이 인간을 위해 올리브나무를 주었듯이 그에게 인간에게 요긴한 무언가를 만들어주라고 당부했다.

다이달로스는 건축 · 목공 · 철공에 두루 능했다. 그러나 스스로의 업적에 지나칠 만큼 긍지를 느끼는 사람이어서, 자기와 어깨를 겨룰 수 있는 상대가 존재한다는 사실을 견디지 못했다. 그런 그에게 강력한 경쟁자가 생겼다.

다이달로스의 제자 중에는 누이의 아들 페르디코스가 있었다. 페르디코스는 재주가 뛰어난 데다 학문적 재능도 탁월했다. 해변을 걷다가 물고기의 등뼈를 보고 그것을 견본으로 삼아 철판을 잘라 톱을 만들었으며, 도자기를 빚는 녹로를 고안하기도 했다. 또한 2개의 쇳조각을 붙이고 한 끝은 못으로 고정한 다음 반대편 끝은 뾰족하게 갈아 오늘날의 컴퍼스를 발명하기도 했다. 컴퍼스의 발명이야말로 수학의 역사에서 매우 중요한 일대 사건이었다. 컴퍼스의 발명이 없었다면 훗날 인류는 기하학은 꿈도 꾸지 못했을 것이다.

결국 다이달로스는 똑똑한 어린 조카를 질투해서 페르디코스를 낭떠러지에서 밀어 떨어뜨린다. 페르디코스를 살해한 일로 다이달로스는 아테네 법정에 불려나간다. 그는 유죄 판결을 받고, 아테네 시민으로서는 최악의 형벌인 추방령에 처해진다. 그는 크레타 섬으로 쫓겨났는데, 그 이유는 당시 아테네인들이 크레타인들을 미개한 사람들로 여겼기 때문이다. 아들 이카루스와 함께 섬에 도착한 다이달로스는 크레타 왕의 명을 받들며 살게 되었다.

당시 크레타 섬을 다스리고 있던 왕은 제우스의 아들인 미노스였다.

그의 왕비인 파시파에는 태양신 헬리오스의 딸이었으니 매우 잘 어울리는 한 쌍이었다. 미노스는 왕위 다툼 과정에서 바다의 신 포세이돈이 내린 아름다운 황소를 받고 왕좌에 오른 뒤 그 황소를 다시 바치기로 약속하지만, 황소가 마음에 들자 신과의 약속을 지키지 않는다. 화가 난 포세이돈은 왕비 파시파에로 하여금 황소를 사랑하게 만든다. 결국 왕비는 머리는 소이고 몸은 사람인 괴물 미노타우로스를 낳는다. 성격이 포악한 미노타우로스는 사람들을 마구 잡아먹고 다녔다. 이 괴물의 처리를 놓고 고민하던 미노스 왕은 다이달로스를 불러 미노타우로스를 가둘 미궁을 만들라고 지시한다.

솜씨 좋은 다이달로스는 아무도 빠져나올 수 없는 미궁 라비린토스를 만들고, 그곳에 미노타우로스를 가두었다. 그러나 미노타우로스에게 먹이를 주어야 하는 문제가 남아 있었다. 미노스 왕은 아들 안드로게우스가 아테네에서 사나운 소에 받혀서 죽자 그 보상으로 매년 아테네의 젊은 남자와 여자를 각각 7명씩 바치게 했는데, 이들이 미노타우로스의 먹이가 되었다.

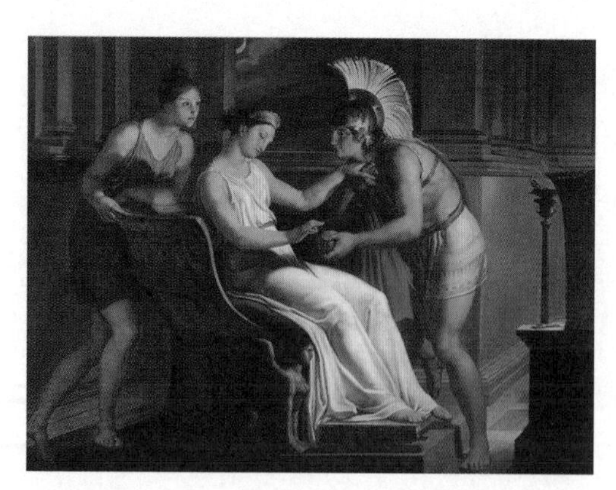

펠라지오 팔라지, 〈테세우스가 미궁을 빠져나갈 수 있도록 실을 주는 아리아드네〉, 1814.

그러나 괴물은 영웅에 의해 퇴치되게 마련이다. 당시 아테네 최고의 영웅인 테세우스는 미로에 들어가 미노타우로스를 죽이고 무사히 미궁을 빠져나온다. 그가 미로를 무사히 빠져나올 수 있었던 것은 크레타의 왕녀 아리아드네가 테세우스를 사랑하여 다이달로스에게서 알아낸 미로 탈출 방법을 테세우스에게 전해주었기 때문이다. 그 방법이란 아리아드네가 건넨 실타래를 풀면서 미궁으로 들어갔다가 괴물을 퇴치한 뒤 풀어놓은 실을 따라 빠져나오는 것이다. 여기에서 '아리아드네의 실타래'라는 말이 나왔는데, 이는 복잡하게 얽힌 어떤 일이 해결되는 계기를 뜻한다.

생활 속 미로와 위상수학

다시 영화 〈인셉션〉으로 돌아오자.

독자들은 영화 속 꿈에서 사용될 미로의 설계자 이름이 왜 아리아드네인지 알았을 것이다.

다이달로스의 최고 작품은 뭐니 뭐니 해도 아무도 빠져나올 수 없게 만든 미로다. 미로라고 하면 종이 위에 그려진 퍼즐로서의 미로나 어린이 공원 같은 데 있는 미로를 떠올리겠지만, 역사를 살펴보면 미로는 인간의 생활에 매우 가까이 있었다.

미로가 사용된 실제 예는 고대 이집트의 피라미드에서 찾아볼 수 있다. 피라미드 속에는 왕의 시신과 함께 왕이 지니고 있었던 물건 등 갖가지 보물들을 함께 넣어두었는데, 도적들이 보물들을 훔쳐가지 못하도록 미로를 만들었다. 모험영화인 〈인디애나 존스〉나 〈미이라〉를 보면 미로를 헤매고 다니는 주인공들을 흔히 볼 수 있다. 이 밖에 유럽에서는 궁전의 안뜰에 미로를 만들어 공격해온 적을 안으로 유인하여 전멸시켰다는 전설도 있다.

이러한 미로와 관련이 있는 분야가 바로 '위상수학(位相數學)'이다. 위상수학에서는 여러 종류의 수학을 다루지만, 그중 하나는 한 도형을 자르거나 없애지 않고 구부리거나 늘려서 만들 수 있는 모양에는 어떤 것들이 있는지를 알아보는 것이다. 이러한 도형을 길이나 모양은 달라도 '위상'이 같다고 말한다.

위상수학을 수학적으로 좀 더 정확하게 정의하면 "공간 속의 점, 선, 면, 그리고 위치 등에 대하여, 양이나 크기와는 상관없이 형상 또는 위치 관계를 나타내는 분야"다. 이 정의에 따르면 다음의 도형들은 늘이거나 줄이거나 또는 구부려서 서로 겹치게 할 수 있기 때문에 그려진 모양은 다르지만 위상은 모두 같다.

위상수학에서 말하는 위상이 같은지 아닌지를 알아내는 문제 중에서 안과 밖을 구분하는 다음과 같은 흥미로운 문제가 있다. 2개의 그림 중에서 각각 안에 있는 자동차가 밖으로 나갈 수 있는 것은 어떤 것일까?

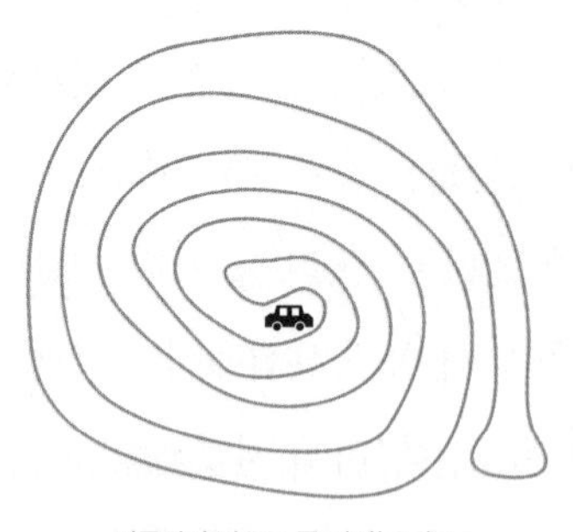

자동차가 밖으로 못 나가는 미로

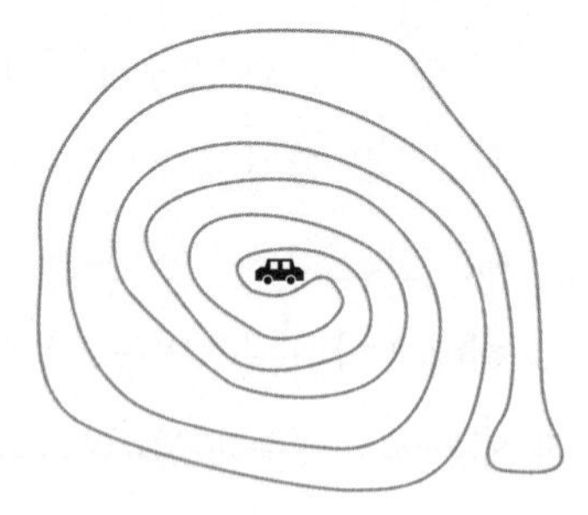

자동차가 밖으로 나갈 수 있는 미로

이 문제에는 일정한 규칙이 있다. 2개의 그림 각각에 자동차에서부터 밖으로 직선을 긋는다. 그리고 그어진 직선과 자동차의 길이 몇 번이나 겹치는지 세어본다. 그림에서 보듯이 홀수 번 겹치는 경우에는 자동차가 밖으로 빠져나가지 못하고, 짝수 번 겹쳤을 경우에는 밖으로 빠져나가는 것을 확인할 수 있다.

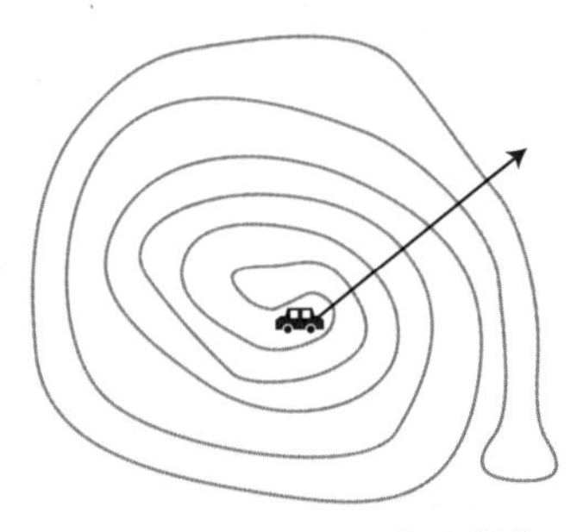
자동차가 밖으로 못 나가는 미로(7번 겹친다)

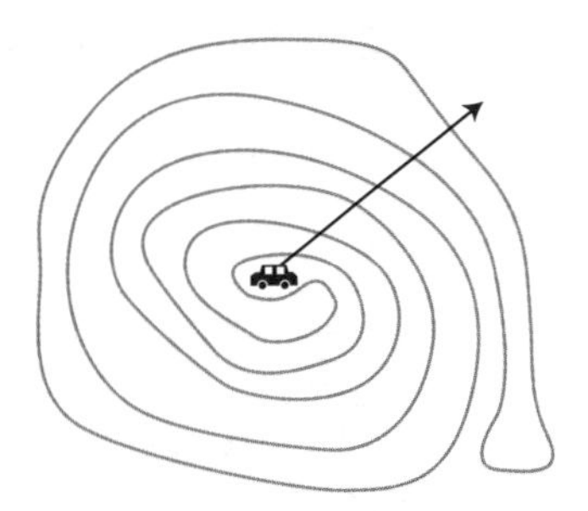
자동차가 밖으로 나갈 수 있는 미로(6번 겹친다)

그리고 두 그림을 자세히 살펴보면 단지 평범한 소용돌이 모양이 아니고, 원 모양의 도형을 잡아 늘린 것과 같다는 사실을 알 수 있다. 자동차가 원 안에 있으면 곡선과 직선이 한 번 겹치고, 밖에 있으면 겹치지 않기 때문에 홀수 번 겹치는 경우에는 자동차가 밖으로 빠져나가지 못하고, 짝수 번 겹쳤을 경우에는 밖으로 빠져나갈 수 있는 것이다.

그렇다면 게임이나 퍼즐 같은 데서 흔히 보이는 미로에서 길을 쉽게 찾는 방법은 무엇일까? 위상수학을 이용하면 아무리 복잡한 미로라도 길을 쉽게 찾을 수 있다. 다음과 같은 미로로 예를 들어보자.

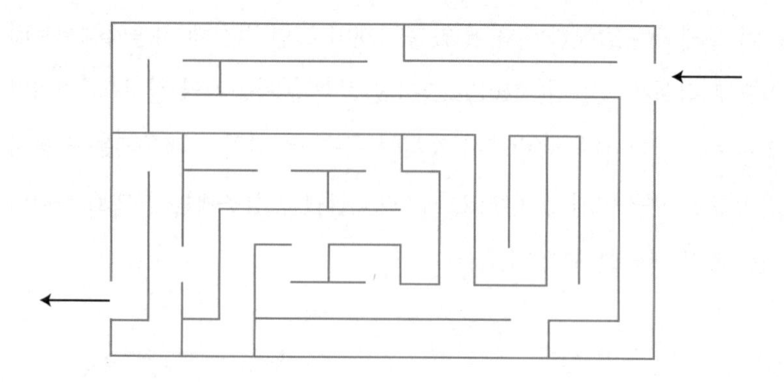

① 3면으로 둘러싸인 곳을 지운다.

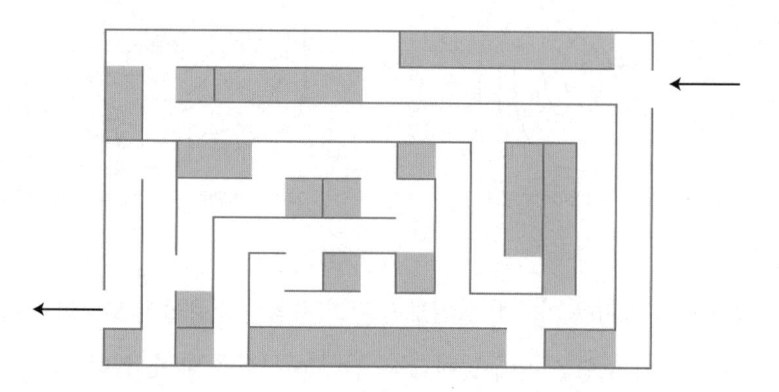

② 지운 뒤에 또 3면이 둘러싸인 곳이 생기면 그곳을 지운다.

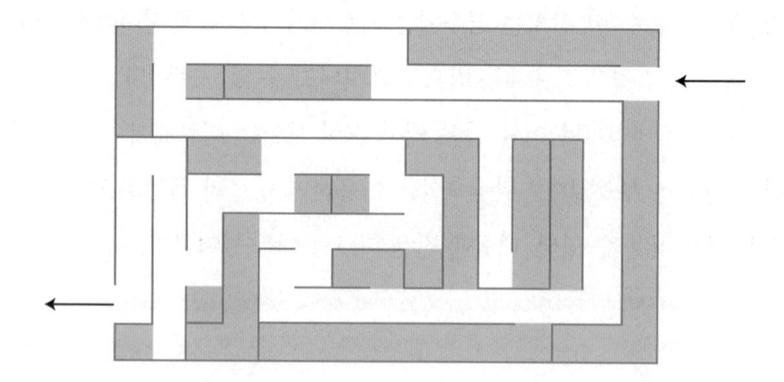

③ 이와 같은 과정을 반복하여 마지막으로 남은 길을 가면 된다.

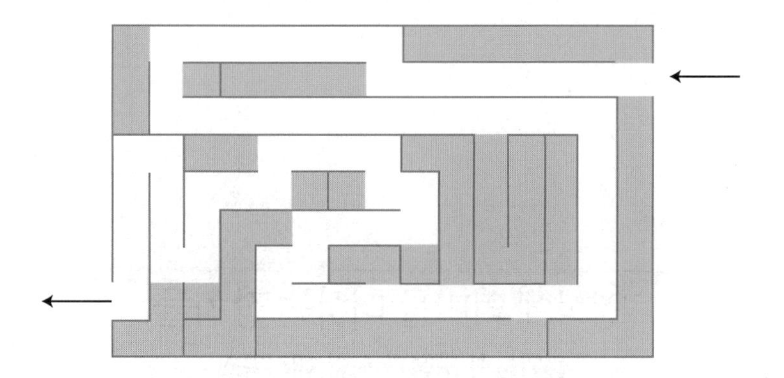

영화에 의미를 더하는 장치들

불가능한 도형과 도형 패러독스

영화 속의 불가능한 도형들

다시 영화 〈인셉션〉으로 돌아가보자.

훈련 과정에서 아리아드네는 미완성된 꿈의 공간인 림보에 코브와 맬이 있었음을 알게 된다. 맬은 림보를 현실로 인식했고, 코브가 그녀를 현실로 돌아오게 하자 정신적 혼란상태에 빠졌다. 결국 맬은 자살하고, 코브는 그녀를 살해했다는 혐의를 받아 미국을 떠나게 된 것이다.

또한 아리아드네는 이 과정에서 아서에게 이끌려 끝없는 계단을 계속

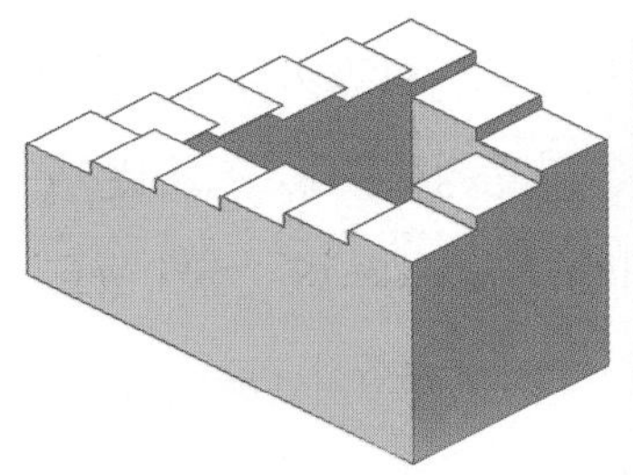

영화 〈인셉션〉에 나오는 불가능한 계단.

해서 오르는 꿈을 꾸기도 한다. 영화에서 이 계단은 나중에 아서가 피셔의 투영체들에게서 공격받을 때 다시 등장한다.

이 계단은 어딘가 이상하게 생겼지만 불가능해 보이는 도형이나 그림도 언뜻 보면 그다지 이상해 보이지 않는다.

펜로스의 불가능한 삼각형.

가장 좋은 예가 1958년 『영국 심리학회보(*British Journal of Psychology*)』 2월호에 실린 로저 펜로스(Roger Penrose)의 '불가능한 삼각형'이다. 펜로스는 이를 '3차원 직각도형'이라고 불렀다. 3개의 직각은 모두 정상적으로 그려져 있는 것 같은데, 이는 공간적으로 불가능한 입체다. 3개의 직각으로 삼각형을 만든 것처럼 보이지만 삼각형은 입체가 아닌 평면도형이고, 세 각의 합은 180°이지 270°가 아니다.

네커 큐브.

펜로스는 '트위스터 이론'의 발견자이기도 하다. 펜로스는 트위스터가 눈에는 보이지 않지만 공간과 시간은 트위스터의 상호작용에 의해 꼬여 있다고 생각했다. 펜로스

에셔, <폭포>, 1961.

의 삼각형이 나온 이후 이와 유사한 작품들이 많이 등장했는데, 그중에는 루이스 네커(Louis Necker)의 '네커 큐브'도 있다. 이 역시 수학적으로는 불가능한 그림이다.

네덜란드 출신의 판화가 에셔(Maurits Cornelis Escher)는 특히 이와 같은 착시도를 많이 남겼다. 그의 1961년작 〈폭포〉를 보면 물길의 흐름이 이상하다는 것을 알 수 있다. 왜 이런 일이 일어난 것일까? 미술의 관점에서 생각하면, 원근법을 왜곡했기 때문이다.

앞쪽에 배치된 기둥과 뒤쪽의 기둥이 하나로 연결돼 알파벳 B자 모양으로 물이 순환하는 듯한 착각이 일어난다. 이 구조는 삼각형 구조가 세 번 되풀이되는 형상이며, 이것은 곧 앞에서 보았던 불가능한 삼각형이다. 공간을 평면 위에 옮겼을 때 혼란이 일어날 수 있는 눈의 착각을 흥미롭게 그린 것이다.

영화 속에서 코브의 팀은 인셉션을 통해 피셔에게 확실한 생각을 심고자 3단 구조의 꿈속의 꿈을 설계한다. 하지만 꿈의 안정성을 유지하기 위해 사용하는 강력한 진정제는, 꿈속에서 사망했을 때 이들을 림보에 빠뜨릴 위험이 있었다.

모리스 피셔가 사망하자 팀원들은 로버트 피셔와 함께 사이토가 인수했던 항공사의 비행기에 탑승해 그에게 진정제를 먹인다. 그들은 첫 번째 단계의 꿈에서 피셔를 납치하지만, 피셔의 무장된 자의식(투영체들)에

영화에 등장하는 불가능한 계단에서의 싸움.

게 공격받는다. 이 과정에서 사이토가 심한 부상을 당하지만 일행은 인셉션을 강행하기로 한다.

그리고 두 번째 단계의 꿈에서 아서가 투영체들과 싸움을 벌이는 장소 중의 하나로 앞에서 소개했던 불가능한 계단이 등장한다.

이처럼 〈인셉션〉에서는 현실에서 불가능한 도형들이 많이 등장하는데, 수학적 원리를 알고 영화를 보면 훨씬 흥미로울 것이다.

수학적 흥미를 유발하는 도형 패러독스

불가능한 도형처럼, 기하학에는 여러 가지 '도형 패러독스(paradox)'가 있다. '패러독스'는 "똑바르지 않은 의견 또는 상식에 어긋난 주장"이라고 해석할 수 있다. 즉 얼핏 생각하면 진실 같지만, 사실은 앞뒤가 맞지 않아 모순되는 이야기를 뜻한다. 도형에 관련된 패러독스는 흥미와 재치를 자극하기 때문에 수학 퍼즐과 비슷하다.

도형 패러독스 중에서 가장 유명한 것은 길이나 넓이가 사라지거나 반대로 나타나는 '도형 소실 패러독스'다. 도형 소실 패러독스를 간단히 설명하기 위해 다음 그림을 살펴보자.

먼저 왼쪽 그림에서 사람이 7명임을 확인하고, 표시된 선을 따라 세 조각으로 잘라보자.

그리고 위쪽의 2장을 바꾸어놓으면 오른쪽 그림처럼 된다. 다시 오른쪽 그림에서 사람을 세어보면 8명이다. 그림을 잘 살펴보면 종이와 종이가 맞닿는 부분에 그려진 사람들이 어딘가 조금씩 모자란다는 것을 알 수 있지만 대충 보아서는 알 수 없다.

이 패러독스를 가장 쉽게 설명하는 방법은 다음과 같다.

아래 그림처럼 집 · 자동차 · 비행기가 그려진 종이에 10개의 선분을 긋고 대각선으로 자른다.

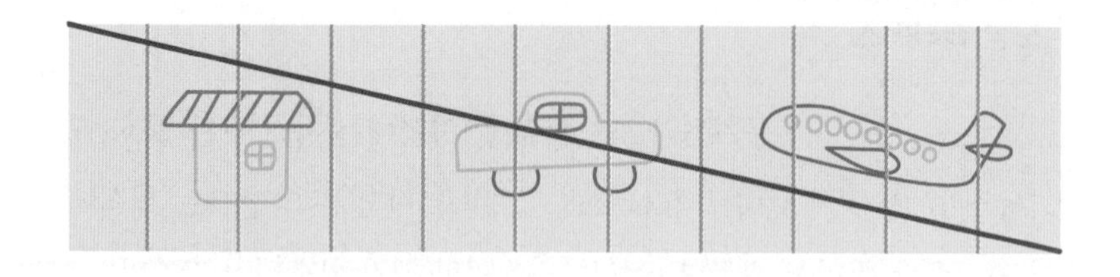

자른 변을 따라 종이를 다음 그림과 같이 미끄러뜨린다.

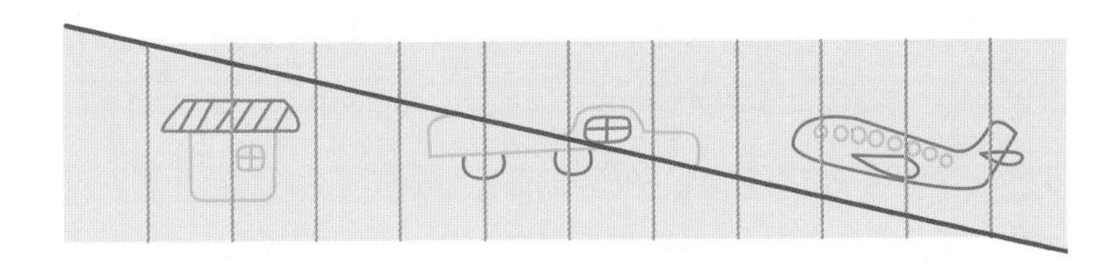

선분의 개수를 세어보면 처음보다 1개가 늘어난 11개임을 알 수 있다. 그러나 새로운 선분이 그려진 것은 아니다. 잘 보면 기존의 선분보다 각각 $\frac{1}{9}$만큼씩 줄어들었음을 알 수 있다.

처음 10개의 선분으로 된 집합을 대각선을 따라 둘로 나누면, 각각 9개의 선을 포함한 2개의 집합이 생긴다. 자르기 전의 집합과 자른 뒤의 집합은 별개의 집합이라서 선분의 개수가 서로 달라지는 것이다. 사람이 1명 더 생겨나는 패러독스도 이와 마찬가지의 원리다. 즉 두 집합은 서로 완전히 다른 집합이 된다. 사람이 1명 늘어나면서 어딘가 모자란 듯 보이는 것도 사람들의 키가 작아졌기 때문이다. 잘 보면 키가 $\frac{1}{8}$ 정도 줄어들었다는 것을 알 수 있다.

다음 그림은 이와 마찬가지 방법으로 1명이 늘었다 줄었다 하는 원리를 나타낸다.

이 패러독스는 선분을 그려놓고 미끄러뜨리는 것처럼 간단한 원리 같지만 그냥 종이에 아무렇게나 그린다고 되는 것은 아니다. 이와 비슷한 것으로 1880년경 미국의 샘 로이드는 원을 사용해 중국 병정이 1명 사라지는, '지구를 떠나라'라는 도형 패러독스를 소개했다. 아래 그림에서 원판을 잘라 시계 반대 방향으로 돌리면 13명이었던 병정이 12명이 된다.

회전하기 전

회전한 후

앞에서 살펴봤듯이 도형 패러독스는 흥미 쪽에 무게를 둔 수학 원리다. 〈인셉션〉에서도 영화 속 재미를 더해주는 장치로 불가능한 도형들이 등장한다. 이는 주로 건축물에 많이 활용되었는데, 이러한 도형은 현실에서는 불가능하기에 수학적으로만 설명이 가능하다. 사실 현실에서는 항상 수학을 이용해 건축물을 짓는다. 또 아예 수학적인 건축물을 세우기도 한다. 그러한 수학적 건축물에는 어떤 것들이 있는지 다음 장에서 알아보도록 하자.

수학으로 짓는 건축, 더 견고하고 아름답다

—— 피라미드가 지어졌던 고대부터 현대에 이르기까지 건축은 인류 문명을 대변해왔다고 해도 지나친 말이 아니다. 따라서 건축의 역사와 형식을 이해한다면 인류 문명의 역사를 이해할 수 있다. 마케도니아의 왕 알렉산드로스의 제국에서 유래한 헬레니즘 양식 건축물의 아름다움에서부터 우리나라 부석사의 무량수전에 이르기까지 건축은 동 · 서양을 이해하는 다리와 같다.

특히 오늘날 가장 눈에 띄는 건축 대부분은 전통을 벗어난 자유로운 형태를 띠고 있다. 이런 건축을 설계할 수 있었던 것은 수학의 새로운 분야인 '이산 미분기하학' 덕분이다. 이산 미분기하학은 설계자의 디지털 창작으로 시작된 복잡한 형태를 건축할 수 있게 해주었다.

유리나 금속 한 조각으로 큰 구조를 만들어내는 것은 불가능하다. 그러나 수학을 이용한 설계는 원래의 매끄러운 표면에 가장 잘 어울리는 작은 조각들을 사용하여 불가능을 가능케 한다. 또 삼각형이 형태를 표현하는 데 당연한 선택인 듯했지만, 좀 더 어려워 보이는 사변형이 재료와 비용을 절약해주고, 더 쉬운 방법으로 구조를 만들 수 있게 해준다는 사실이 수학을 통하여 밝혀졌다.

오늘날의 수학은 설계 및 시공에 관련된 변수들을 다루기 쉽게 만들어 건축가들의 구상을 구현 가능하게 해주고 있다. 그리고 건축가들은 이와 같은 과정을 개선할 수 있는 새로운 수학적 원리를 찾고 있다.

수학이 깃든 허니콤 구조의 〈어반 하이브〉

육각형의 비밀

프랙털적 아이디어를 건물에 적용하다

앞에서 말한 것과 같이 건축물을 세우거나 설계할 때 수학이 적극적으로 활용되기 때문에 건축은 수학과 매우 밀접한 관련이 있는 분야 중의 하나다. 여러 가지 수학 이론 중에서 '프랙털(fractal)'을 건물에 적용한 경우도 있다. 프랙털이란 일부 작은 조각이 전체와 비슷한 기하학적 형태를 말한다. 이런 특징을 자기유사성이라고 하며, 자기유사성을 갖는 기하학적 구조를 프랙털 구조라고 한다. 프랙털은 프랑스 수학자 브누아 망델브로(Benoît B. Mandelbrot)가 처음 사용한 단어로, 어원은 '조각났다'는 뜻의 라틴어 형용사 'fractus'다.

브누아 망델브로
영국 해안선의 길이를 측정하려고 시도하던 1975년 프랙털 개념을 창안했다. 프랙털을 이용해 구름이나 해안선처럼 측정이 불가능하다고 여겨졌던 복잡한 대상들의 길이나 넓이 등을 측정하고, 물리학과 생물학을 포함해 경제 · 금융 등 다양한 분야로 연구 영역을 넓혀 밀 가격의 변동이나 포유류 뇌의 성장 등을 분석하는 데 공헌했다.

우리가 학교에서 배운 기하학 도형에는 삼각형 · 사각형 · 원 · 사면체 · 육면체 · 구 등이 있다. 그리고 이런 도형들은 그 모양이 단순하여 둘레의 길이나 넓이 또는 부피를 쉽게 구할 수 있다. 그래서 사람들은 가구나 건물, 생활에 필요한 여러 가지 물건을 만들 때, 이런 도형의 모양을 활용한다.

고사리잎.

브로콜리.

하지만 자연에서 볼 수 있는 고사리나 브로콜리 같은 것들의 형태는 수학에서 다루는 도형들처럼 질서정연하지 않다. 예를 들어 산을 그릴 때 보통 삼각형이나 원뿔 모양으로 그리지만, 실제로 산은 고사리나 브로콜리와 마찬가지로 정확한 기하학적 형태를 띠지 않는다. 나무줄기도 정확한 원기둥이 아니고, 바다와 만나는 해안선 역시 매끄러운 곡선이 아니다. 때문에 이런 것들의 모양이나 크기를 정확하게 알기는 쉽지 않지만, 수학자들은 그런 들쑥날쑥한 모양조차도 수학으로 설명하려고 노력했다. 그 결과 불규칙해 보이는 이런 형태들에 기하학적 도형과 간단한 수학 규칙이 숨어 있음을 발견하게 되었는데, 그것이 바로 프랙털이다.

2013년 8월 한국수학교육학회에서 발표한 논문[1]에 의하면, 서울 신논

〈어반 하이브〉, 2008. 김인철 설계.

현역 근처에 위치한 〈어반 하이브(Urban Hive)〉(김인철 설계)는 프랙털적 아이디어를 활용한 건물이다. 이 논문에 따르면, 〈어반 하이브〉는 2008년에 완공한 '표피주의'의 대표적인 건물로 공장에서 부품을 가공하고 조립한 뒤에 현장에서 설치만 하는 공법으로, 이미 생산된 콘크리트 블록을 이어 붙여 건물 벽 전체를 둥근 구멍으로 가득 채웠다.

건축가는 콘크리트 재료가 두꺼운 갑옷처럼 답답할 것 같아 구멍을 뚫었으며, 직사각형의 획일한 건물이 즐비한 서울 강남 번화가의 긴장을 풀어주기 위해, 즉 콘크리트의 무겁고 딱딱한 느낌을 가볍고 부드럽게 하기 위해 '도심 속의 벌집'이라는 뜻의 〈어반 하이브〉를 설계했다고 한다. 27회 서울시 건축상 대상을 받은 이 건물은 벌집의 육각형 구조를 활용하기 위해 콘크리트 벽에 구멍을 내는 프랙털적 아이디어를 활용했다. 즉, 계속해서 같은 모양으로 구멍을 내서 건물 전체의 겉모양이 건물의 일부분의 모양과 같아지도록 했다.

보통 고층건물을 지을 때는 철근으로 건물의 뼈대를 쌓아 올리고 벽돌 또는 유리 같은 적당한 재료로 외벽을 완성한다. 건물의 하중은 내부 기둥 등으로 지탱하고 바깥쪽은 외부를 차단하는 칸막이 구실만 하는 이런 방식을 '커튼월(curtain wall)' 공법이라고 한다. 커튼월 방식의 건물 외벽은 장식만 할 뿐 건물의 구조와는 큰 관계가 없다. 흔히 볼 수 있는 고층빌딩은 대부분 투명 유리나 반사 유리로 바깥벽을 마감하는 커튼월 방식으로 지어지는데 그 이유는 디자인이 자유롭고 하중을 견디기 쉽기 때문이다.

이런 면에서 〈어반 하이브〉는 건축 분야에서 혁신적인 건축물로 평가받고 있다. 왜냐하면 보통 고층빌딩과 달리 철근으로 골격을 세우기 전에 외벽부터 만들었기 때문이다. 즉 먼저 외벽을 쌓아 올리고 층을 나누며 건물을 완성한 것이다. 그런데도 다른 건물들 못지않게 튼튼하다고 한다.

〈어반 하이브〉와 같이 커튼월 방식이 아닌 노출콘크리트 벽 구조 건물의 높이가 70m 이상인 경우는 세계적으로도 찾기 어려운데, 잘못하면 콘크리트 자체의 무게 때문에 건물이 붕괴될 수 있기 때문이다. 그런데 어떻게 이런 획기적인 높이의 건물이 가능했을까?

비결은 내부에 있는 '허니콤(honeycomb)' 철근구조에 있다. 허니콤 구조는 벌집 모양의 육각형 구조로 가운데가 비어 있는 형태다. 〈어반 하이브〉는 철근을 정밀하게 육각형으로 엮어 건물의 뼈대를 만들어 견고성을 확보했다. 허니콤은 '벌이 꿀을 저장하는 공간'을 말한다. 허니콤 구조는 가벼우면서도 튼튼하기 때문에, 비행기의 날개 부분을 만들 때나 인공위성의 몸체를 휘지 않게 하는 데도 사용된다.

견고한 정육각형 구조의 건축

그렇다면 벌은 왜 육각형으로 집을 만들어 꿀을 보

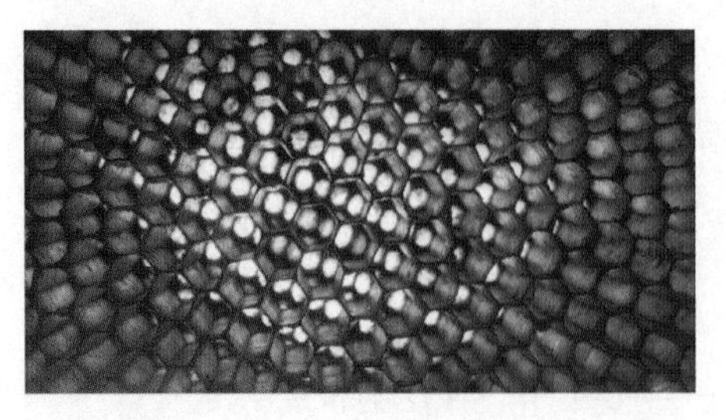
벌집의 육각형.

관할까? 꿀벌은 집을 만들면서 본능적으로 "가능하면 적은 재료로 튼튼하고 꿀을 많이 저장할 수 있는 집"을 만들려고 노력할 것이다. 만약 방을 하나만 만들어야 한다면 원 모양이 가장 알맞을 것이다. 원은 같은 둘레를 가진 평면도형 중에서 가장 넓기 때문에 재료도 적게 들고 꿀도 많이 저장할 수 있다. 하지만 원을 여러 개 이어붙이면 원과 원 사이의 틈새가 넓고, 튼튼하지가 않다. 평면을 완벽하게 채울 수 없기 때문이다.

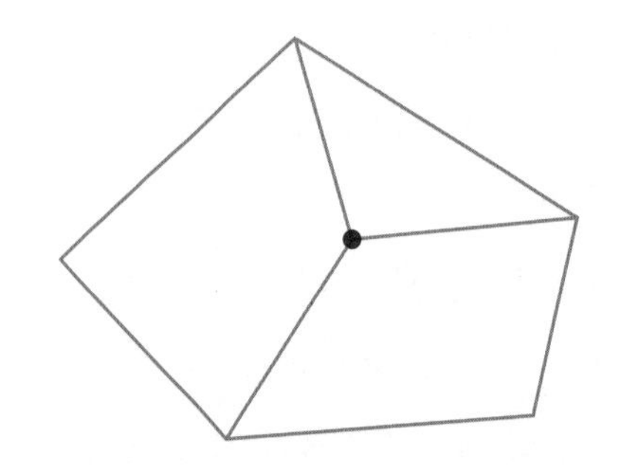

평면을 빈틈없이 채우려면 옆의 그림과 같이 한 꼭짓점에서 적어도 3개 이상의 다각형이 만나야 한다. 그러나 모양이 각기 다른 다각형으로 하나의 평면을 만드는 것은 쉽지 않으며, 모양과 크기가 모두 같은 정다각형으로 평면을 채우기가 가장 적합한 것으로 알려져 있다.

하지만 정다각형이라고 해서 무조건 평면을 채울 수 있는 것도 아니다. 정삼각형 한 내각의 크기는 60°로 하나의 꼭짓점에 6개의 정삼각형이 모이면 $60° \times 6 = 360°$를 이루면서 평면을 채울 수 있다. 정사각형 한 내각의 크기는 90°로 한 꼭짓점에 4개의 정사각형이 모이면 $90° \times 4 = 360°$를 이루면서 평면을 채워갈 수 있다. 또 정육각형 한 내각의 크기는 120°로 한 꼭짓점에 3개의 정육각형이 모이면 $120° \times 3 = 360°$를 이루면서 평면을 채울 수 있다.

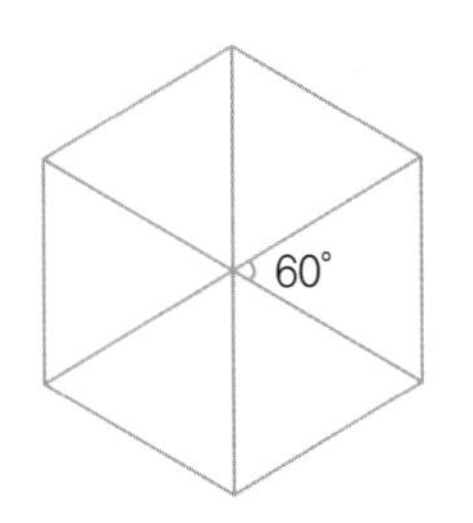

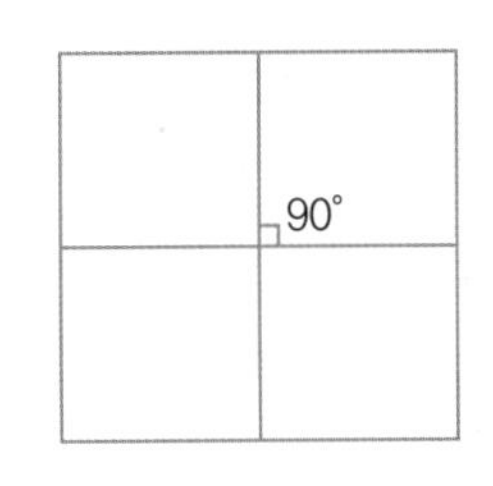

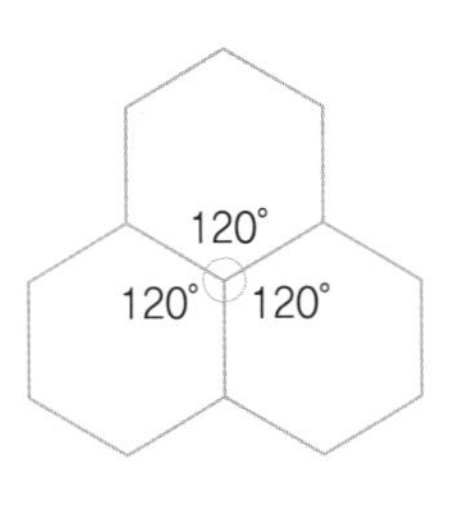

그러나 정오각형의 경우 한 내각의 크기가 108°이므로 하나의 꼭짓점에 3개가 모이면 108°×3=324°밖에 되지 않아 평면이 채워지지 않고, 4개가 모이면 108°×4=432°가 되어 360°를 넘으므로 평면이 아니라 입체가 된다. 정칠각형의 경우 한 내각의 크기가 $\frac{900°}{7}$로 한 꼭짓점에 3개가 모이면 $\frac{900°}{7}\times3=\frac{2700°}{7}$가 되어 360°보다 훨씬 커진다. 즉 정칠각형 이상의 정다각형은 한 꼭짓점에 3개가 모이면 모두 360°보다 크기 때문에 평면을 만들 수 없다.

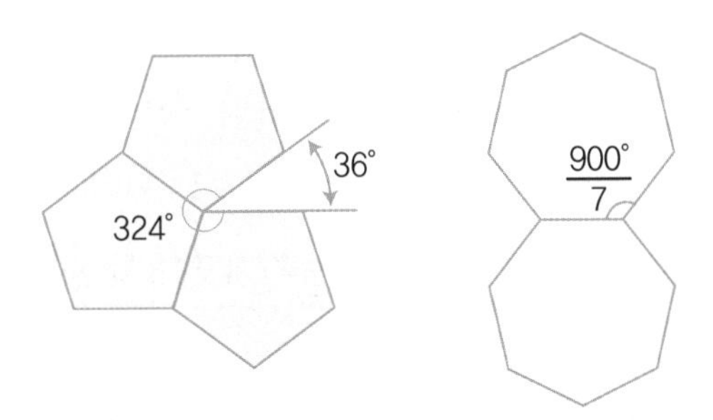

따라서 평면을 빈틈없이 채울 수 있는 정다각형은 정삼각형 · 정사각형 · 정육각형의 3개뿐이다. 그런데 여기에 하나의 조건을 더 고려해야 한다. 무엇보다 꿀을 많이 저장하려면 둘레가 같더라도 도형 안의 넓이가 넓어야 한다.

예를 들어 길이가 12㎝인 철사를 구부려 이 3개의 정다각형을 만든다고 할 때, 어느 것의 넓이가 가장 넓은지 알아보자. 먼저 정삼각형 · 정사각형 · 정육각형 한 변의 길이는 다음 그림과 같이 각각 4cm, 3cm, 2cm이다. 그리고 한 변의 길이가 4cm인 정삼각형의 넓이는 약 6.928cm²이고, 한 변의 길이가 3cm인 정사각형의 넓이는 9cm², 한 변의 길이가 2cm인 정육각형의 넓이는 약 10.392cm²이다. 결국 적은 재료로 빈틈없이 평면을 채우면서 튼튼하고, 원만큼은 아니지만 꿀을 많이 저장할 수 있는 모양으로는 정육각형이 가장 적당하다는 것을 알 수 있다.

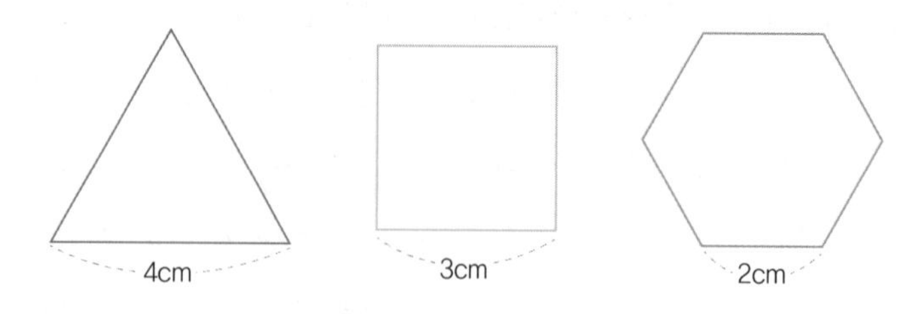

사실 벌집이 왜 정육각형을 띠는지 알아낸 것은 1965년이 되어서였는데, 헝가리의 수학자 라슬로 페예시 토트(László Fejes Tóth)가 벌집 구조의 신비를 수학적으로 밝히면서부터였다. 꿀벌이 만드는 육각형의 방은 벽의 두께가 약 0.1mm이고, 벌집을 만드는 일벌은 더듬이 끝 부분을 사용하여 벽의 두께가 일정하게 유지되도록 벌집을 완성해간다고 한다.

과학 잡지인 『네이처』 2013년 7월 17일자 온라인판에서는 영국 카디프 대학 부샨 카리할루(Bhushan Karihaloo) 박사팀이 벌집의 육각형 구조는 벌이 만든 것이 아니라 표면장력에 의하여 만들어진다는 사실을 밝혀냈다고 보도했다.[2] 연구팀은 벌이 만들고 있는 벌집에 연기를 흘려넣어 벌들을 내쫓은 뒤 내부 구조를 관찰한 결과, 갓 만들어진 공간은 원형이지

표면장력
서로 다른 물질이 접해 있을 때 그 경계면에 생기는 면적을 최소화하기 위해 작용하는 힘.

만 며칠이 지나면 표면장력에 의해 육각형으로 변한다는 사실을 밝혀냈다.

벌은 일단 원 모양의 집을 만들고 나면 체온을 이용하여 밀랍을 가열한다. 밀랍의 온도가 45℃에 이르면 말랑말랑한 상태가 되는데, 이때 다른 공간의 면 3개가 맞닿은 부분에 표면장력이 작용하면서 육각형으로 변한다는 것이다. 연구진은 이 현상을 확인하기 위해 플라스틱 빨대를 이용한 실험도 했다. 그 결과 플라스틱 빨대를 벌집 모양처럼 한데 모아 열을 가한 뒤 사방에서 압력을 주면, 원형이었던 플라스틱 빨대가 육각형으로 변한다는 사실을 확인했다.

카리할루 박사는 "그동안 과학자들 사이에서 벌집의 육각형 구조가 물리적인 현상 때문인지, 벌에 의한 것인지에 대한 논쟁이 뜨거웠다. 이 연구 결과가 그동안의 논쟁을 잠재울 것이다"라고 말했다.

수학의 신비를 품은 〈부띠끄 모나코〉

프랙털

건축에 활용된 프랙털 도형

멩거 스펀지

〈어반 하이브〉와 같이 프랙털을 활용한 또 다른 건물이 있다. 우리나라의 유명 건축물 중 하나인 〈부띠끄 모나코〉로 서울 강남역 근처에 있다. 건축가 조민석이 설계한 이 건물은 2008년 독일 건축박물관이 수여하는 세계 최우수 초고층건축상(일명 Highrise상) 톱5 작품에 선정되었다.

〈부띠끄 모나코〉는 영국 건축가 노먼 포스터의 작품인 〈허스트 타워

(Hearst Tower)〉(미국 뉴욕), 이탈리아 건축가 렌조 피아노의 〈뉴욕타임스 빌딩〉, 싱가포르의 〈뉴턴 스위츠 레지덴셜 타워(Newton Suites Residential Tower)〉, 중국 베이징의 〈CCTV 본사 건물(Television Cultural Center)〉과 함께 세계 톱5에 들었다.

〈부띠끄 모나코〉, 2008, 조민석 설계.

〈부띠끄 모나코〉는 지하 5층, 지상 27층의 오피스텔로 2005년 5월 착공돼 2008년 8월 준공되었으며, 다양한 평면설계와 예술작품을 연상시키는 공간구성으로 화제를 불러 모은 건물이기도 하다. 오피스텔 172실로 구성된 이 건물은 무려 49개 유형의 공간으로 설계되었으며, 각 공간마다 샤갈하우스, 미로하우스, 피카소하우스, 마그리트하우스, 마티스하우스 등 예술가의 이름을 붙여 다른 건축물과의 차별성을 강조했다. 특히 건물 외부는 수학적 요소를 활용해 시공된 것으로 유명하다. 건물 군데군데 17m 높이의 직사각형으로 파인 곳에는 키 큰 나무를 심어 행인들도 볼 수 있는 '허공의 공원'을 만든 것이다.

이 건물 외부에 활용된 수학은 일명 '멩거 스펀지(Menger sponge)'라는 프랙털 이론이다. 오스트리아의 수학자 멩거(Karl Menger)가 고안한 프랙털 도형인 멩거 스펀지는 다음과 같은 방법으로 만들 수 있다.

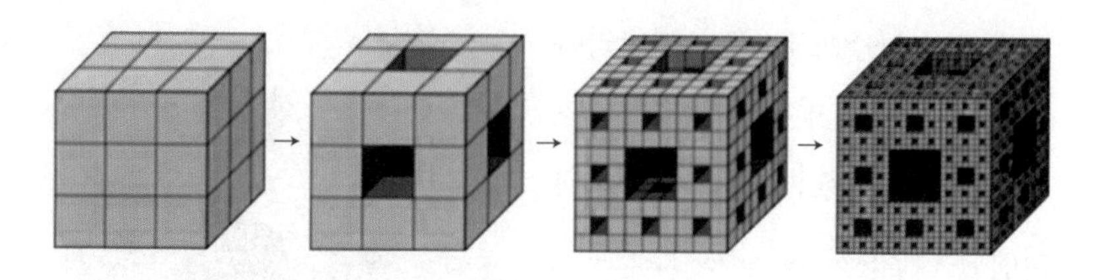

① 정육면체 하나에서 시작한다.

② 정육면체를 모양과 크기가 같은 27개의 작은 정육면체로 나눈다.

③ ②에서 나눈 정육면체 중 중앙의 정육면체 1개와 각 면 중앙에 있는 정육면체 6개를 빼낸다.

④ ③에서 남은 정육면체(20개)를 가지고 ②, ③의 과정을 반복한다.

⑤ ④의 과정을 계속 반복하면 위와 같은 멩거 스펀지를 만들 수 있다.

멩거 스펀지와 〈부띠끄 모나코〉를 비교해보면 중간에 구멍이 뚫려 있는 모습이 매우 닮았음을 알 수 있다. 멩거 스펀지에는 흥미로운 것이 또 하나 있다. 멩거 스펀지를 만들 때 처음의 커다란 정육면체에서 없어지는 부분들을 '안티 멩거 스펀지'라고 한다. 예를 들어 옆의 그림은 정육면체 쌓기 조각으로 만든 1단계 멩거 스펀지와 안티 멩거 스펀지인데 각각 20개의 조각과 7개의 조각으로 되어 있다.

그렇다면 2단계의 멩거 스펀지와 안티 멩거 스펀지를 만들려면 모두 몇 개의 쌓기 나무가 필요할까?

2단계 멩거 스펀지를 만들기 위해서는 먼저 가로 · 세로 · 높이를 각각 9개로 나누어야 하므로 9×9×9=729개의 작은 쌓기 나무가 필요하다. 1단계의 작은 정육면체 각각은 2단계의 더 작은 정육면체 27개가 모인 것이다. 즉 2단계 멩거 스펀지를 만들려면 2단계 정육면체에서 1단계 정육면체 7개를 빼고, 남아 있는 1단계 정육면체 20개에서 7개씩의 쌓기 나무를 빼면 된다. 1단계 정육면체는 모두 27개의 쌓기 나무로 만들어졌으므로, 2단계 멩거 스펀지에는 729-(27×7)-(20×7)=400개의 작은 쌓기 나무가 필요하다. 그리고 안티 멩거 스펀지를 만들기 위해서는 729-400=329개의 쌓기 나무가 필요하다.

멩거 스펀지를 닮은 〈부띠끄 모나코〉처럼, 안티 멩거 스펀지를 닮은 329개의 공간으로 이루어진 건물도 언젠가는 세워지지 않을까?

멩거 스펀지는 빛을 가둘 수 있는 프랙털 도형이다. 2004년 일본에서는 세계 최초로 블랙홀처럼 빛을 가두는 기술이 개발됐다. 일정한 주파수의 전자기파를 멩거 스펀지 모양의 작은 입방체 안에 1,000만분의 1초 동안 잡아두는 기술로, 규모 차이가 날 뿐 우주에서 블랙홀이 빛을 잡아두는 것과 효과가 비슷하다고 한다. 이 기술은 앞으로 원치 않는 휴대전화 발신을 차단하거나 군사용 장비 또는 광자컴퓨터 등에 응용될 수 있을 것으로 기대하고 있다.

코흐 눈송이
1.26차원의 프랙털 도형

직선 위의 점은 다음 그림에서처럼 적당히 좌표계를 정하면 하나의 실수 x로 표시된다. 또 평면 위의 점은 적당한 좌표계를 취하면 2개의 실수의 쌍 $P(x, y)$로 표시되고, 공간의 점은 적당한 좌

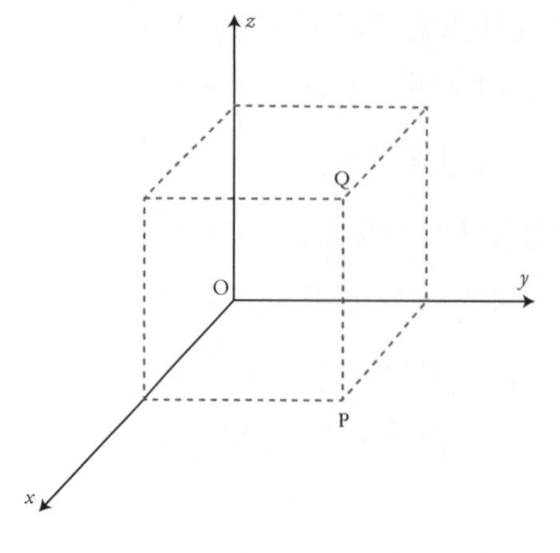

표계를 취하면 3개의 실수의 짝 Q(x, y, z)로 표시된다. 이런 의미에서 직선은 1차원, 평면은 2차원, 공간은 3차원이라고 한다. 이와 같은 방법으로 자연스럽게 n차원을 생각할 수 있으며, n차원 공간에 있는 점은 n개의 실수 쌍 $(x_1, x_2, x_3, \cdots, x_n)$으로 나타낼 수 있다. 참고로 점은 위치만 있고 크기가 없기 때문에 수학에서는 0차원으로 정의한다.

지금까지 말한 차원을 살펴보면 차원은 0, 1, 2, 3, 4, ⋯, n, ⋯과 같이 모두 정수다. 그렇다면 1보다 작은 소수를 차원으로 갖는 공간도 있을까? 또 1보다는 크지만 2보다는 작은 소수를 차원으로 갖는 공간이 있을까? 그런 경우는 프랙털에서 찾아볼 수 있다.

프랙털은 앞에서 말했듯 '철저히 조각난 도형'을 뜻하며, 1970년대 후반 망델브로가 "아무리 확대해도 들쭉날쭉한 것이 계속되는 도형"이라고 정의한 바 있다. 예를 들어 아래의 코흐 곡선(Koch curve) 같은 것이 프랙털 도형의 한 예다.

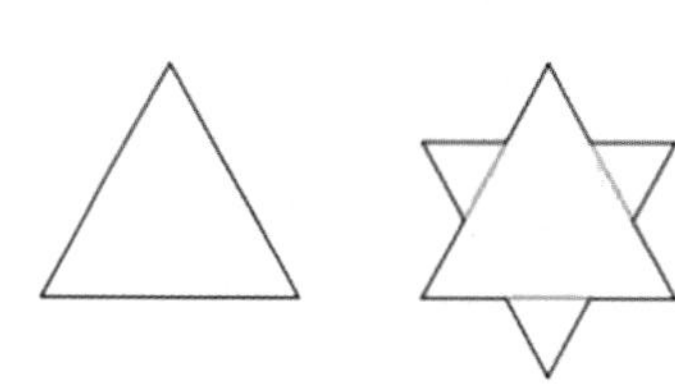

정의에서 짐작하건대 프랙털 도형은 아무리 확대해도 모양이 들쭉날쭉하므로 1차원의 곡선이 아니고, 자를

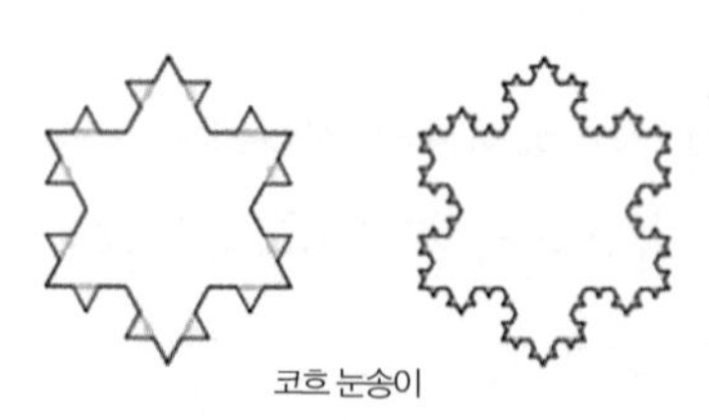

코흐 눈송이

코흐 곡선

이용해 그 길이를 측정할 수도 없다. 그렇다면 2차원일까? 그러나 평면은 아니므로 2차원보다는 낮은 차원이다. 이에 망델브로는 1차원과 2차원의 중간 차원이라는 새로운 차원의 개념을 도입했다. 이것이 이른바 '프랙털 차원' 또는 '하우스도르프 차원(Hausdorff dimension)'이다.

원래 n차원 유클리드 공간에 그려진 프랙털 차원 D는 모서리를 길이가 $\varepsilon=\frac{1}{n}$인 선분으로 나누었을 때 작은 도형의 개수 $N=\left(\frac{1}{\varepsilon}\right)^D$에 대해 다음과 같다.

> **코흐 곡선**
> 프랙털 도형 중의 하나로, 1904년 스웨덴의 수학자 헬리에 본 코흐(Helge von Koch)의 논문에 처음 등장하여 그런 이름이 붙여졌다. 시작하는 도형이 정삼각형인 경우 코흐 눈송이(Koch snowflake)라 한다.
>
> **유클리드 공간**
> 유클리드의 평행선의 공리와 피타고라스 정리가 성립하는 n차원 공간으로 직선은 1차원 유클리드 공간, 평면은 2차원 유클리드 공간, 입체는 3차원 유클리드 공간이다.

$$D=\log_n N=\frac{\ln N}{\ln n}=\frac{\ln N}{\ln\frac{1}{\varepsilon}}$$

이것이 수학적으로 정확한 정의이긴 하지만, 어려우므로 좀 더 간단한 방법으로 알아보자.

정사각형 한 변의 길이를 2배로 확장하여 새로운 정사각형을 만들면, 처음 정사각형에 비해 큰 정사각형의 둘레는 2배, 넓이는 4배가 된다.

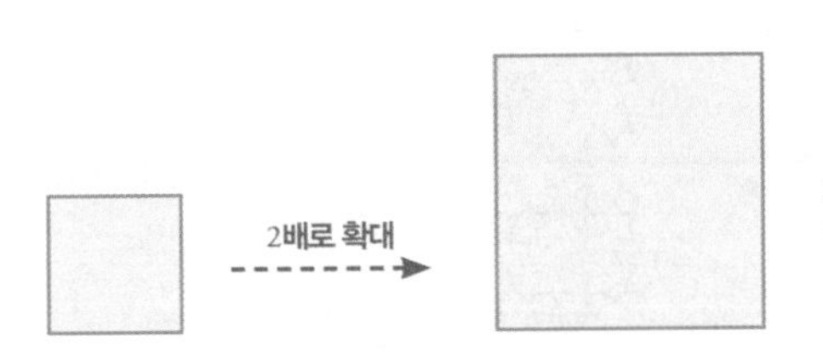

이번에는 정육면체 한 모서리의 길이를 2배로 확대해보자. 새로 만들어진 정육면체는 처음 정육면체에 비해 모서리의 총 길이는 2배가 되고, 겉넓이는 4배가 된다. 그리고 부피는 처음 정육면체의 8배가 된다.

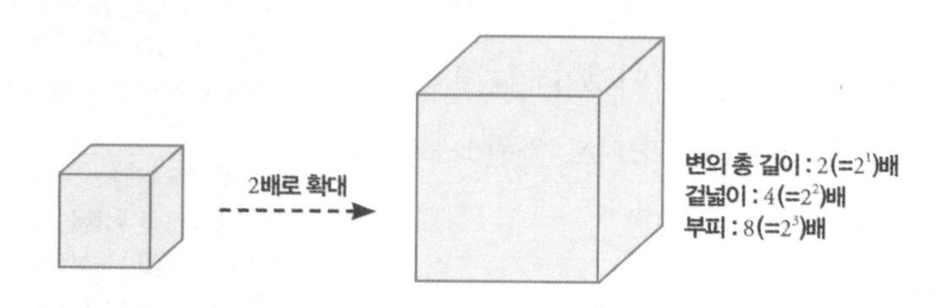

이때 2는 2를 1번 곱한 수이므로 2^1배, 4는 2를 2번 곱한 수이므로 2^2배, 8은 2를 3번 곱한 수이므로 2^3배라고 쓸 수 있다. 즉 늘어난 길이 2배가 곱해진 횟수 1, 2, 3은 바로 선이 나타내는 1차원, 평면이 나타내는 2차원, 공간이 나타내는 3차원과 같다. 이와 같이 도형을 x배로 확대하여 어떤 양이 x^n배가 될 때, 확대한 도형을 'n차원 도형'이라고 한다.

이 정의를 이용하여 '코흐 눈송이(Koch snowflake)'의 차원을 구해보자.

코흐 눈송이를 다음 그림과 같이 3배로 확대하면 원래 길이의 4배만큼 늘어난다. 이는 변의 총 길이가 처음 도형에 비해 4배가 되었음을 뜻한다. 따라서 $3^n=4$에서 n을 구하면 된다. $3^1=3$, $3^2=9$이므로 n은 1과 2 사이의 어떤 값임을 짐작할 수 있다. 실제로 이 값을 구하면 $n\approx1.26$ 정

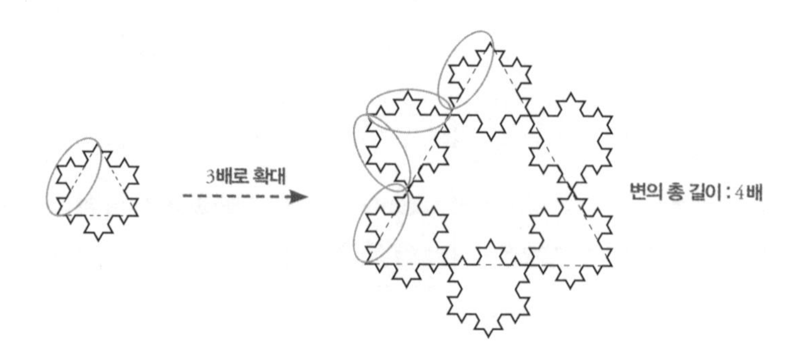

도다. 즉 $3^{1.26} \approx 4$이므로 코흐 눈송이는 약 1.26차원임을 알 수 있다.

칸토어 집합
0.63차원의 프랙털 도형

또 다른 프랙털 도형으로 '칸토어 집합(Cantor set)'이 있다. 칸토어 집합은 0과 1 사이의 실수로 이루어진 집합으로, [0, 1]부터 시작해서 각 구간을 3등분하여 가운데 구간을 반복적으로 제외하는 방식으로 만들어진다. 그 순서를 보면 다음과 같다.

① [0, 1] 구간에서 시작한다.

② [0, 1] 구간을 3등분한 후 가운데 개구간 $\left(\frac{1}{3}, \frac{2}{3}\right)$를 제외한다. 그러면 $\left[0, \frac{1}{3}\right] \cup \left[\frac{2}{3}, 1\right]$이 남는다.

③ ②에서와 같이 두 구간 $\left[0, \frac{1}{3}\right]$, $\left[\frac{2}{3}, 1\right]$의 각각의 가운데 구간을 제외한다. 그러면 $\left[0, \frac{1}{9}\right] \cup \left[\frac{2}{9}, \frac{1}{3}\right] \cup \left[\frac{2}{3}, \frac{7}{9}\right] \cup \left[\frac{8}{9}, 1\right]$이 남는다.

④ 이와 같은 과정을 계속 반복한다.

여기서 흥미로운 사실을 하나 알아보자. 칸토어 집합을 만드는 과정의 각 단계에서 지워지는 길이는 차례로 $\frac{1}{3}$, $\frac{2}{9}$, $\frac{4}{27}$, $\frac{8}{81}$, …이다. 이렇

게 빠진 길이를 모두 합하면 어떻게 될까? 초항이 $\frac{1}{3}$이고 공비가 $\frac{2}{3}$인 등비수열이므로 그 합은 $\frac{1}{3}\left(\frac{1}{1-\frac{2}{3}}\right)=1$이다. 즉 무한 번 시행한 뒤의 칸토어 집합의 길이는 0이 된다. 이와 같은 칸토어 집합은 직선에서 시작했으므로 1차원 이상은 되지 않고, 점이 무한개 있으므로 점 하나의 차원인 0차원 이상일 것이다. 실제로 칸토어 집합의 차원은 약 0.63으로, 점의 차원보다는 크고 직선의 차원보다는 작다.

등비수열
각 항이 그 앞의 항에 일정한 수를 곱한 것으로 이루어진 수열. 즉 어떤 수 a에서 차례로 일정한 수 r을 곱해 만들어진 수열 $a, ar, \cdots, ar^{n-1}, \cdots$을 가리킨다.

시에르핀스키 삼각형
1.59차원의 프랙털 도형

이제 또 다른 프랙털 도형인 '시에르핀스키 삼각형(Sierpiński triangle)'을 만들어보자. 시에르핀스키 삼각형은 다음과 같은 순서로 만들어진다.

① 정삼각형 하나를 그린다.
② 정삼각형 세 변의 중점을 이으면 원래의 정삼각형 안에 작은 정삼각형이 만들어진다. 이때 만들어진 작은 정삼각형을 제거한다.
③ 남아 있는 3개의 작은 정삼각형 각각에 대하여 ②와 같은 과정을 시행한다.
④ ③과 같은 과정을 무한히 반복한다.

시에르핀스키 삼각형에서도 흥미로운 사실을 찾을 수가 있는데, 무

한 번 반복하는 경우 남아 있는 정삼각형의 넓이를 모두 더하면 0이 된다는 것이다. 처음 정삼각형의 넓이를 S라 하면, 두 번째 남아 있는 정삼각형의 넓이는 처음 정삼각형의 $\frac{3}{4}$이므로 $\frac{3}{4}S$이다. 세 번째 단계에서 남아 있는 정삼각형의 넓이는 두 번째의 $\frac{3}{4}$이므로 $\frac{3}{4}\left(\frac{3}{4}S\right)=\left(\frac{3}{4}\right)^2 S$이다. 따라서 n번째 단계에 남아 있는 정삼각형의 넓이는 $\left(\frac{3}{4}\right)^n S$이며, 이 과정을 무한히 계속하면 그 값은 0에 가까워진다. 2차원인 평면에서 시작했지만 거의 몇 개의 직선만 남아 있는 것처럼 보일 것이다. 즉 시에르핀스키 삼각형의 차원은 직선인 1차원보다는 크고 평면인 2차원보다는 작다. 실제로 시에르핀스키 삼각형의 차원은 약 1.59로, 직선의 차원(1차원)보다 크고, 평면의 차원(2차원)보다 작다.

앞에서 소개한 멩거 스펀지의 닮음비는 1 : 3이다. 즉 1단계에서 정육면체들은 $\frac{1}{3}$로 축소되고, 20개가 남는다. 따라서 $1 : 20 = 1^x : 3^x$이고, $3^x=20$에서 x의 값을 구하면 멩거 스펀지의 차원을 구할 수 있다. $x=\log_3 20=\frac{\ln 20}{\ln 3}$이므로 $x \approx 2.73$이다. 따라서 멩거 스펀지는 약 2.73차원이다.

멩거 스펀지, 코흐 눈송이, 칸토어 집합, 시에르핀스키 삼각형은 간단한 경우의 프랙털로, 실제로 건축뿐 아니라 우리 생활에서도 많이 활용되고 있는 도형이다. 특히 현대 의학에도 많은 도움을 주고 있는데, 심장의 박동, 파킨슨병 환자의 걸음걸이, 치매 환자의 뇌파에서 프랙털의 패턴을 찾아냄으로써 병을 밝혀내고 치료하는 데 이용되고 있다.

TIP

실생활에서 찾을 수 있는 프랙털

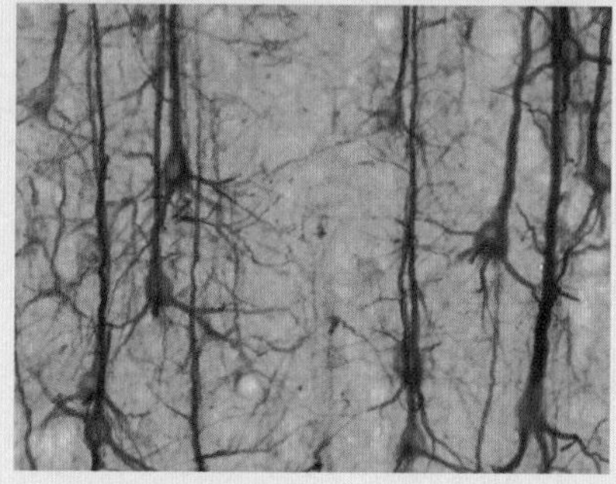

성에, 뉴런.

자연계에 존재하는 프랙털의 예로는 동물의 혈관 구조, 성에가 낀 모습, 나뭇가지 모양, 눈의 결정, 산맥의 모습, 해안선의 모습 등을 들 수 있다.

또 번개, 구름, 뇌의 주름, 브로콜리, 파슬리, 신경의 단위인 뉴런, 심장의 구조, 허파의 구조, 고사리, 공작의 깃털무늬 등 우리가 주변에서 흔히 볼 수 있는 많은 사물들이 프랙털 구조를 가지고 있다. 특히 뇌의 주름을 자세히 들여다보면 큰 주름이 있고, 다시 그 안에 더 작은 주름이 계속되어간다. 뇌가 이런 구조를 갖는 이유는 좁은 공간 안에 되도록 많은 뇌세포를 배치하기 위해서다.

또한 프랙털은 우리가 매일 사용하는 수건에서도 찾을 수 있다. 수건의 표면은 물을 가장 많이 흡수할 수 있도록 들쭉날쭉한 프랙털 구조로 되어 있다.

전통 한옥, 아름다움과 과학을 아우르다

사이클로이드와 쪽매맞춤

수학 발전의 원동력이 된 사이클로이드 곡선

우리의 전통 건축물은 빼어난 곡선미와 자연미를 자랑한다. 그런데 이 한옥 안에는 아름다운 요소뿐만 아니라 여러 가지 수학적 원리를 차용한 과학이 녹아 있다. 이렇듯 전통적 아름다움과 과학적 우수성이 어우러진 우리 전통 한옥을 중심으로, 여기서는 특히 '사이클로이드'와 '쪽매맞춤'의 원리를 알아보자.

먼저 사이클로이드의 기본 원리는 다음과 같다.

철로 위를 달리는 열차의 바퀴를 보면 옆의 사진과 같이 바퀴가 철로의 궤도를 이탈하지 않도록 바퀴 안쪽의 지름이 바깥쪽보다 더 크게 되어 있다. 그리고 여기에 흥미로운 수학이 숨어 있다.[3]

기차 바퀴의 바깥쪽 원에 점을 하나씩 찍은 후 기차가 달릴 때 이 점의 자취를 그림으로 나타내면 아래와 같다. 이때 점의 자취인 곡선을 '사이클로이드(cycloid)'라고 한다. 즉 사이클로이드는 적당한 반지름을 갖는 원 위에 한 점을 찍고, 그 원을 하나의 직선 위에서 굴렸을 때 점이 그리며 나아가는 곡선이다. 이 곡선은 수학과 물리학에서 매우 중요하며, 초기 미분적분학의 개발에 큰 도움을 주었다.

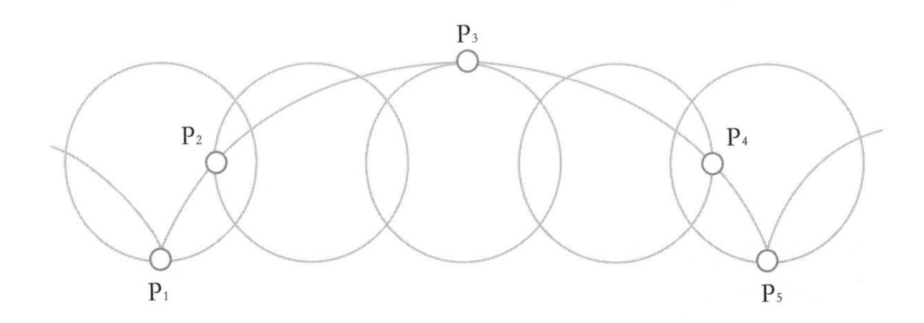

사이클로이드는 수식으로 나타낼 수 있지만 일반 독자들이 이 식과 여러 가지 수학적인 성질을 이해하기는 어렵다. 그래서 그런 어려움은 뒤로하고, 그림으로도 알 수 있는 흥미로운 성질만 알아보자.

위 그림에서 왼쪽에서 두 번째 원은 첫 번째 원이 $\frac{1}{4}$(90°)회전한 것, 세 번째 원은 $\frac{1}{2}$(180°)회전, 네 번째 원은 $\frac{3}{4}$(270°)회전, 다섯 번째 원은 정확하게 한 바퀴(360°) 회전한 것이다. 그리고 P_1은 출발 전, P_2는 P_1에서

$\frac{1}{4}$회전한 뒤에 사이클로이드와 만나는 점, P_3는 P_2에서 $\frac{1}{4}$회전한 뒤에 사이클로이드와 만나는 점, P_4는 P_3에서 $\frac{1}{4}$회전한 뒤에 사이클로이드와 만나는 점, P_5는 P_4에서 $\frac{1}{4}$회전한 뒤에 사이클로이드와 만나는 점으로 원이 완전히 한 바퀴 돌고 난 다음의 점이다.

그림에서 알 수 있듯이 원이 $0°$에서 $90°$ 회전하는 것이나 $90°$에서 $180°$ 회전하는 것 모두 $90°$ 회전하는 것이므로, P_1에서 P_2, P_2에서 P_3, P_3에서 P_4, P_4에서 P_5까지 가는 시간은 모두 같다. 하지만 P_1에서 P_2까지의 거리는 P_2에서 P_3까지의 거리보다 짧기 때문에, 점이 P_1에서 P_2까지 이동할 때보다 P_2에서 P_3로 이동할 때 속도가 더 빨라야 한다.

이 성질을 다음 그림과 같이 사이클로이드를 거꾸로 한 모양의 그릇에 적용할 수 있다. 그릇의 안쪽 부분에 구슬을 놓으면 위치와는 상관없이 바닥에 닿기까지 걸리는 시간은 같다. 즉 앞에서 알아본 것과 같은 이유에 의하여 P_1에서 P_3로 내려가는 시간은 P_2에서 P_3로 내려가는 시간과 같으며, P_4나 P_5 어디에서 출발해도 P_3에 도착하는 시간은 모두 같다.

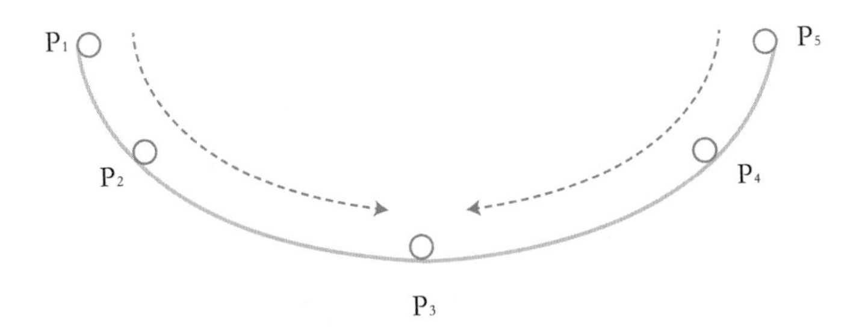

한옥 속에 숨어 있는 사이클로이드의 원리

우리 민족은 이미 오래전부터 사이클로이드를 곳곳에 이용해왔는데, 그중에서 가장 쉽게 볼 수 있는 것이 전통 한옥의 기와 부분이다. 기와를 자세히 보면 ⌣와 같은 우묵한 곡선으로 되어 있다. 그리고 기와뿐만 아니라 지붕 전체에도 사이클로이드를 활용했는데, 이 곡선은 처마에서도 쉽게 찾을 수 있다. 본래 기와는 지붕을 아름답게 장식하기도 하지만 주요한 기능은 눈과 비바람으로부터 집을 보호하는 역할을 해내는 것이다. 그러면 우리 민족은 왜 기와와 지붕 전체에 사이클로이드 곡선을 활용했을까?

죽도 '상화원' 한옥마을 안에 있는 전통가옥 '의곡당'. 지붕의 기와와 처마 끝에서 사이클로이드 곡선을 관찰할 수 있다.

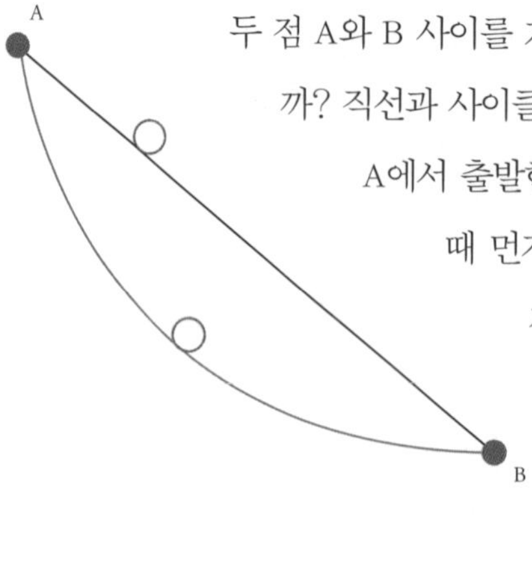

두 점 A와 B 사이를 가장 빠르게 움직일 수 있는 선은 무엇일까? 직선과 사이클로이드 곡선의 경우를 놓고 실험해보면, A에서 출발한 구슬이 사이클로이드 곡선으로 통과할 때 먼저 B에 도착한다. 거리는 직선이 가장 짧지만, 시간은 사이클로이드가 가장 적게 걸린다. 사이클로이드 곡선의 시작점은 직선보다 기울기가 가파르다. 따라서 시작점에서 빨라진 순간속력으로 직선보다 빨리 움직일 수 있다.

이와 같은 조건에서 구슬 대신 빗물로 실험을 해봐도, 이 곡선에서 빗물이 가장 빨리 흘러내린다. 이처럼 사이클로이드는 경사면에서 가장 빠른 속도를 내는 특별한 성질을 가지고 있기 때문에 '최단강하선'이라고도 한다.

우리나라 전통가옥은 대부분 목조건물이라서 수분에 무척 약하다. 때문에 집중호우가 내리는 여름이나 폭설이 쌓이는 겨울에 가장 유의해야 한다. 지붕 위에 내리는 빗물이나 눈을 빠르게 흘려보내지 못하면 물이 고였다가 새게 된다. 더구나 빗물이 스며들면 목조 구조물이 썩기 때문에 처마와 기와에서도 빗물을 빨리 흘려보내야 한다. 즉 빗물이나 눈이 가능한 한 지붕에 머무는 시간을 줄여서 집 안으로 물이 스며들거나 지붕이 무너지는 피해를 방지해야 했다. 그래서 기와와 처마를 포함하여 한옥의 지붕을 최단강하선의 성질을 지닌 사이클로이드로 만든 것이다.

또한 동물들도 이와 같은 성질을 이용하는 것으로 알려져 있다. 하늘 높이 나는 독수리나 매는 땅 위에 있는 들쥐나 토끼를 잡을 때 직선으로 내려오는 것이 아니라 사이클로이드에 가깝게 목표물을 향해 곡선비행을 한다.

쪽매맞춤으로 건축에 아름다움을 더하다

우리나라 궁궐이나 절의 단청, 담장, 문창살 등에는 아름다운 문양이 반복적으로 펼쳐져 있어 시선을 끈다. 특히 일정한 모양

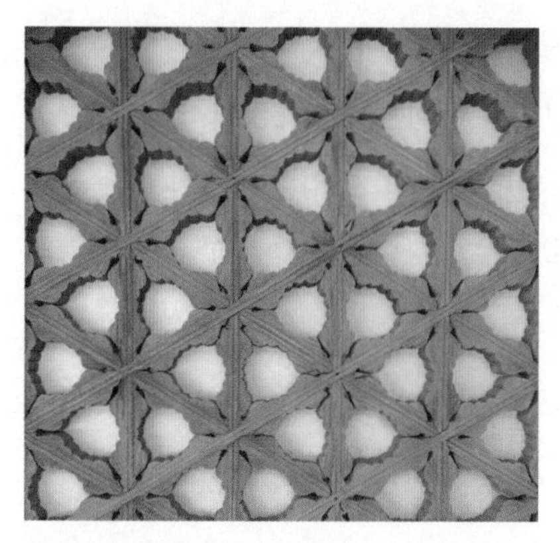

창경궁 명정전 꽃살문에 보이는 쪽매맞춤.

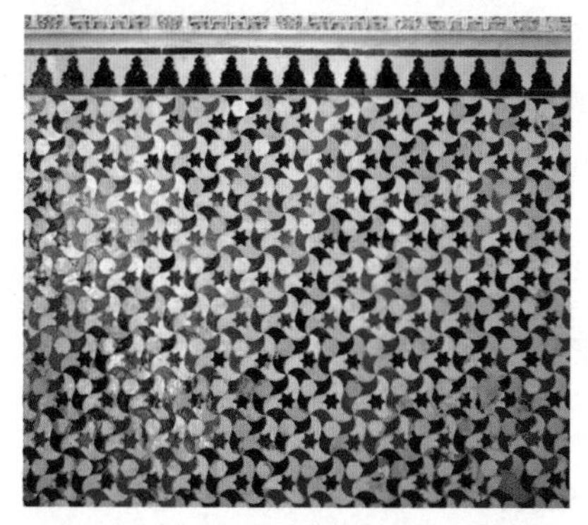

에셔의 작품세계에 영향을 준 스페인 알함브라 궁전의 쪽매맞춤.

으로 된 화려한 문양이나 정다각형으로 된 똑같은 모양의 도형들이 빈틈없이 공간을 채우고 있어 수학적인 아름다움을 느끼게 한다. 이처럼 마루나 욕실 바닥에 깔려 있는 타일처럼 어떠한 틈이나 포개짐이 없이 평면이나 공간을 도형으로 덮는 것을 '테셀레이션(tessellation)' 또는 '쪽매맞춤'이라고 한다.[4]

쪽매맞춤은 우리의 전통 문양뿐만 아니라 이슬람 · 이집트 등의 동양문화권이나 로마 · 그리스 · 비잔틴 등 서양문화에서도 발견되고 있다. 쪽매맞춤으로 가장 유명한 것은 스페인 그라나다에 있는 이슬람식 건축물인 알함브라(Alhambra) 궁전이다. 이곳의 천장과 벽면 모두 화려한 쪽매맞춤으로 장식되어 있어 아름답기 그지없다.

이러한 쪽매맞춤에는 예술적인 아름다움뿐만 아니라 수학적인 원리가 숨어 있다. 특히 정다각형 중에서 서로 겹치지 않게 평면을 채울 수 있는 것은 정삼각형 · 정사각형 · 정육각형밖에 없으므로, 똑같은 모양의 도형을 이용하는 쪽매맞춤의 경우 조각 하나하나의 모양은 이 도형들을 이용해 만들어짐을 알 수 있다. 이렇듯 정다각형을 이용하여 평행이동 · 대칭이동 · 회전이동 등 여러 가지 변환으로 다양한 모양을 연출할 수 있는데, 이때 도형의 각의 크기, 합동, 대칭 등의 수학적 개념이 활용되는 것이다.

그러면 쪽매맞춤은 어떻게 만드는 걸까? 여기서는 정사각형을 이용하여 쪽매맞춤을 만들어보자.

정사각형의 색종이를 여러 장 준비한 다음 아래 그림과 같이 만들고자 하는 모양을 그린 후 오려낸다. 이때 색종이의 아랫부분에서 오려낸 그림을 윗부분에 붙여야 하는데, 주의해야 할 점은 아랫부분에서 오려낸 부분과 똑같은 위치의 윗부분에 오려낸 그림 조각을 붙여야 한다는 것이다.

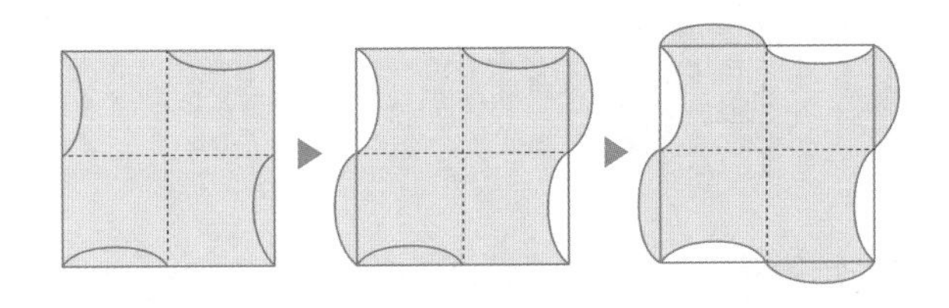

위와 아래가 결정되었으므로 오른쪽과 왼쪽을 만들기 위해 같은 방법으로 그림을 그려 넣고 잘라내어 붙인다. 위와 같은 작업을 계속하여 얻은 여러 장의 색종이를 서로 겹치지 않게 붙이면 아래 그림과 같은 쪽매맞춤이 완성된다.

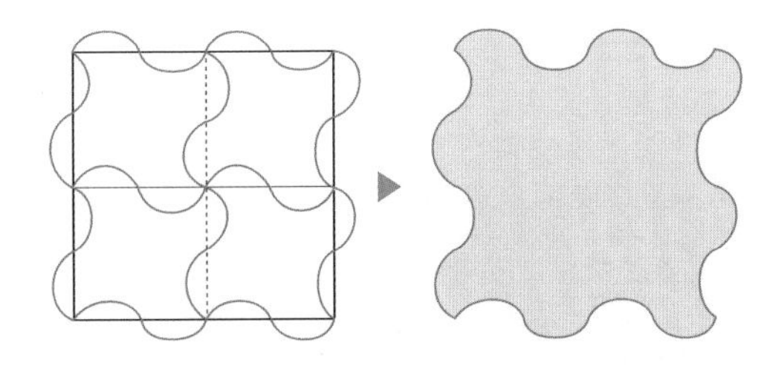

쪽매맞춤은 똑같은 모양의 정다각형만을 이용하는 경우와 몇 개의 서로 다른 다각형을 이용하는 경우가 있다. 다음 그림은 정사각형 · 정팔각형을 이용한 쪽매맞춤과 정삼각형 · 정사각형 · 정육각형 모두를 이

용한 쪽매맞춤이다. 이와 같이 서로 다른 모양의 도형을 이어 붙이는 것을 '반등각등변 쪽매맞춤'이라고 하는데, 이 경우 12개 이상의 변을 가진 도형으로는 불가능하다는 것으로 알려져 있다. 또 변의 수가 5, 7, 9, 10, 11의 경우도 불가능하다.

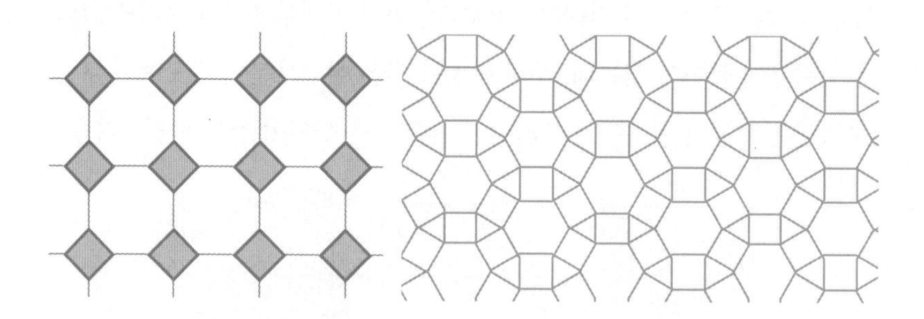

이렇듯 쪽매맞춤은 예술적 아름다움과 수학적 개념이 한데 어우러져 하나의 훌륭한 결과물을 창조해낸다. 예술과 수학의 화려한 만남을 통해 정교하게 빚어진 아름다운 건축물은 오랜 시간 우리 곁에서 즐거움을 안겨주는 존재가 되고 있다.

TIP

'기차의 패러독스'를 발견한 파스칼

사이클로이드를 연구할 당시는 수학의 새로운 결과물들이 폭발적으로 발표되던 때였고, 종종 새롭게 발표되는 내용들을 서로 자기가 먼저 발견했다고 주장하는 경우가 많았다. 사이클로이드 곡선은 수학적으로 매우 흥미롭고 아름다운 성질을 많이 가지고 있기 때문에 수학자들 사이에서 그 우선권을 놓고 언쟁과 싸움은 물론 고소와 고발이 이어졌다.

그 가운데 사이클로이드 문제에 관해 좋은 연구를 가장 많이 내놓은 인물은 파스칼이었다. 파스칼은 1658년 치통으로 고생하던 중에 기하학적인 착상이 떠오르면서 치통이 사라지자 이를 신의 계시라 여기고, 8일 동안의 연구 끝에 사이클로이드에 관한 완벽한 결과를 발표했다.

사이클로이드에는 기차와 관련된 일명 '기차의 패러독스'라는 다음과 같은 흥미로운 이야기가 있다.

"기차가 달릴 때, 이 기차의 모든 부분이 기차가 달리는 방향과 같은 방향으로 움직이고 있는 것은 아니다. 기차의 일부는 매 순간 기차가 달리는 방향과는 반대 방향으로 움직이고 있다."

얼핏 생각해서는 납득이 가지 않을 수도 있다. 기차가 앞으로 달린다면 기차에 탄 사람뿐만 아니라 기차의 모든 부분이 함께 앞으로 나아가야 하기 때문이다. 그러나 이 패러독스는 엄연한 사실이며, 사이클로이드를 이용해 설명할 수 있다. 설명을 읽기 전에 먼저 앞에서 보았던 기차 바퀴 그림을 다시 한 번 상기하자.

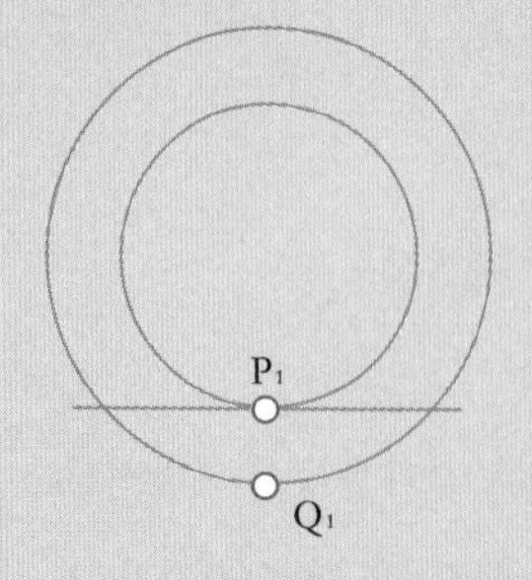

왼쪽 그림은 기차 바퀴를 그린 것으로 선로에 닿는 원과, 선로와 닿지 않으며 선로 안쪽에 놓여 있는 원을 그린 것이다. 이 원에 각각 점 P_1, Q_1을 찍고, 바퀴가 선로를 따라 회전할 때 두 점의 자취를 생각해보자.

아래 그림에서 선로 위를 회전하는 기차 바퀴에 놓인 점 P_1이 그리는 곡선은 P_2를 지나 P_3로 이어지는 사이클로이드다. 반면 선로 안쪽에 놓인 한 점 Q_1은 Q_2를 지나 Q_3로 이어지며 P_1이 그리는 사이클로이드보다 긴 곡선이 된다. 그래서 이 곡선을 '긴 사이클로이드'(굵은 곡선으로 된 부분)라고 부른다. 이 그림을 보면 기차가 앞으로 진행할 때, 기차 바퀴의 일부분은 기차의 진행 방향과는 반대로 움직이고 있다는 것을 알 수 있다.

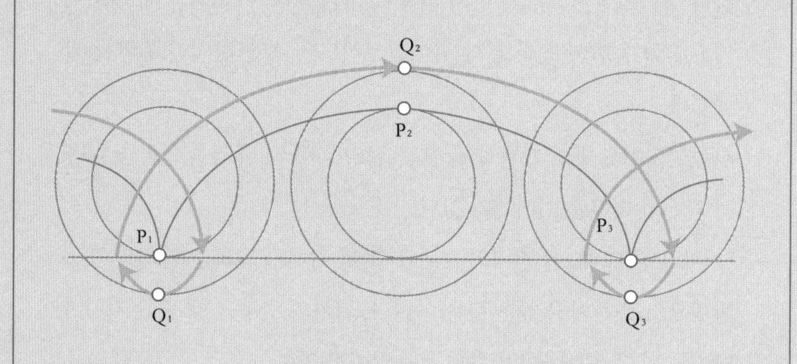

〈GT타워〉와 고려왕릉에 숨어 있는 고려의 수학은?

황금비와 금강비

〈GT타워〉의 곡선미와 고려왕릉의 무리수

〈부띠끄 모나코〉에서 강남역 쪽으로 50m쯤 가다 보면 물결치는 듯한 모습을 한 신기한 건물을 볼 수 있다. 〈GT타워〉(피터 카운베르흐 기본 설계, 한길종합건축사사무소 실시설계)란 이름의 이 빌딩은 마치 물결 같기도 하고 일종의 파장 같기도 한 건물로, 획일적인 외형을 가진 주변의 사각 건물 틈 속에서 우리의 눈길을 끌어들인다. 청록색 유리로 덮인 건물 외벽과 파란 하늘이 어우러져 회색빛 콘크리트 도시 속에서 이 건물의 존재감을 더욱 돋보이게 한다. 〈GT타워〉는 건물을 바라보는 사람이 움직일 때마다 마치 춤을 추듯 시시각각 변화한다.

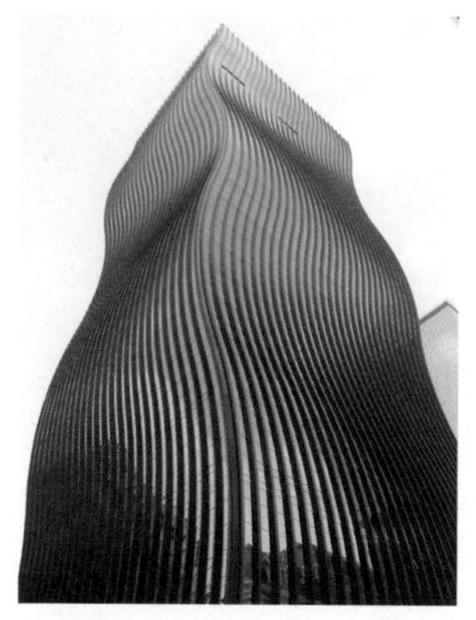

〈GT타워〉, 2011.

이 건물은 2008년 처음 기획 당시엔 주변 여느 건물과 마찬가지로 정육면체의 성냥갑 모양이었다. 서울시가 획일적인 디자인을 변경하도록 요청했고, 건축주가 그 요청을 받아들여 지금의 모습으로 2011년 완공되었다.

푸른 유리로 둘러싸인 높이 130m의 건축물이 마치 출렁이는 파도가 하늘에서 땅으로 떨어지는 느낌이 들도록 S라인으로 설계한 것이 특징이고, 곡선미가 뛰어난 고려청자를 디자인 콘셉트로 삼아 건물의 외벽 4개 면을 모두 부드러운 곡선으로 설계한 것이다. 때문에 '파도치는 빌딩', '불타오르는 빌딩', '춤추는 빌딩' 등의 별명을 갖고 있다.

청자음각연꽃넝쿨무늬매병(靑磁陰刻蓮唐草文梅甁), 12세기, 국보 97호, 국립중앙박물관 소장.

고려청자의 우아한 곡선을 만들어낸 고려인들은 건축물뿐만 아니라 왕릉도 수학적으로 설계했다. 앞에서 우리는 이미 〈어반 하이브〉와 〈부띠끄 모나코〉를 통해 현대건축에 수학이 활용되는 예를 보았다. 물론 〈GT타워〉도 수학을 활용해서 지어진 건물이다.

그렇다면 이 건물의 디자인 콘셉트가 된 청자를 만든 고려인들은 건축물에 어떤 수학적 원리를 활용했을까? 그중에서 특히 고려시대 왕릉에 숨어 있는 수학적 원리에 대해 알아보자.

고려의 수학 수준을 가늠하기 위한 여러 가지 방법 가운데 하나는 왕릉 건축에 사용된 비율, 즉 '황금비'와 '금강비'를 찾아보는 것이다. 두 비율은 모두 무리수인데, 무리수는 유리수(有理數)에 비해 수학적으로 다루기 쉽지 않은 무한소수에 해당한다.

무리수
실수 중에서 유리수가 아닌 수, 즉 두 정수 a, b의 비(比)인 꼴 $a/b(b\neq0)$로 나타낼 수 없는 수를 말한다.

유리수
실수 중에서 정수와 분수를 합친 것을 말하는데, 두 정수 a와 $b(b\neq0)$를 비(比) a/b(분수)의 꼴로 나타낸 수를 말한다.

산목
수를 셈하거나 점술에서 괘를 나타낼 때 쓰던 나무막대기.

무리수를 자유롭게 활용했다는 것은 당시 수학의 수준이 그만큼 높았음을 반증한다. 더욱이 고려시대에 계산은 모두 특별하게 만들어진 나뭇가지인 산목(算木)을 이용하여 이루어졌는데, 무한소수인 무리수를 산가지로 계산하는 것은 쉬운 일이 아니었다. 왕릉 설계에 무리수를 이용했을 정도라면 당시 수학의 수준이 무척 뛰어났을 것이다.

무리수의 가장 대표적인 수로는 황금비인 $\frac{1+\sqrt{5}}{2}\approx1.618$과 금강비인 $\sqrt{2}$가 있다. 황금비에 대해서는 이미 앞에서 소개했고(제2장 참조), 금강비는 우리 조상들이 선사시대부터 사용해온 $\sqrt{2}:1$의 무리수 비로 우리나라의 옛 건축에 많이 사용되었다. 우리 조상들은 오랜 경험과 관습으로 이 비례가 가장 아름답다는 것을 알고 계승해왔다. 전통건축의 특징은 서구의 황금비와 달리 자연과 조화를 이루는 금강비에 있다.

고려시대의 많은 왕릉은 현재 북한의 개성에 위치해 있다. 그 가운데

'칠릉떼'는 개성시 개풍군 해선리 칠릉골에 있는 무덤으로, 태조(太祖) 현릉(顯陵)의 서북쪽, 만수산 서남 방향으로 뻗기 시작하는 높지 않은 언덕의 남쪽 기슭에 7기의 왕릉이 무리를 이루고 있다. 7기의 무덤은 맨 서쪽 가장 높은 곳의 1릉에서부터 동쪽으로 가면서 점차 낮아지고, 2릉 · 3릉 · 4릉 · 5릉 · 6릉 · 7릉의 순서로 부르고 있다. 7개의 왕릉에는 모두 황금비와 금강비가 사용됐는데, 그 가운데 3릉과 4릉이 비교적 잘 보존되어 있다.

고려왕릉 칠릉떼 속 황금비와 금강비

칠릉떼 3릉은 2릉의 동쪽 언덕 위에 자리 잡고 있다. 능역은 4층단으로 되어 있고, 규모는 작으나 비교적 온전하게 남아 있다. 능역의 구조와 석물의 조각 솜씨 또한 공민왕릉(恭愍王陵)과 흡사하며 매우 우수하다. 다음 페이지의 3릉의 평면도를 보자.

도면에서 직사각형 AKLD의 변 $\overline{AK}$는 북쪽 첫 번째 난간석부터 4단 정자각 터까지이고, 변 $\overline{AD}$는 능의 폭이다. 직사각형의 가로 $\overline{AD}$는 3단석의 너비 10,300에 3단석 양끝의 계단 너비 1,700을 더한 것과 같으므로 $10300+1700+1700=13700$이고, 세로 $\overline{AK}$는 평면도에 표시된 세로 길이를 모두 합한 것으로 21,830이다. 이 직사각형의 세로 길이와 가로 길이의 비는 $21830:13700 \approx 1.6:1$이다.

그림에서 직사각형 BGHC의 변 $\overline{BG}$는 첫 번째 난간석부터 3단까지이고, 변 $\overline{BC}$는 3단에서 양쪽 계단의 너비를 제외한 부분이다. 직사각형의 가로 $\overline{BC}$는 3단의 너비 10,300이고, 세로 $\overline{BG}$는 7,600에 봉분 앞쪽 끝에서

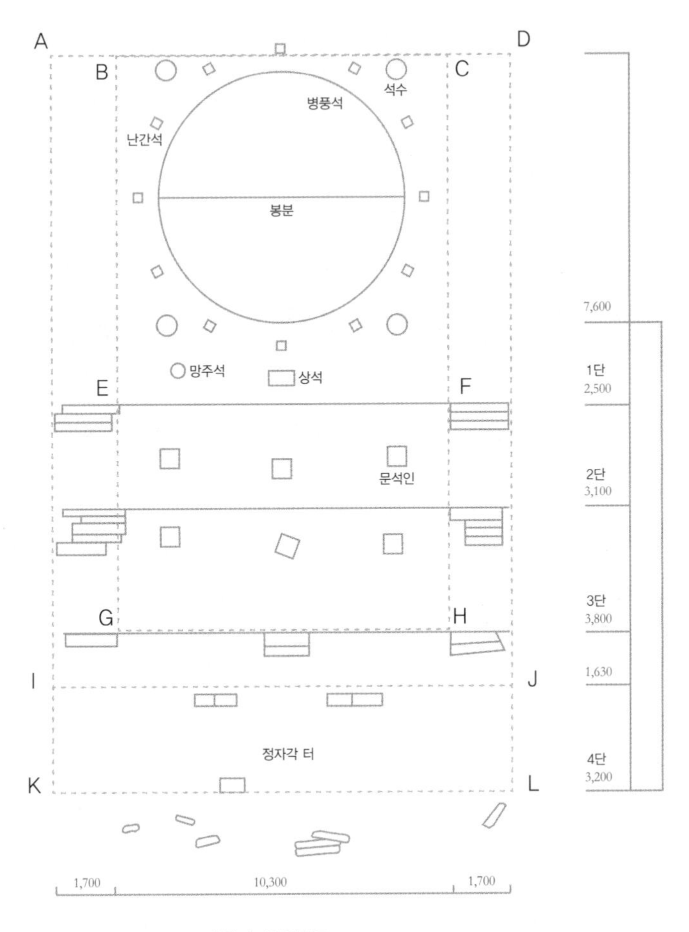

칠릉떼 3릉 평면도.

부터 1단석까지 2,500, 2단의 길이 3,100, 3단의 길이 3,800을 모두 더한 것으로 $7600+2500+3100+3800=17000$이다. 따라서 이 직사각형의 세로 길이와 가로 길이의 비는 $17000:10300 \approx 1.65:1$이다.

또 그림에서 직사각형 AIJD의 변 $\overline{AI}$는 북쪽 첫 번째 난간석에서부터 4단 첫 번째 돌까지다. 이 직사각형의 가로 $\overline{AD}$는 13,700이고 세로 $\overline{AI}$는 7,600에 봉분부터 1단석까지 2,500, 2단의 길이 3,100, 3단의 길이 3,800, 4단 정자각 터 초석까지의 길이 1,630을 모두 더한 것으로 $7600+2500+3100+3800+1630=18630$이다. 따라서 이 직사각형의 세로 길이와 가로 길이의 비는 $18630:13700 \approx 1.36:1$이다.

보존 상태가 비교적 양호한 3릉의 경우, 1.6 : 1과 1.65 : 1 등의 비는 황금비 1.618 : 1과 거의 일치한다. 또한 1.36 : 1인 비도 금강비인 1.41 : 1과 거의 같다. 3릉 동쪽에 있는 4릉에도 마찬가지로 황금비와 금강비가 사용되었다. 오차 범위 또한 $\frac{5}{100}$ 이하에 불과하다. 이는 고려시대에 이미 황금비와 금강비가 중요하게 사용되고 있었음을 알려주는 것이라 할 수 있다.[5]

이렇듯 칠릉떼의 능은 비록 정확한 것은 아닐지라도 모두 황금비를 이용하여 건축되었다. 많은 능에서 황금비가 발견된다는 것은 그것이 우연히 사용된 게 아니라 의도적으로 적용되었다는 사실을 말해준다.

또한 칠릉떼의 각 능에는 금강비가 사용되었다. 특히 3릉과 4릉은 북쪽 난간석에서부터 4단 정자각 터 초석까지를 세로로 하고, 3단의 양쪽을 가로로 하는 직사각형을 그리면 가로의 길이와 세로의 길이가 금강비를 이룬다.

고려왕릉인 칠릉떼의 7개의 능에 황금비와 금강비가 의도적으로 사용되었다는 것은 고려시대 사람들이 무리수를 사용하는 데 어려움이 없었다는 뜻이다. 수학에서 무리수는 오늘날에도 다루기 어려운 분야다. 이러한 무리수를 왕릉과 무량수전, 석굴암 등에 활용하여 아름다운 건축물을 만들었던 조상들의 수학 실력은 굉장했으리라고 짐작된다.

석굴암에는 고도의 수학개념이 녹아있다

무리수

석굴암에 나타난 무리수

수학은 우리의 선조들도 매우 중요하게 여기던 과목이었다. 특히 건물을 지을 때나 석굴암을 세울 때도 수학을 활용했는데, 이런 건축물들은 매우 정교하기 때문에 고도의 수학 실력이 필요했다. 예를 들어 신라시대에 건축된 석굴암에는 우리 전통건축의 비율인 금강비가 적용되었다.

앞에서 알아본 것과 같이 금강비는 정확하게 $1 : \sqrt{2}$이다. 여기서 $\sqrt{2}$

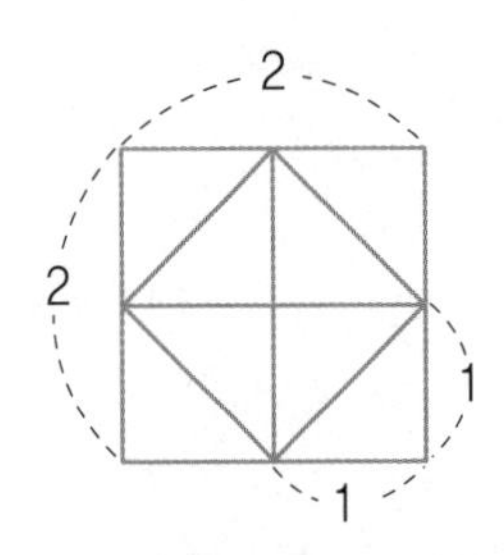

(루트 2)는 두 번 곱하여 2가 되는 수이다. 그렇다면 두 번 곱해서 2가 되는 수 $\sqrt{2}$는 어떤 성질을 가지고 있을까?

왼쪽 그림에서 정사각형의 넓이를 비교하면 $1<2<4$이므로 $\sqrt{1}<\sqrt{2}<\sqrt{4}$, $1<\sqrt{2}<2$이다. 따라서 $\sqrt{2}$는 정수가 아니다. 정수가 아닌 유리수는 모두 기약분수로 나타낼 수 있으며, 이 기약분수를 제곱하면 그 결과는 정수가 될 수 없다. 예를 들면 다음의 수는 모두 정수가 아니다.

> **기약분수**
> 분모와 분자가 1 이외의 공통된 인수를 갖지 않을 때의 분수로서, 분수식을 공통인수로 나누면 기약분수가 된다.

$$\left(\frac{3}{5}\right)^2=\frac{9}{25},\ \left(\frac{5}{2}\right)^2=\frac{25}{4},\ \left(\frac{3}{7}\right)^2=\frac{9}{49},\ \cdots$$

$\sqrt{2}$는 정수도 아니고 기약분수로 나타낼 수도 없으므로 유리수가 아니다. 이와 같이 유리수가 아닌 수를 무리수라고 한다. 즉 $\sqrt{2}$는 무리수이다. 그리고 유리수와 무리수를 통틀어 실수라고 한다.

| 실수의 분류 |

- 실수
  - 유리수
    - 정수
      - 양의 정수(자연수) : 1, 2, 3, ⋯
      - 0
      - 음의 정수: −1, −2, −3, ⋯
    - 정수가 아닌 유리수 : $\frac{1}{2}$, −0.3, $-\frac{3}{5}$, ⋯
  - 무리수 : π, $\sqrt{2}$, $\sqrt{3}$, $\sqrt{5}$, ⋯

이제 무리수 $\sqrt{2}$를 다음과 같이 소수로 나타내보자.

① $1<2<4$이므로 $1<\sqrt{2}<2$

② $1.4^2=1.96$, $1.5^2=2.25$이므로 $1.4^2<2<1.5^2$이다. 따라서 $1.4<\sqrt{2}<1.5$이다.

③ $1.41^2=1.9881$, $1.42^2=2.0164$이므로 $1.41<\sqrt{2}<1.42$이다.

④ $1.414^2=1.999396$, $1.415^2=2.002225$이므로 $1.414<\sqrt{2}<1.415$이다.

이와 같은 방법으로 계속하면 $\sqrt{2}$는 다음과 같이 순환하지 않는 무한소수로 나타난다.

$$\sqrt{2}=1.41421356237309504880168887\cdots\cdots$$

우리 문화재에서 이 무리수를 발견하는 것은 어렵지 않다. 게다가 끝없는 소수를 자유자재로 사용했다는 것은 우리 민족의 수학 실력이 매우 뛰어났다는 사실을 알려주는 증거이기도 하다.

황금비보다 금강비를 더 활용한 동양건축

다음 그림은 석굴암의 구조를 나타낸 것이다. 그림에서 알 수 있듯이 석굴암 전체의 높이와 본존불의 높이의 비는 약 $1:\sqrt{2}$이고, 본존불이 놓여 있는 공간의 세로와 가로의 비도 약 $1:\sqrt{2}$이다.

본존불의 높이 또한 부처님의 가슴을 기준으로 금강비를 이루고 있다. 소수가 아닌 자연수로 나타내면 5 : 7에 가까운 금강비는 우리나라뿐 아니라 중국 · 일본 등 동양에서 즐겨 사용했는데, 동양에서는 금강비를 서양의 황금비인 1 : 1.618보다 더 아름다운 비율로 여겼다.

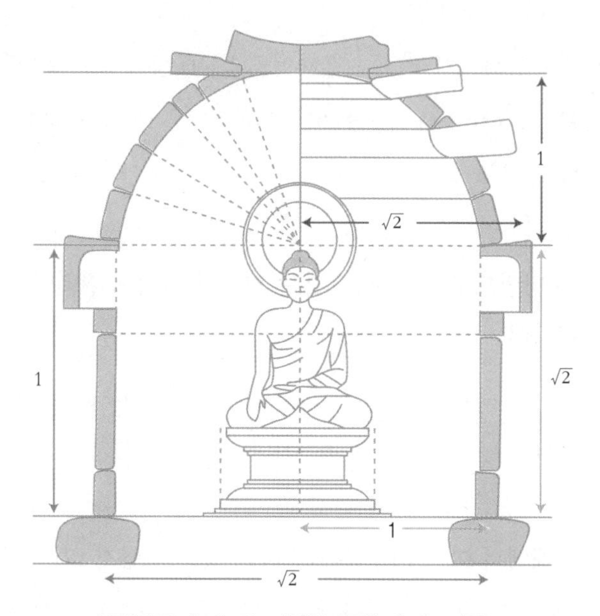

석굴암의 구조. 『조선고적도보(朝鮮古蹟圖譜)』 제5권(1917) 참조.

이 금강비는 동양인의 신체구조에서 유래했다는 설이 있다. 키가 큰 서양인은 금강비보다 약간 큰 황금비인 1 : 1.6을 아름답다고 여긴 반면, 상대적으로 키가 작은 동양인은 황금비보다 작은 비인 1 : $\sqrt{2}$에서 아름다움을 느꼈다는 것이다. 실제로 금강비는 우리나라를 비롯한 동양의 건축물과 예술작품에서 흔히 접할 수 있지만 서양에서는 찾아보기 어렵다. 반대로 황금비는 동양에서는 거의 찾아보기 어렵고, 서양에서 흔히 발견할 수 있다.

이처럼 뛰어난 수학 실력을 가지고 있었던 우리 조상들이 읽던 옛날 책에도 수학이 있지 않았을까? 그래서 다음 장에서는 우리 조상들이 읽고 쓴 고전에서 찾을 수 있는 수학에 대해 알아보자.

Chapter 6

동양고전 속에 싹튼 수학적 사고

—— 인류 문명이 처음 시작할 때부터 수학은 문명을 이끌었기 때문에 수학의 역사는 인류 문명의 역사와 같다. 이후에도 수학은 꾸준히 인류 문명의 선두에 서서 발전을 견인해왔고, 인류가 새로운 세계로 향하고자 할 때 언제나 그 길을 알려주는 등대와도 같은 역할을 했다. 결국 인류의 문명이 계속되는 한 수학은 계속될 것이다.

수학이 여타 학문과 다른 가장 큰 특징은 '누적적'이라는 것이다. 이를테면 중세까지지도 태양이 지구 주위를 돈다는 아리스토텔레스의 천동설은 거의 1천 년 동안 당연한 과학적 사실로 여겨져왔다. 그러나 코페르니쿠스 · 갈릴레이 · 케플러와 같은 학자들의 노력으로 결국 아리스토텔레스의 천동설은 잘못된 것임이 밝혀졌다. 그리고 이 학설을 바탕으로 과학적이라고 믿었던 모든 사실은 한순간에 거짓이 되어 용도폐기되었다. 그 후 천동설은 모든 분야에서 사라지고 정반대의 학설인 지동설이 그 자리를 대신했다.

그러나 수학이란 학문은 고대부터 참이라고 확인된 사실만을 바탕으로 차곡차곡 쌓여왔기 때문에 천동설과 같이 허무하게 무너지는 일은 결코 없었다. 따라서 수학을 제대로 이해하려면 반드시 옛사람들이 읽고 공부하던 서적들을 살펴봐야 한다. 고대부터 현재까지 수학은 시작을 알아야 그다음을 알 수 있고, 오늘날의 첨단수학에까지 접근할 수 있다. 한 마디로 수학은 "옛것을 익히고 새것을 안다"는 '온고이지신(溫故而知新)'의 학문이다.

고대 논리학의 꽃 『묵자』에 깃든 수학

산목과 기하학의 기초

고대 중국에서 치수와 치국의 도구로 사용된 수학

우리나라는 많은 분야에서 중국의 영향을 받았는데, 수학도 예외는 아니었다. 고대부터 조선시대 말까지 우리나라의 수학은 중국의 수학을 그대로 도입해 이용하거나 약간의 변형을 가하는 정도였다.

따라서 고대 중국의 수학적 지식이 어느 정도였는지 파악한다면 우리나라의 고대 수학이 어떠했는지도 짐작할 수 있겠지만 불행하게도 고대 중국 수학의 근본에 관한 어떤 것도 우리에게 전해진 것이 없다. 왜냐하면 고대 중국인들은 자신들의 발견을 영구 보존할 수 없는 대나무 위에 기록했고, 기원전 213년 진시황의 명령에 의한 분서갱유(焚書坑儒)가 있었기 때문이다.

그러나 불행 중 다행으로 당시 황제의 포고령은 완벽하게 수행되지 못했고, 또 불타버린 책들 중 많은 수가 훗날 기억에 의해 복원되기도 했다. 물론 그 불행한 사건 이전의 것으로 추정되는 어떤 것도 진위 여부가 의심스럽기는 하다. 따라서 초기 중국 수학에 관한 지식은 대부분 전해 내려오는 이야기에 의존할 수밖에 없다.

분서갱유
진(秦)나라 시황제가 학자들의 정치적 비판을 막기 위해 의약 · 점복 · 농업에 관한 것을 제외한 민간의 모든 서적을 불태우고, 이듬해 유생들을 생매장한 일.

결승
글자가 없었던 시대에 사용했던 의사소통의 한 방편으로, 일정한 사상이나 개념을 끈이나 띠로 매듭을 지어 나타내던 일. 또는 그 매듭.

탤리
부절(符節), 부신(符信), tally stick. 옛날에 막대기에 금을 새겨 지급 금액을 표시하고, 그것을 세로로 쪼개어 차용자와 대여자가 반쪽씩 소지했다.

상고시대 중국에서는 계산과 측량의 도구로 산목 · 결승(結繩) · 탤리(tally) · 자 · 컴퍼스 · 먹줄 등이 사용되었는데, 노자(老子)의 『도덕경(道德經)』에 "훌륭한 수학자는 산목을 사용하지 않는다"라는 말이 있는 것으로 봐서 그전부터 산목을 써서 가감승제(加減乘除)의 계산을 해왔음을 알 수 있다.

주로 대나무로 만든 산목은 옛날 아시아 지역에서 휴대용 계산기로 쓰였다.

계산할 때 산목을 사용하여 수를 나타내는 방법은 매우 간단하다. 이를테면 1부터 5까지는 그 수에 맞게 산목을 세워서 표현했고, 6부터 9까지는 가로로 놓은 산목 하나를 5로 여기고 나머지를 세워서 표현했다.

또 10부터 50까지는 산목을 눕혀서 표현했는데, 60부터 90까지는 세로로 놓은 산목 하나를 50으로 여기고 나머지를 눕혀서 표현했다.

1	2	3	4	5	6	7	8	9
𝍠	𝍡	𝍢	𝍣	𝍤	𝍥	𝍦	𝍧	𝍨
10	20	30	40	50	60	70	80	90
𝍩	𝍪	𝍫	𝍬	𝍭	𝍮	𝍯	𝍰	𝍱

이와 같은 2가지 표현법으로 큰 수를 자연스럽게 나타냈는데, 자릿값에 따라 홀수 번째는 1부터 9까지, 짝수 번째는 10부터 90까지와 같은 방법으로 나타냈다. 예를 들어 2와 7이 섞여 있는 2만7천7백2십7인 27,727은 옆의 그림처럼 나타냈다.

𝍡	𝍯	𝍦	𝍪	𝍦
2	7	7	2	7

중국은 동양문명의 발상지라고 해도 과언이 아니다. 그 중심에는 황하(黃河)가 있었다. 그러나 이집트인들이 나일 강을 찬미한 반면 중국인들은 '악마 같은 황하'라고 불렀다. 거의 2년에 한 번씩 찾아오는 대홍수 때문이었다. 따라서 중국에서는 물을 다스리는 문제가 극히 중요한 위치를 차지했다. 중국은 일찍부터 물을 지배하는 자가 왕이 될 수 있다는 이른바 '수력사회(水力社會)'였는데, 치수(治水)에는 수학이 절대적으로 필요했다.

유교의 고전인 『주례(周禮)』에는 당시의 관리 자제들에게 육예(六藝)를 가르쳤다고 적혀 있다. 육예란 예(禮, 예절), 악(樂, 음악), 사(射, 활쏘기), 어(御, 승마), 서(書, 글), 수(數, 계산)라는 6가지 교양과목을 말한다. 이와 같이 고대 중국에서 관리가 되기 위해서는 어릴 적부터 수학을 익혀야 했다.

당시의 수학은 농업국가인 중국의 관리들이 농산물을 세금으로 거두어들이는 일과 재정 처리 그리고 상공업 관련 일에까지 널리 이용되고 있었다. 실제로 『주례』에는 관영공장에서 제작되는 각종 기구에 관한 기록이 있는데, 이런 작업을 하는 데 자와 컴퍼스가 사용되었음은 분명하다. 7세기 고분에서 출토된 그림에 그려진, 중국 고대신화에 등장하는 남신과 여신인 복희(伏羲)와 여와(女媧)의 손에 각각 자와 컴퍼스가 들려 있는 것으로 보아 수학을 얼마나 중시했는지 알 수 있다.

〈복희여와도(伏羲女媧圖)〉, 7세기경. 자와 컴퍼스를 들고 있는 복희와 여와.

『묵자』에 나타난 수학적 원리

흔히 기원전 403년부터 221년까지를 중국의 전국시대(戰國時代)라고 일컫는다. 진시황의 통일로 막을 내린 이 시대에는 '묵가(墨家)'라는 일종의 기술자 집단이 있었다. 이들은 유교사상에 대항하는 과정에서 성립된 집단으로 주로 중하류층이 속했다. 묵가 최초의 맹주인 묵자(墨子)는 인간 이성 및 지식에 긍정적인 입장을 취했으며, 궤변론자들에게 대항하기 위해 공리주의적인 태도를 보였다. 이들에 의해 중국의 논리학이 크게 발전하지만, 이들과 대립했던 유가(儒家)에 가려져 후세에까지 이어지지는 못했다.

묵자가 지은 것으로 알려진 책인 『묵자』는 원래 모두 71편이었지만, 현재는 53편만 남아 전해지고 있다. 학자들은 남아 있는 53편을 5가지 종류로 분류했는데, 세 번째가 '묵변(墨辯)'이라 불리는 논리학과 수학에 관한 내용이다. 특히 「경편(經篇)」 상 · 하와 그것을 해설하는 「경설편(經說篇)」 상 · 하는 중국 고대 논리학의 꽃이라 일컬을 만하다. 여기에는 논리학뿐만 아니라 기하학 · 광학 · 역학 · 물리학 등의 내용이 실려 있다.

「경편」 상에 99개, 「경편」 하에 83개의 내용이 소개되어 있는데, 이 가운데 수학과 관련 있는 것만을 뽑아서 소개한다. 「경편」의 내용은 '경'으로 나타내고, 그에 대한 「경설편」의 해설은 '설'로 나타냈다.

> 경. 공간이란 다른 곳에까지 걸쳐 있는 것이다.
>
> 설. 공간이란 동쪽부터 서쪽까지와 남쪽부터 북쪽까지다.

이는 공간에 관한 설명으로, 오늘날의 공간은 물체와 사건이 출현해 상대적 위치와 방향을 지니는 3차원의 무한한 범주를 말한다. 그런데 묵자가 말한 공간은 3차원 공간을 설명하는 것이라기보다는 동 · 서 · 남 · 북만을 말하고 있으므로 평면을 설명하는 듯하다. 실제로 공간을 설명하려면 네 방향과 더불어 위와 아래까지 설명되어야 한다. 즉 묵자는 다음 그림과 같이 동 · 서를 x축으로 하고, 남 · 북을 y축으로 하는 2차원 공간을 설명하고 있다.

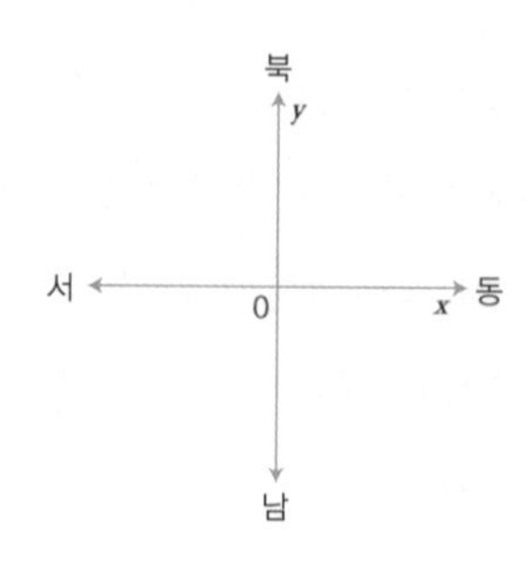

경. 평평하다는 것은 높이가 같다는 것이다.

설. (설명 없음)

이것은 평행선에 대한 설명으로 여겨진다. 원문에는 "平 同高也"라고 되어 있다. 직선의 경우 '평(平)'이란 평행하다는 것을 뜻하고, 두 직선이 평행하다는 것은 같은 높이를 갖는다는 것을 의미한다. 즉 높이는 수직선의 길이를 나타내므로 다음 그림과 같이 높이가 같은 두 직선 l, m은 평행하다는 것이다.

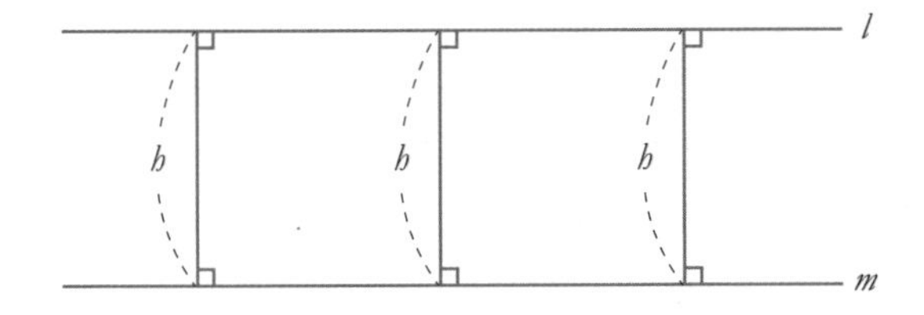

경. 둥글다는 것은 한 중심에서부터 길이가 같은 것이다.

설. 둥근 것은 그림쇠를 마주치도록 돌려 그리면 되는 것이다.

이것은 원에 대한 정의와 같다. 여기서 그림쇠란 오늘날의 컴퍼스를 말하며, 컴퍼스를 적당히 벌린 후 중심을 정하여 한 바퀴 돌리면 원을 그릴 수 있다는 뜻이다.

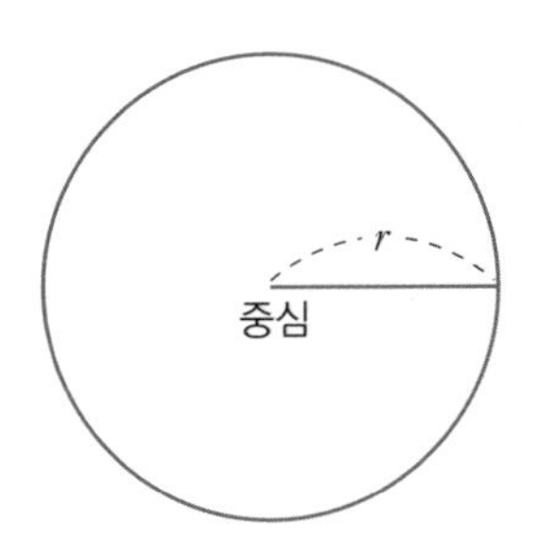

경. 네모란 기둥의 모퉁이 사방 길이가 같다는 것이다.

설. 네모는 굽은 자를 마주치도록 하면서 그리는 것이다.

이것은 정사각형에 대한 정의다. 복희가 들고 있는 굽은 자로 직각을 만들어 각 변의 길이가 같도록 도형을 그리면 정사각형이 된다는 것이다.

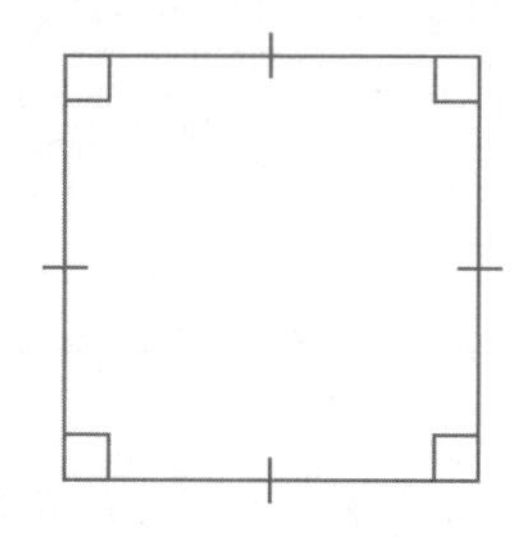

경. 배(倍)란 둘을 포개놓은 것이다.

설. 배라는 것은 한 자〔尺〕에 대한 두 자이며, 한 자는 두 자에 비하여 한 자가 빠진 것이다.

이는 곱을 말하는 것으로 선분의 길이를 2배 하는 경우를 설명한다. 당시에는 수의 곱조차도 매우 어려운 계산이었기 때문에 선분의 곱을 한다는 것은 더더욱 어려운 내용이었다. 이런 내용을 쉽게 설명하기 위한 것이다.

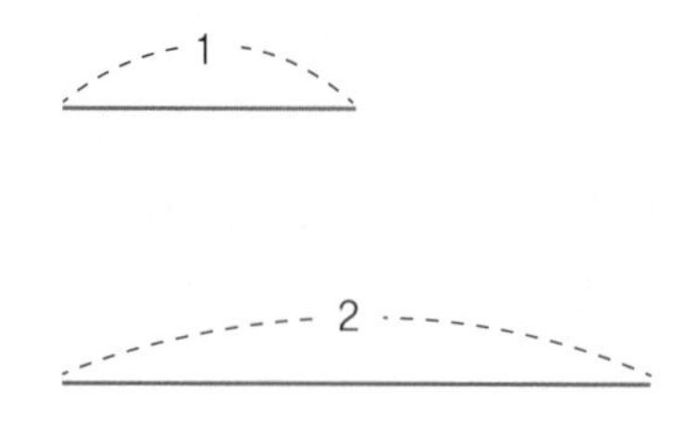

경. 하나는 둘보다 적지만 다섯보다 많을 수도 있다. 이유는 자리를 매기는 데 있다.

설. 하나는 다섯 속에 하나가 있고, 하나가 다섯 있기도 하다. 열에는 둘이 있다.

얼핏 보아 이해하기 힘들지만 사실은 십진기수법을 설명하고 있는 것이다. 예를 들어 1은 2보다 작지만 자리를 옮겨 10이라 할 때, 1은 10을 나타내므로 5보다 크다. 「경설편」의 내용은 5가 하나 있으면 하나 안에 1이 5개 있고, 10에는 5가 둘이 있다는 것이다. 따라서 이는 10진법에서 같은 숫자라도 위치에 따라 다른 뜻을 가짐을 설명하고 있다.

중국은 주(周)시대 이전부터 10진법을 사용했다. 물론 이후에도 줄곧 10진법이 사용되었다. 한(漢)대나 혹은 그 이전에는 산목의 배열을 이용한 수 체계가 만들어졌는데 그 체계에서 빈 공간은 0을 나타내는 것이었다. 기본적인 산술계산은 셈판 위에서 산목으로 했다.

경. 반을 계속 잘라나가면 곧 움직일 수 없게 된다. 그 이유는 끝(端) 때문이다.

설. 반을 자르지 못하는 것은 끝으로부터 앞으로 나아가면서 잘리기 때문이다. 앞으로 나아가면서 잘린다면 중간도 반이 되지 않고 그대로 끝이다. 앞뒤에서 잘라나간다면 곧 끝은 중간이다. 반드시 반으로 계속 잘라나간다면 반이 되지 않는 경우란 없을 것이나 계속 자를 수는 없다.

이는 "어떤 물건이든 반으로 계속 자른다면 아무리 잘라도 없어지지 않는다"는 말에 대한 반박으로, 선분을 계속 자르는 경우를 생각하면 된다. 묵자는 선분을 계속해서 자르면 끝에는 점만 남게 될 것이라고 생각했다. 그러나 오늘날 점은 수학에서 정의하지 않는 용어로, 크기와 두께가 없으며 위치만 차지하고 있는 것을 말한다.

『묵자』의 「대취편(大取篇)」과 「소취편(小取篇)」은 고대 동양의 논리를 다루고 있다. 이 2편의 제목의 '취(取)'는 비유(比喩)를 취한다는 뜻이다. 또한 『묵자』의 본문 중에 "이로운 것 중에서 큰 것(大)을 취한다"는 말이 있으니 거기에서 제목을 따온 것으로 알려져 있다. 「대취편」과 「소취편」을 비교할 때, '대'와 '소'로 구별할 성격상의 차이를 발견하기는 힘들다. 사실 논리학을 더 많이 다룬 것은 「소취편」이고, 「대취편」에는 문맥이 잘 연결되지 않는 여러 가지 일들이 기록되어 있다. 고대 수학이나 논리에 대한 더 많은 정보를 얻고 싶다면 『묵자』를 직접 읽어보기 바란다.[1]

TIP

2진법의 놀라운 확장성, 컴퓨터의 기본이 되다

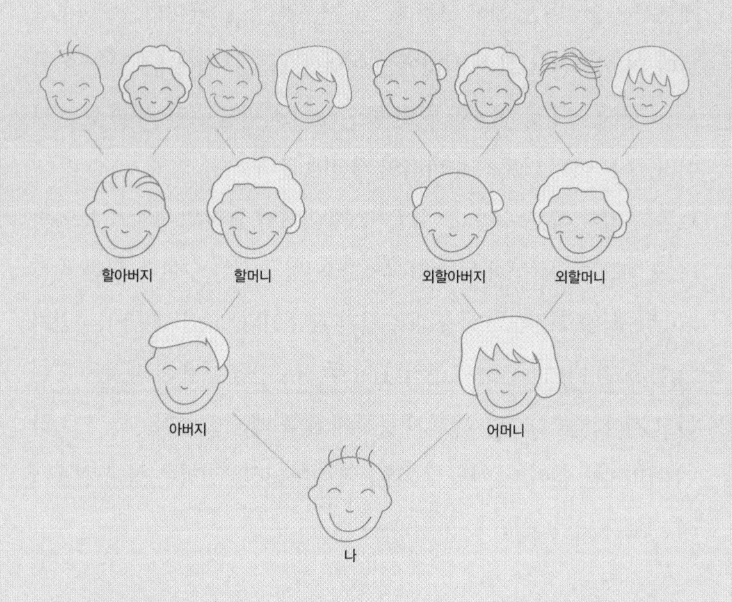

누군가가 태어나기 위해서는 아버지와 어머니가 있어야 한다. 또 아버지가 태어나려면 친할아버지와 친할머니가 있어야 하고, 어머니가 태어나기 위해서도 외할아버지와 외할머니가 있어야 한다. 그런데 친할아버지와 친할머니 그리고 외할아버지와 외할머니가 각각 태어나기 위해서는 또 그분들의 부모님이 있어야 한다.

이렇게 계산하면, '나'의 1세대 전에는 2명, 2세대 전에는 $2\times2=2^2$명, 3세대 전에는 $2\times2\times2=2^3$명이 있어야 한다. 마찬가지 이유로 4세대 전에는 2^4명이 있어야 하고, 좀 더 생각을 넓히면 n세대 전에는 2^n명이 필요하다.

보통 30년을 1세대로 계산하므로 20세대 전인 600년 전에는 나의 직계조상이 $2^{20}=1048576$명이라는 계산이 나온다.
우리나라는 5,000년 역사를 자랑하는데, 이는 지금으로부터 약 165세대 전이다. 즉 단군왕검이 나라를 세우고 다스리던 시대에 나의 직계조상은 2^{165}명 있어야 하는데, 그 수는 $2^{165} \approx 47$극이다. 하물며 그보다 더 이전인 신화의 시대에는 어떠했겠는가? 계산대로라면 아마도 그 당시 지구상에는 발 디딜 틈도 없이 사람들로 꽉 차 있었을 것이다. 물론 이는 단순히 수학적인 계산에 불과하다.
보통 우리가 작은 수라고 여기는 2는 이처럼 놀라운 확장을 보여준다. 현재 2는 컴퓨터에서는 없어서는 안 될 중요한 수이다. 모든 종류의 컴퓨터가 2진법을 사용하고 있기 때문이다. 사실 컴퓨터는 전기가 통하거나 또는 통하지 않거나 이 두 경우만을 이용해 자료를 처리하고 계산하는 기계다. 전기가 통하지 않을 때는 0, 통할 때는 1로 하여 처리하는 것이다. 이렇게 0과 1로 이루어진 2진법은 현대 컴퓨터의 기초가 되었다.

『장자』와 나비효과에서 보이는 수학적 정의

카오스

장자와 호접지몽, 그리고 카오스

'호접(蝴蝶)'이라고도 하는 나비는 나방과 함께 나비목(Lepidoptera)을 구성하며, 전 세계에 분포한다. 나비는 생긴 모습이 아름답고 가녀리므로 예로부터 시나 소설 또는 이야기의 주된 대상의 하나가 되었다. 그 가운데 하나는 꿈에 관한 것으로, 『장자(莊子)』의 「제

호랑나비.

> **장자**
> 전국시대의 사상가. 맹자(孟子)와 같은 시대의 인물로, 물(物)의 시비(是非) · 선악(善惡) · 진위(眞僞) · 미추(美醜) · 빈부(貧富) · 귀천(貴賤)을 초월하여 자연 그대로 살아가는 무위자연(無爲自然)을 제창한 사람이다.

물론편(齊物論篇)」에는 다음과 같은 이야기가 실려 있다.

어느 날 장자는 자신이 나비가 되어 꽃과 꽃 사이를 훨훨 날아다니며 즐거운 한때를 보내는 꿈을 꾸었다. 그러다가 문득 꿈에서 깨어보니 자기는 분명 사람인 장자였다. 장자는 자기가 꿈속에서 나비가 된 것인지, 아니면 원래는 나비이고 그 나비가 꿈속에서 장자가 된 것인지 알쏭달쏭했다.

너무나 유명한 이 이야기는 자기와 다른 이의 구별이 없는 이상적인 세계에 대한 우화적인 비유다. 이 고사를 일컬어 '나비가 된 꿈', 즉 '호접지몽(蝴蝶之夢)'이라고 한다. 요즘에는 인생의 덧없음을 비유하는 말로 사용되고 있으나 원래는 물아일체(物我一體)의 경지를 이르는 말이다.[2]

이 밖에 나비는 현대 물리학에서도 비유로 쓰인다. '나비효과'는 카오스 이론(chaos theory)에서 나오는 용어다.

요즘 많이 소개되고 있는 현대적인 '카오스'를 간단하게 알아보자. 고전적인 카오스가 '우주의 질서'가 창조되었다는 의미를 갖는다면, '결정론적 카오스'라 불리는 현대의 카오스는 거대한 '창조'의 의미뿐만 아니라 혼돈과 무질서라는 의미 또한 내포하고 있다.

카오스에 대해 누구라도 납득할 수 있을 만큼 정확한 수학적 정의를 내릴 수는 없을 것이다. 하지만 다음과 같은 카오스의 정의가 가장 그럴듯하다고 알려져 있다.

"카오스란 어떤 체계가 확고한 규칙(결정론적 법칙)에 따라 변화하고 있음에도 불구하고, 매우 복잡하고 불안정한 행동을 보여서 먼 미래의 상태를 전혀 예측할 수 없는 현상이다."

사실 이 정의도 카오스가 정확하게 무엇을 말하는지를 충분히 설명하지는 못한다. 실제로 세상의 거의 모든 일들은 불규칙적이다. 그리고 만약 세상의 모든 일이 규칙적이라면 삶에 흥미로움이나 희망 같은 것은 존재하지 않을 것이다. 결정론적으로 세상을 바라보는 관점 중 가장 대표적인 것이 '점(占)'이다. 점은 몇 년, 몇 월, 며칠, 몇 시에 태어났는지에 따라 그 사람의 인생이 결정돼 있다고 보는 것으로 보통은 사주팔자라고 하는데 이것의 기본 사상은 '역(易)'이다. 그런데 이 역을 좀 더 자세히 들여다보면 거기에 카오스가 있음을 알 수 있다. 즉, 역은 '변한다'는 뜻으로, 앞으로의 일을 예측은 하지만 언제든 변할 수 있으므로 정확하진 않다는 의미를 포함하고 있다.

수학에 활용되는 카오스 이론

'카오스'라는 말은 원래 그리스어에서 유래된 것으로, 오늘날에는 각종 시험에도 자주 등장할 만큼 널리 보편화된 친숙한 용어가 되었다. 대개 카오스는 질서를 나타내는 '코스모스(cosmos)'와는 반대되는, '혼돈' 또는 '무질서'라는 뜻으로 쓰인다. 카오스란 단어는 그리스 신화나 『구약성서』 등에서 "우주의 질서가 세워지기 이전의 무형의 공허"라는 의미로 사용되고 있었다. 실제로 '카오스학(chaology)'은 18~19세기 신학에 보이는 용어로, "천지창조 이전에 존재했던 것"을 연구하는 분야다. 오늘날 카오스는 수학뿐만 아니라 다양한 분야에서 활용되고 있다.

봄 · 여름 · 가을 · 겨울과 같은 계절의 특징은 알기 쉽다. 그러나 이번 주말에 비가 올 것인지 아니면 맑을 것인지를 정확하게 알기는 어렵다. 온도, 태양에너지, 공기의 압력, 바람의 방향 및 속도, 강수량, 지구의 자전과 공전 등은 날씨에 직접적인 영향을 준다. 이런 요소 중에서 지구의 자전과 공전처럼 규칙적으로 되풀이되는 것을 '주기성이 있다'고 말한다. 1년 중의 계절은 주기성을 띠지만 하루의 날씨는 그렇지 않다. 이렇게 주기성 없는 것들, 즉 규칙적이지 않은 것들을 다양한 요소를 바탕으로 예측하는 것이 카오스 이론이다.

규칙적이지 않은 것처럼 보이는 것에는 기상현상, 바닷물의 복잡한 흐름, 헬리콥터나 비행기 날개 끝 공기의 불규칙한 변화, 담배연기의 무질서한 운동, 야생동물 수의 변동, 태양계 행성과 위성의 불규칙한 공전 궤도 등이 있다. 하지만 카오스 이론이 등장하면서 이런 무질서도 수학적으로 설명할 수 있게 되었다. 즉 앞에서 소개한 것뿐만 아니라 돌연한 죽음의 원인 중 심장 움직임의 변화나 집시나방 수의 갑작스러운 변화, 주식가격의 변동 등도 수학적인 설명이 가능해졌다.

카오스의 등장으로 그동안 설명할 수 없었던 구름의 모양, 번갯불의 이동 방향, 혈관의 미세한 구조 등 자연의 복잡하고 무질서한 세계에 대한 연구가 활발하게 시작되었다. 물론 이런 연구는 한 분야가 아니라 수학 · 물리학 · 생물학 · 화학 · 지구과학 등 많은 분야가 함께 어우러져야 가능하다.

그렇다면 규칙적인 것에는 어떤 것이 있을까? 정사각형의 넓이로 알아보자.

예를 들어 한 변의 길이가 1cm인 정사각형의 변 길이가 2배, 3배, 4배,

…가 되면 넓이는 어떻게 될까?

한 변의 길이가 1cm에서 2cm로 2배 늘어나면, 넓이는 1cm²에서 4cm²로 4배 늘어난다. 또 한 변의 길이가 1cm에서 3cm로 3배 늘어나면, 넓이는 1cm²에서 9cm²로 9배 늘어난다. 즉 변의 길이가 a배 늘어나면 넓이는 $a \times a = a^2$배 늘어난다. 이런 것이 바로 규칙적으로 변하는 경우다. 반면 구름의 움직임이라든지 맑은 물에 우유 한 방울을 떨어뜨렸을 때 퍼지는 모양 등은 규칙적이지 않다.

카오스 이론 가운데 가장 잘 알려진 것이, 미국의 기상학자 로렌츠(Edward Lorenz)가 이름 붙인 '나비효과'다. 이는 다음과 같이 설명할 수 있다.

"브라질에 있는 나비의 날갯짓이 미국 텍사스에 토네이도를 발생시킬 수도 있다."

작은 나비 한 마리가 날개를 팔랑거린다. 나비 날개 주위의 공기가 조금씩 흔들리더니 그 옆의 공기까지 흔들리기 시작한다. 살짝 흔들리던 공기의 흐름은 더 큰 기류를 밀어내고, 밀린 공기 덩어리는 그 옆의 더 큰 공기 덩어리인 기단에 영향을 미친다. 시간이 지남에 따라 나비 날개의 움직임은 단계별로 점점 확산되고 세력이 커져서 마침내 커다란 기단에 영향을 주게 된다. 그 결과 구름이 형성되고 구름은 심한 폭풍우가 되어 엄청난 규모의 기단을 움직여 태풍을 만들어낸다.

이는 실로 엄청난 결과다. 사실 이런 결과들은 초기 조건에 따라 시간이 지나면 크게 확대되므로 일기예보는 어느 정도 카오스적이라고 할 수 있다. 그러나 기후의 동력학이 실제로 카오스적인지에 대해서는 아직까지도 분명하게 밝혀지지 않았다.

나비효과가 적용되는 흥미로운 현상 중의 하나는 교통의 흐름이다. 자동차들이 고속도로를 시속 100km라는 같은 속도로 달리고 있을 때, 한 대의 자동차가 무심코 브레이크를 살짝 밟았다 떼면 그 지점에서부터 약 30km 뒤에서 진행하고 있던 차들은 완전히 서게 된다는 것이다. 운전을 하다 보면 이런 일이 자주 발생한다. 즉 아무런 이유 없이 일정한 구간에서 정체되었다가 그 구간을 지나면 정체가 풀리는 것이 바로 실생활에서 볼 수 있는 나비효과다.

앞의 예를 살펴보면 일반적으로 생각하는 '원인'과 '결과'가 꼭 비례관계에 있지만은 않다는 것을 짐작할 수 있을 것이다. 사실 우리가 살고 있는 이 세상 자체가 '카오스'다. 즉 '결과'가 '원인'에 비례하지 않는 세계이며, 세상의 거의 모든 현상이 '선형(비례관계)'이 아니라 '비선형'이라는 뜻이다. 카오스 이론에 의하면, 현재의 상태로는 먼 미래를 예측할 수 없다.

『천자문』에 담긴 우주의 진리와 수의 탄생

고대의 숫자

『천자문』 속 숫자의 출현

동양의 고전 중에서 가장 중요한 것은 아마도 『천자문(千字文)』일 것이다. 『천자문』은 중국 남조(南朝) 양(梁)나라의 주흥사(周興嗣)가 문장을 만들고, 동진(東晉) 왕희지(王羲之)의 필적 속에서 해당되는 글자를 모아 만든 책으로, 예로부터 한자를 배우는 기본 입문서로 널리 사용되었다. 1구에 4글자씩 250구이고, 1절에 2구씩 모두 125절로 이루어져 있는 『천자문』에는 우주 삼라만상의 진리뿐만 아니라, 인격 수양의 정곡을 찌르는 광범위하고 오묘한 명문이 담겨 있다.

이 중에는 물론 수학과 관련된 내용도 있다. 이를테면 2의 지수와 관련된 내용, 세금을 공평하게 걷는 방법, 시간을 측정하는 내용 등이 그것이다. 여기서는 그 가운데 숫자를 나타내는 문자의 출현에 대한 내용을 소개하겠다.

『천자문』의 열한 번째 절은 "시제문자(始制文字) 내복의상(乃服衣裳)"이다. 이 절이 뜻하는 것은 "〔결승(結繩)에서 탈피하여〕 비로소 문자를 제정하였고, 이어서 의제(衣制)를 만들어 착용케 하였다"이다. 상고시대에는 글자가 없어 끈을 묶어 뜻을 정하는 결승문자를 사용했는데, 그 불편함이 매우 컸다. 그래서 복희씨 때에 비로소 글자를 만들어 기록하게 했다고 한다. 이미 은나라(기원전 1600~1046) 때에 갑골문자(甲骨文字)가 있었는데, 이는 지금까지 중국에서 발견된 가장 오래된 문자이며, 그 안에는 숫자도 포함되어 있다.

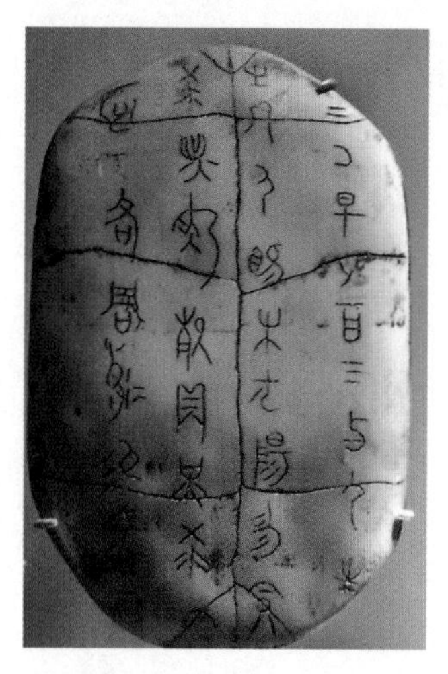
중국 은(殷)나라 때의 갑골문.

다음 표는 은나라 때부터 현재까지 사용되어온 한자의 변천을 나타낸 것이다. 1부터 4까지는 그 수의 크기만큼 막대기(산목)를 놓은 모양인데, '亖'의 경우 처음에는 막대기 4개를 사용했지만 점차 그 모양이 변했다. '四'는 네 귀퉁이가 있는 네모진 모양(口)에 '나눈다'는 뜻을 지닌 '여덟 팔(八)'자를 더한 형태(四)가 되었다. 이는 아라비아 숫자 '4'가 '동서남북'의 방위를 나타내는 기호 4와 비슷한 것과 마찬가지로 사방을 나눈다는 의미다.

은나라	一	二	三	亖	X	∧ ∧	十	)(	[illegible]	丨
주나라	一	二	三	亖 [illegible]	亖 X	[illegible]	十	八	[illegible]	丨
한나라	一	二	三	[illegible]	X	[illegible]	[illegible]	)(	[illegible]	十
오늘날	一	二	三	四	五	六	七	八	九	十
인도-아라비아	1	2	3	4	5	6	7	8	9	10

'五'의 초기 모습인 X는 로마자의 V나 아라비아 숫자의 5와는 다르게 생겼지만, 실은 같은 의미를 담고 있다. 다시 말해서 많은 수효를 헤아리려면 일정한 지점에서 꺾이거나(V), 엇갈리거나(×), 혹은 다시 돌아가야(X)만 계속 헤아려나갈 수 있는데, 그 첫 번째 지점이 바로 자연수 1, 2, 3, 4, 5, 6, 7, 8, 9의 한가운데에 있는 5라는 것이다. 사람은 다섯 손가락(한 손)으로 열까지도 셀 수가 있다. 우리말로 헤아려보면, 5는 손가락 5개를 '다 세운 다섯' 또는 '다 닫은 다섯'이며, '6'은 '열기 시작하는 여섯', 그리고 '10'은 '다 여는 열'이 되는데, 바로 이 닫았다 여는 자리가 한자의 다시 돌아가는 모습인 X로 나타난 것이다.

'육(六)'의 옛자는 '∧', '介', '亽' 등이 있는데, 처음에는 지붕뿐인 움집(∧)이었다가 벽(介)이 생기고, 다시 그럴듯한 집(亽)이 되어 지금처럼 '여섯 육(六)'자로 바뀌었다. 많은 학자들이 '六'자가 '집의 형태'에서 비롯됐다는 점에는 거의 동의하면서도 어째서 그렇게 변했는지에 관해서는 아직 정설이 없다. 그러나 사람들한테만 쓰게 된 '집 면(宀)'의 옛자(∩, 介, ∩) 역시 실은 '六'자의 옛자 (∧, 介, 亽)와 거의 비슷하다. 또한 '六'자의 갑골문 '∧'자나 '介'자는 실제로 정육각형의 한 부분과도 같다.

'七(칠)'자는 원래 수효를 헤아릴 때 쓰던 결승의 한 마디를 잘라내거나 쳐낸 모습인 十이었는데, 결승을 한 매듭 지어낸 모습인 丨에서 나온 '열 십(十)'자와 비슷하기 때문에 혼선을 피하고자, 꼬리를 비튼 모습인 로 바뀌었다가 오늘날과 같은 모양의 '七'이 되었다. 그 증거로는 "자르거나 쳐낸다"는 뜻을 지니는, '칠(七)'자와 '칼 도(刀)'자를 더해 만든 '자를 절(切)'자를 들 수 있다.

한편 '여덟 팔(八)'자가 나눈다는 뜻을 가지고 있다는 증거로는, '八'자와 '칼 도(刀)'를 더해 만든 '나눌 분(分)'자를 들 수가 있다.

잔뜩 구부린 팔뚝과 손으로 모든 걸 싸안은 모습인 가 '아홉 구(九)'자다. 이 '九'자에 '구멍 혈(穴)'자를 더하면 "마지막까지 파낸다"라는 뜻으로, '연구(硏究)'나 '탐구(探究)' 등에 쓰이는 '끝까지 헤아릴 구, 다할 구(究)'자가 된다. 마지막 열 번째로 헤아린 새끼줄에 동그란 매듭을 지어 '털고(0) 다시 새로운 하나(1)가 된다'는 뜻(0+1=10)을 나타낸 '열 십(十)'자는 이다. 이 형태는 오늘날까지도 크게 변하지 않고 사용되고 있다.[4]

한자에서 보이는 결승법

중국의 여러 고전을 보면 문자나 숫자를 기록하는 수단이 없었던 먼 옛날에 끈을 묶어 수를 표시하는 결승법이 있었음을 알려주는 구절이 있다. 그러나 중국에서 실제로 행해졌던 결승법이 어떤 것인지는 확실하게 알 수 없다. 남아 있는 유물에서 매듭의 수나 간격 또는 늘어진 끈의 줄의 수로 양을 나타냈을 것이라는 추측을 할 수 있을 뿐이다.

결승법의 흔적은 한자에서도 찾을 수 있는데, 3,000여 년 전 갑골문에 남아 있는 수를 뜻하는 한자 '수(數)'의 초기 형태는 끈으로 매듭을 묶는 손 모양을 하고 있다.[3] 이는 수를 나타내기 위해 끈을 묶어 표시한 것과 관련된 한자임을 추측할 수 있다. 또 계산을 뜻하는 '산(算)'은 그림에서 보듯이 대나무 막대를 나타내는 윗부분과 손을 나타내는 아랫부분으로 이루어져 있다. 이것은 산목으로 계산했던 모양을 나타내는 것이다.

수(數)의 초기 형태

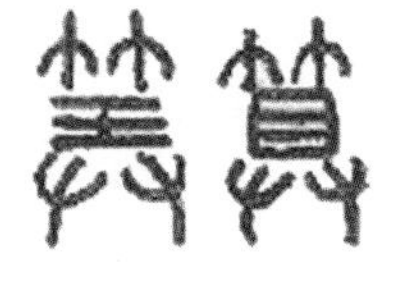
산(算)의 초기 형태

우리나라에서는 1910년대 말까지 전라남도의 농촌 지역에서 결승법이 사용되었다고 한다. 오른쪽 그림은 당시에 사용되었던 결승법을 재현한 것으로, 묶는 끈의 횟수가 수를 나타낸다. 끈을 묶어서 수를 표현하는 방법은 지역에 따라 조금의 차이는 있으나 5진법의 원리가 적용되었음을 그림에서 알 수 있다.

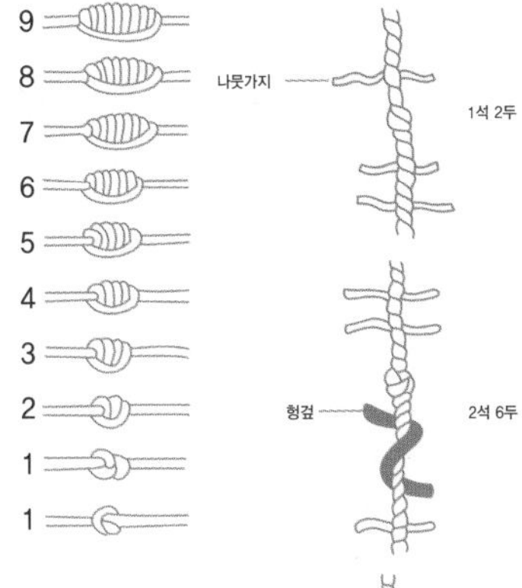

『손자병법』과 진시황, 병법과 치국에 수를 쓰다

도량형

'싸우지 않고 승리하는 법'을 알게 한 수학

『손자병법(孫子兵法)』은 지금으로부터 약 2,500년 전 춘추전국시대(春秋戰國時代)의 인물 손무(孫武)가 지은 책으로 가장 오래된 병법서다. 『손자병법』은 적과 싸워서 이기는 방법을 설명한 책이라기보다는 '싸우지 않고 승리하는 법'을 가르쳐준다. 내용이 간결하고 전쟁의 심리를 잘 묘사한 병법서이기에 삼국시대의 영웅 조조(曹操)는 『손자병법』을 연구하여 주해서를 남겼으며, 프랑스의 나폴레옹도 『손자병법』

을 항상 옆에 놓고 읽었다고 한다.

1972년 중국 산둥성에서 발견된 『손자병법』의 죽간.

『손자병법』을 지은 손무는 제(齊)나라에서 태어난 병법가로 양쯔 강 하류에서 번영을 누렸던 오(嗚)나라 왕 합려(闔閭)의 장수였다. 오나라가 서쪽의 강국인 초(楚)나라를 격파하고, 북쪽으로는 제나라와 진(晉)나라를 위협하고 남쪽으로는 월(越)나라와의 전쟁을 승리로 이끈 것은 모두 손무의 공이었다. 손무는 예부터 내려오던 병서에 자신의 경험을 토대로 한 독창적인 전술을 더해 『손자병법』을 완성했다. 『손자병법』은 전쟁의 법칙을 탐구한 최초의 책으로, 설명이 너무나도 과학적이어서 무속적인 방법으로 길흉화복을 점치던 당시로서는 획기적인 내용을 담고 있다.

전쟁을 할 때 병사의 수나 군마·식량을 세는 데 숫자를 활용해야 하기 때문에, 모두 13편으로 되어 있는 『손자병법』에도 당시의 수학이 활용되었음은 분명하다. 여기서는 도량형(度量衡)에 관한 제4편의 내용을 소개하겠다.

제4편인 「군형편(軍形篇)」에는 다음과 같은 내용이 있다.

> 병법에는 첫째는 도(度)요, 둘째는 양(量)이요, 셋째는 수(數)요, 넷째는 칭(稱)이요, 다섯째는 승(勝)이라고 하였다. 즉 땅에 따라 도가 생기고, 도에 따라 양이 생기고, 양에 따라 수가 생기고, 수에 따라 칭이 생기고, 칭에 따라 승리가 생긴다.[5]

병법에 따르면 전쟁에서 승리하고 패배함은 다음의 5가지 요소에 의하여 결정된다.

첫째, 국토가 넓은가 좁은가? 둘째, 생산되는 물자가 많은가 적은가? 셋째, 인구가 많은가 적은가? 넷째, 군대의 전력이 강한가 약한가? 다섯째, 승리와 패배의 예측은?

국토의 넓고 좁음은 지형에 따라 결정되고, 국토의 넓이에 따라 생산되는 물자의 많고 적음이 결정되고, 물자가 많고 적음에 따라 인구의 많고 적음이 결정되고, 인구의 많고 적음에 따라 전력의 강약이 결정되고, 전력의 강약에 따라 전쟁의 승패가 결정된다. 따라서 국토의 크기를 측량하는 것과 물자의 양을 재는 것은 전쟁에서 승리하기 위해 매우 중요한 일이므로 반드시 그 크기와 양을 재는 정확한 방법이 필요하다. 그리고 이것을 최초로 통일한 인물이 진시황이다.

강력한 집권을 위해 도량형을 통일하다

전국시대가 끝나갈 무렵 모든 제후국이 평화와 통일을 바랐는데, 그 현실적인 방안은 부국강병과 전쟁에 의한 합병이었다. 이때 한비자(韓非子)는 기존의 여러 법가사상을 통합했다. 그가 생각하는 법치(法治)의 기본은 철저하고 엄격한 상벌을 통해 사적인 것을 배척하고 공적인 것을 이롭게 하는 것이었다. 이와 같은 한비자의 법가사상은 진(秦)나라에 의해 실현되어 전국시대의 분열을 끝내고 최초로 대륙을 통일하는 기틀이 되었다. 가장 넓은 영역을 지배한 진나라는 서양에 '진(Chin)'이란 이름으로 알려졌고, 이것이 오늘날 중국을 '차이나

(China)'라고 부르게 된 기원이 되었다.

기원전 221년, 최후의 승리를 거두고 중국을 통일한 진왕(秦王) 정(政)은 군주의 호칭이 멸망한 6국의 군주들이 사용했던 '왕(王)'과 같아서는 안 된다고 생각했다. 그는 새로운 군주의 호칭을 "삼황오제(三皇五帝)의 재능과 덕을 고루 겸비한 자"라는 의미에서 '황제(皇帝)'라고 했고, 처음으로 황제라는 칭호를 사용했기 때문에 '시황제(始皇帝)'라 불렸다.

시황제는 확대된 제국을 효율적으로 지배하기 위해 중앙관리제도를 세분화하고, 지방을 군현(郡縣)으로 나누었으며, 전국 각지에 이르는 길인 치도(馳道)를 만들어 지방에 대한 통제력을 더욱 강화했다. 치도는 '빨리 달리는 길'이라는 뜻으로, 지방에 황제의 명을 전하거나 반란이 일어났을 때 신속하게 진압하기 위한 것이었다. 또한 시황제는 자신에게 항상 충성하는 강력한 군대를 필요로 했기 때문에, 늘 훈련받고 전쟁에 참여할 준비가 돼 있는 상비군을 만들었다.

하지만 관료제도와 상비군을 유지하려면 지속적으로 많은 돈이 필요했다. 따라서 농업 생산력을 높이려는 노력과 함께 백성들에게서 노동력 · 병력 · 곡식 · 옷감 · 특산물 등을 거둬들여 국가를 운영하는 데 필요한 경비를 충당하는 '수취제도'를 시행했다.

진나라가 중국을 통일하기 전에는 각 제후국에서 사용하는 화폐나 곡식의 무게, 옷감의 길이 등을 측정하는 방법과 단위가 각각 달랐다. 그런데다가 나라 안에서조차 지역마다 무게나 길이를 재는 단위가 달랐다. 이 때문에 공평하게 세금을 부과하는 것은 굉장히 복잡하고 힘든 일이었다. 악덕 지주들은 통일되지 않은 단위를 이용해 힘없는 백성들을 착취하기까지 했다.

진시황은 제후국마다 서로 달랐던 화폐와 도량형, 수레바퀴의 폭을 통일했다. 마찬가지로 조금씩 달랐던 문자도 정리했다. 이와 같은 것들은 진나라가 멸망한 뒤 한(漢)나라에 그대로 전해져서 동양의 도량형과 한자의 원형이 되었다. 특히 진시황이 아시아 최초로 정리한 도량형은 이후 아시아 문화의 기초가 되었으며, 20세기 초에 국제표준으로 변경되기 전까지 우리나라와 일본을 비롯한 아시아의 여러 나라에서 사용되었다.

도량형에서 도(度)는 길이, 양(量)은 부피, 형(衡)은 무게를 뜻한다. 우리나라는 현재 길이 · 넓이 · 부피 · 무게를 나타내는 도량형의 단위로 미터법을 택하고 있으나 얼마 전까지만 해도 척 · 평 · 섬 · 근과 같은 단위를 사용했다.

황종관
종소리를 내는 율관(律管, 음악에서 기본이 되는 음을 불어서 낼 수 있는 원통)으로 길이는 9촌(寸)이고, 둘레는 9푼(分)이다. 12율을 기본으로 한다.

진시황은 음악에서 12율의 기본음을 정하는 척도가 되는 피리인 황종관(黃鐘管)을 사용해 도량형을 정했다. 일정한 음을 내는 피리의 길이가 고정되어 있다는 사실을 이용하여 도량형의 표준으로 삼은 것은 당시로서는 매우 과학적인 기준이었다. 중국의 역사를 다룬 『한서(漢書)』의 「율력지(律曆志)」에 이 제도가 다음과 같이 기록되어 있다.

> 도는 황종관의 길이를 기본으로 삼는다. 거서(秬黍)의 중간쯤 되는 낱알을 황종관과 나란히 배열하면, 이 관의 길이는 거서 알 90톨에 해당한다. 이 한 톨의 폭을 1푼(分), 10푼을 1치(寸), 10치를 1자(尺), 10자를 1장(丈), (……) 양(量)은 황종관의 들이를 기본으로 한다. 황종관에 거서 알을 넣으면 1,200톨로 가득 찬다. 이때의 들이를 약(龠)으로 하고 2약을 홉(合), 10홉을 되(升), 10되를 말(斗), 10말을 곡(斛), (……) 형(衡)은 황종관의 무게를 기본으로 한다. 1약에 채워지는 1,200톨의

거서 무게를 12수(銖)로 삼고, 24수를 양(兩), 16냥을 근(斤), 30근을 균(鈞), 4균을 섬(石)으로 한다.[6]

여기서 '거서'란 검은 기장을 말한다. 진시황은 도량형의 표준이 되는 자와 되 그리고 저울을 대량으로 생산하여 백성들에게 나눠주었다.

진시황은 일반 백성을 위해 도량형을 정비하는 등 훌륭한 정책도 많이 폈지만 당시 중국 북방 지역과 중앙아시아를 지배하던 흉노의 침입을 막고자 여기저기에 성을 쌓는 등 대규모 토목사업을 벌였다. 시황제는 또 이렇게 쌓은 성들을 연결하는 토목공사를 벌였는데, 이 성들이 모두 연결되어 만들어진 것이 바로 '만리장성'이다.

또 그는 황제의 권위를 밖으로 드러내기 위해 아방궁(阿房宮)과 여산릉(驪山陵)을 짓도록 했다. 아방궁은 시황제가 세운 2층 궁전으로 규모에 대해서는 여러 가지 설이 있으나 동서로 약 700m, 남북으로는 약 120m

진시황릉(여산릉) 병마용갱(兵馬俑坑). 진시황릉에서 1㎞가량 떨어져 있는 유적지로 흙을 구워 만든 수많은 병사, 말 등의 모형이 있는 갱도이다.

에 이르며, 최대 10,000명을 수용할 수 있었다고 한다. 여산릉은 시황제 자신의 능으로 지금의 산시성(山西省)에 있으며, 동서가 485m, 남북이 515m, 높이가 약 76m에 이른다. 70만여 명의 죄수를 부역시켜 만들었으며, 그 내부에는 궁전을 만들고 온갖 진기한 물건을 채워넣었다.

진시황의 이런 무리한 정책으로 가혹한 부역과 세금을 짊어지게 된 백성들의 불평불만은 점점 커져갔다. 백성들뿐만 아니라 전국시대 제후들의 후손들도 진나라의 획일적인 군현제와 법가사상을 바탕으로 한 혹독한 정치 때문에 그동안 누리던 모든 특권과 혜택을 박탈당하자 불만과 원한이 깊어갔다. 하지만 시황제가 살아 있는 동안에는 그의 위엄과 권위에 눌려 그들의 불만과 원한은 표면화하지 않았다.

그런데 기원전 210년 시황제가 전국을 순회하는 도중 돌연 사망하자, 맏아들 부소(扶蘇)가 아닌 둘째 호해(胡亥)가 황제의 자리를 잇게 되었다. 불행인지 다행인지 호해는 무능했고, 무능한 황제 밑에 있는 신하들은 권력욕에 사로잡혀 정치는 문란해졌다. 그러자 그동안 참아왔던 불만과 불평이 일순간에 터져 반란으로 이어졌다. 결국 진나라는 통일 제국을 성립한 지 16년 만에 멸망했고, 그 뒤를 이어 한나라가 중국을 통일하게 되었다.

TIP

십진미터법에서 발전한 SI 단위계

되나 척을 쓰던 측정 단위가 현재는 미터법으로 바뀌었는데, 이 미터법은 프랑스에서부터 시작되었다. 국제표준단위인 미터의 기원은 프랑스 혁명이 일어난 1790년경에 발명된 '십진도량형'이다.

정확한 표준단위를 설정하려면 변하지 않는 기준이 필요했는데, 지구의 둘레가 변하지 않는다는 생각으로 최초로 정한 길이의 단위 1미터(m)는 지구둘레의 4,000만분의 1이 되었다. 북극에서 시작하여 파리를 지나 적도를 통과하고 남극을 지나는 큰 원을 그리면 이 원은 북극과 적도, 적도와 남극, 다시 남극과 적도, 적도와 북극의 4개 부분으로 나뉜다. 같은 길이를 갖는 4개 부분으로 나누어진 대원(大圓) 각각을 다시 1,000만으로 나누어 1미터를 정한 것이다.

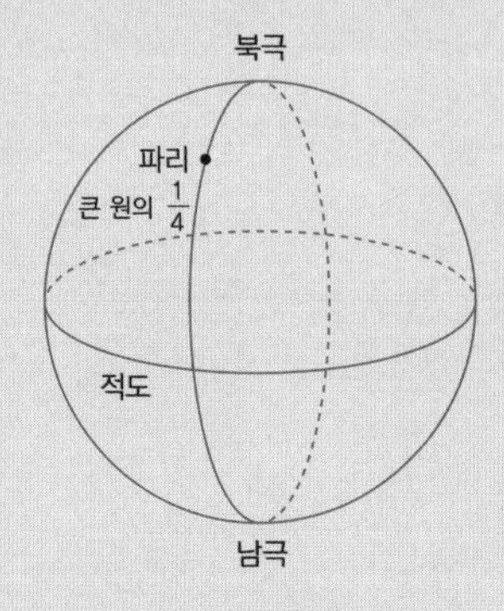

십진미터법은 1875년 17개국이 미터협약에 조인하여 국제적인 단위체계로 발전하는 계기가 되었다. 이 체계는 1960년 제11차 도량형총회(General Conference on Weights and Measures)에서 채택되고 국제적으로 SI(프랑스어로 '국제단위계'를 뜻하는 'Le Systéme International d'unités'의 약자)라는 약어로 통일되어 SI 단위계라고 불리게 되었다.

SI 단위계에서 1미터는 빛이 진공에서 $\frac{1}{299792458}$초 동안 진행한 경로의 길이다. 이 규정에 따라 우리나라에서는 요오드 안정화 헬륨-네

온 레이저를 이용해 그 진공 파장의 길이를 1미터로 정하고 있다. 질량의 단위는 킬로그램(kg)으로, 1킬로그램은 백금 90%, 이리듐 10%의 합금으로 되어 있고, 높이와 지름은 각각 3.9㎝인 원통체의 질량이다. 시간의 단위는 초(s)로, 1초는 온도가 0K(절대온도)인 세슘-133 원자가 9,192,631,770번 진동하는 시간이다.

이 밖에도 전류의 단위 암페어(A), 온도의 단위 캘빈(K), 물질량의 단위 몰(mol), 광도의 단위 칸델라(cd) 등을 사용하고 있다.

『삼국지』 속 '계륵'에 담긴 수학적 비밀

암호

군대 암호로 작전을 펼친 조조

중국의 삼국시대는 진(晉)나라에 의해 통일되었고, 이 과정을 기록한 책이 진수(陳壽)가 지은 『삼국지』다. 그런데 이 책은 우리가 알고 있는 『삼국지』가 아닌 역사서였는데, 세월이 흐르며 『삼국지』의 내용이 사람들의 입에서 입으로 전해지는 과정에서 살이 붙고 재미가 더해지게 되었다. 이것을 한 편의 장편소설로 만든 사람이 원(元)나라 말기에서 명(明)나라 초기의 인물 나관중(羅貫中)이다. 그는 정사(正史)인

진수의 『삼국지』를, 한나라의 부흥을 꿈꾼 촉(蜀)나라 유비(劉備)를 주인공으로 하는 『삼국지연의(三國志演義)』라는 책으로 재탄생시켰다. 이 『삼국지연의』가 바로 오늘날 우리가 즐겨 읽는 『삼국지』다.

『삼국지』에는 관우와 장비의 의리, 조자룡과 제갈공명의 충성, 조조의 계략, 격렬하고 생생한 전투, 서로 속고 속이는 권모술수뿐만 아니라 영웅의 파란만장한 인생이 생생하게 녹아 있기 때문에 풍부하고 다양한 지혜를 배울 수 있다. 물론 『삼국지』에서도 많은 수학적 사실을 발견할 수 있다. 그 가운데 조조와 관련된 이야기를 하나 소개하겠다.

본격적인 위 · 촉 · 오 삼국시대가 형성되기 이전인 216년, 위나라의 조조는 스스로 왕위에 올라 위왕이라고 칭했다. 그리고 3년 뒤인 219년 유비와 한중(漢中) 지방의 땅을 놓고 다투게 되었는데, 이때 유비도 이미 익주(益州, 지금의 쓰촨성 지방)를 차지하고 한중으로 진출하여 한중왕에 올랐다. 조조는 유비를 몰아내기 위해 대군을 이끌고 한중으로 진군했으나, 이미 조조를 맞아 싸울 준비를 끝내고 있던 유비의 군사는 제갈량의 계책에 따라 정면 대결을 피한 채 시종 보급로 차단에만 주력했다.

그러나 조조는 그에 대한 준비가 되어 있지 않았다. 준비가 없었기 때문에 보급로가 끊긴 데다가, 한중 지방의 험악한 지형으로 인해 전투에서 고전한 조조의 군대는 진군하지도 못하고 수비하기에도 곤란한 상황에 처했다. 설상가상으로 배가 고파 도망치는 군사도 속출했다. 그러던 어느 날 조조의 장수 하나가 그날 밤에 사용할 군대의 암호(暗號)를 무엇으로 할지 물었다. 잠시 생각하던 조조는 이렇게 말했다.

"오늘 밤 우리 군의 암호는 계륵(鷄肋, 닭의 갈비)이다."

그 말을 듣고 군사(軍師) 양수(楊修)만이 서둘러서 짐을 꾸리기 시작했다. 한 장수가 이유를 묻자 양수는 이렇게 대답했다.

"닭갈비는 먹자니 먹을 게 별로 없고 버리자니 아까운 것이지요. 그런데 지금 전하께서는 한중 역시 그런 닭갈비 같은 땅으로 생각하고 철군을 결심하신 것입니다."

과연 조조는 며칠 뒤 한중에서 전군을 철수시켰다. 여기에서 유래한 '계륵'은 먹자니 먹을 것이 별로 없고 버리자니 아까운 경우를 비유해서 이르는 말이 되었다.

군대에서 군사를 움직이는 일이 적에게 발각되면 어떤 일이 벌어질까? 아마도 전멸을 당하기 쉬울 것이다. 따라서 군대에서는 비밀을 지키기 위해 신중을 기해야 하고, 그때 반드시 필요한 것이 암호다.

물론 암호는 군대에서만 필요한 것은 아니다. 인터넷으로 물건을 살 때, 신용카드 번호와 비밀번호가 다른 사람에게 알려진다면 어떻게 될까? 은행에서도 마찬가지이다. 계좌 잔고라든가 거래내역이 공개되어선 안 된다. 전자상거래나 은행 거래와 같은 전자공학을 이용한 정보교환이 늘어날수록 암호에 의한 정보보호장치가 더욱더 필요하다.

카이사르 암호와 스키테일 암호

기록에 의하면 로마시대에 카이사르(Gaius Julius Caeser)는 암호를 사용하여 정보를 주고받았다 한다. 이를 '카이사르 암호(Caesar cipher)'라고 하는데, 이는 오래된 암호 가운데 가장 잘 알려진 방식으로 간단한 치환암호의 일종이다. 즉 암호화하고자 하는 내용을 알파벳별로 일정한 거리만큼 밀어서 다른 알파벳으로 치환하는 방식이다.

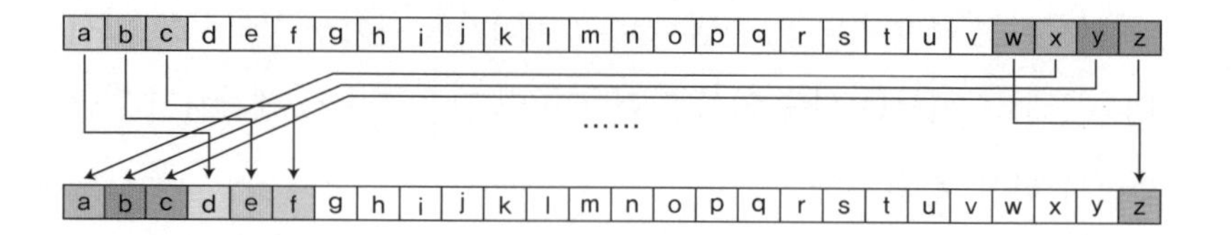

예를 들어 3글자씩 밀어내는 카이사르 암호를 이용하여 'come back home'을 암호화해보자. 우선 'come back home'의 알파벳을 순서대로 늘어놓은 후 세 글자씩 밀어내면 다음과 같이 'frphedfnkrph'가 된다. 이 문장을 원래의 문장으로 바꾸려면 다시 뒤로 3글자씩 밀면 된다.

c o m e b a c k h o m e

f r p h e d f n k r p h

그런데 이런 암호는 영어에서 사용하는 알파벳의 사용 빈도를 이용하면 비교적 쉽게 해독할 수 있다. 실제로 영어에는 E가 12.51%, T가 9.25%, A가 8.04%, O가 7.60%, I가 7.26%, N이 7.09%, S가 6.54%, R이 6.12%, H가 5.49% 사용되고 있다. 따라서 암호문 가운데 가장 많이 사용된 알파벳을 E로 대신하고 그다음으로 많이 사용된 알파벳을 T로 바꾸면 해독작업이 한층 수월해진다. 또 영어에서 가장 빈번하게 짝지어지는 철자는 TH이며, HE, AN, IN, ER 등이 그다음으로 많이 나타난다. 그리고 사용 빈도가 가장 높은 단어들은 THE, OF, AND, TO, A, IN, THAT, IS순이다. 카이사르 암호는 이런 사실을 바탕으로 해독할 수 있다.

사실 카이사르 암호는 단순한 함수다. 예에서 보았듯이 세 글자씩 밀어내는 것은 $y=x+3$인 일차함수와 같다. 주어진 일차함수에 의하면 x에 어떤 값을 대입했을 때 y는 x보다 3만큼 밀려서(더해서) 나오게 된다. 따라서 암호도 함수를 이용해 만들어진다는 것을 알 수 있다.

카이사르 암호는 간단하게 암호화할 수 있다는 장점이 있지만, 긴 문장의 경우 알파벳의 사용 빈도수가 드러나기 때문에 해독이 쉽다는 단점이 있다. 이런 카이사르 암호보다 해독하기 어려운 것이 '스키테일 암호(Scytale cipher)'다.

그리스의 역사학자 플루타르크에 따르면 지금으로부터 약 2,500년 전 고대 그리스의 스파르타에서 전쟁터에 나가 있는 군대에 비밀 메시지를 전할 때 이 암호를 사용했다고 한다. 이들의 암호는 오늘날의 시각에서 보면 매우 간단하지만, 당시로서는 아무나 쉽게 해독할 수 없는 매우 교묘하고도 획기적인 것이었다. 스키테일 암호는 다음과 같은 방법으로 암호화한다.

① 전쟁터에 나갈 군대와 본국에 남아 있는 정부는 각각 스키테일이라는 굵기가 같은 원통형 막대기를 나누어 갖는다.

② 비밀리에 보내야 할 메시지가 생기면, 암호 담당자는 스키테일에 가느다란 양피지 리본을 위에서 아래로 감은 다음 막대기를 옆으로 뉘어놓고 메시지를 적는다. 그러면 일정한 간격으로 글자가 써진다.

③ 리본을 풀어내어 펼친 후 비어 있는 공간에 적당히 글씨를 채워 넣는다. 그러면 메시지의 내용은 아무나 읽을 수 없게 된다.

스키테일 암호

이 암호는 오직 같은 굵기의 원통형 막대기를 가진 사람만이 읽을 수 있다. 스키테일 암호는 문자는 그대로 사용하고 위치만 바꾸어 암호화하는 '전치암호'다. 일반적으로 많이 사용되는 암호들이 전치암호에 바탕을 두고 있기 때문에 전치암호는 현대 암호 분야에서도 중요한 역할을 하고 있다.

세계표준으로 쓰이는 RSA 암호

> **공개 키 암호**
> 암호 방식의 한 종류로, 사전에 비밀 키를 나눠 갖지 않은 사용자들이 안전하게 통신할 수 있도록 한 암호다. 공개 키 암호 방식에서는 공개 키와 비밀 키가 존재하며, 공개 키는 누구나 알 수 있지만 그에 대응하는 비밀 키는 키의 소유자만이 알 수 있어야 한다.

오늘날 가장 널리 알려진 암호는 'RSA 암호'라고 하는 공개 키 암호다. RSA는 1978년 매사추세츠 공과대학(MIT)의 리베스트(R. Rivest), 샤미르(A. Shamir), 아델먼(L. Adelman)이 공동으로 개발했기 때문에 그들 이름의 앞 글자를 따서 붙인 명칭이다. RSA 암호는 큰 수의 소인수분해에는 많은 시간이 소요되지만 소인수분해의 결과를 알면 원래의 수는 곱셈에 의해 간단히 구할 수 있다는 사실에 바탕을 두고 있다. RSA 방식은 현재 공개 키 암호체계의 사실상의 세계 표준이다. 기본적으로 다음과 같은 규칙으로 진행된다.

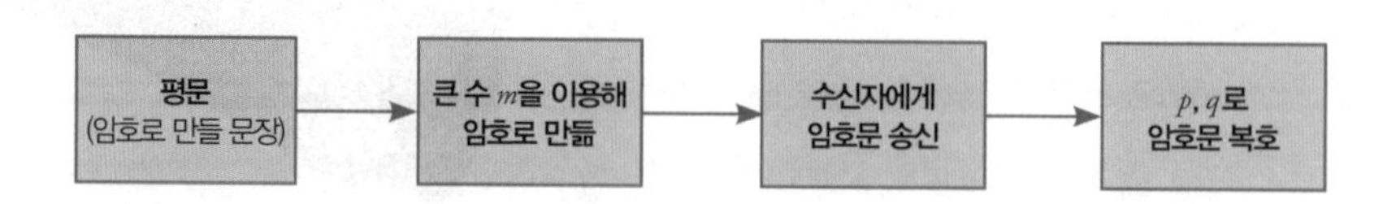

여기서 m은 알려지지 않은 두 소수 p, q의 곱 $m = pq$이다. 따라서 암호문을 원래의 평문으로 돌리려면 m을 소인수분해하여 p와 q를 구해야 한다.

예를 들어 다음 수들은 두 소수를 곱한 것들이다. 과연 어떤 소수들을 곱한 것일까?

① 221

② 2,491

③ 12,091

④ 82,333

⑤ 4,067,351

아마도 ①과 ②는 비교적 빠른 시간 안에 2개의 소수를 찾을 수 있었을 것이다. $221 = 13 \times 17$이고 $2491 = 47 \times 53$이므로 ①의 경우 13과 17이고, ②는 47과 53이다. 하지만 ③의 경우 두 소수 107과 113을 찾는 것은 쉽지 않다. 더욱이 ④의 281과 293은 더 어렵고, ⑤의 1,733과 2,347은 아마도 찾기를 포기했을 수도 있다. 이처럼 어떤 수가 두 소수의 곱이라고 할 때 그 두 소수가 무엇인지 찾는 것은 쉽지 않은 문제다.

예를 들어 어떤 암호를 만드는 데 두 소수를 곱한 수 4,067,351을 이용했다는 사실을 공개했다고 가정하자. 암호문을 원래의 문장으로 바꾸는 것을 '복호(複號)'라고 하는데, 암호를 복호하기 위해서는 이 수가 어떤 소수들의 곱으로 되어 있는지 알아야 한다. 그런데 두 소수 1,733과 2,347을 주고 이들의 곱을 계산하라는 문제는 아주 쉽지만, 거꾸로 4,067,351이 어떤 소수들의 곱으로 되어 있는지를 찾는 소인수분해 문제는 매우 어렵다. RSA 암호는 바로 이와 같은 원리를 이용한 것이다. 이런 원리는 마치 들어가기는 쉽지만 나오기는 어려운 덫에 설치된 문과 같기 때문에 '덫문'이라고도 한다.

RSA 암호가 처음 소개되었을 때, 예로 들었던 두 소수의 곱은 다음과 같다.

m=1438162575788886766923577997614661201021829672
1242362562561842935706935245733897830597123563958
705058989075147599290026879543541

> **알고리즘**
> 유한한 단계를 통해 문제를 해결하기 위한 절차나 방법. 주로 컴퓨터용어로 쓰이며, 컴퓨터가 어떤 일을 수행하기 위한 단계적 방법을 말한다.

당시 알려진 정수의 인수분해 알고리즘(algorithm)을 이용하여 위의 m을 두 소수의 곱으로 인수분해하는 데는 약 40,000,000,000,000,000년이 걸릴 것으로 예상했다. 그러다가 약 18년 뒤인 1994년에 인수분해 알고리즘이 개량되어 $m=pq$인 두 소수 p, q가 다음과 같다는 것을 알아냈다.

p=3490529510847650949147849619903898133417764638
493387843990820577

q=3276913299326670954996198819083446141317764296
7992942539798288533

RSA 암호체계의 안전성은 정수의 인수분해 문제가 어렵다는 사실에 근거를 두고 있다. 200자리의 수를 인수분해하는 데는 상당한 시간이 걸릴 것으로 예상되므로, 서로 다른 두 소수 p, q를 보통 100자리 정도의 소수로 택한다.

공개 키 암호체계는 오늘날 은행 저금통장의 비밀번호에서부터 인터넷에서 사용되는 ID와 암호 등에 이르기까지 다양하게 이용되고 있다. 그러나 인수분해 알고리즘이 계속해서 발전하고 있기 때문에 그에 대응하여 더 큰 소수가 필요하게 되었다. 때문에 소수를 연구하는 수학자들은 더 큰 소수를 찾기 위한 노력을 지금도 계속하고 있다.[7]

TIP

최첨단 정보전쟁에서 암호로 사용되는 소수

물질을 이루는 기본 단위인 '원자(atom)'는 "더 이상 나누거나 분해할 수 없는 물질"이라는 뜻이다(오늘날에는 더 작은 성분으로 나눌 수 있다). 물질에서 원자와 같은 개념을 수학에 적용한 것이 '소수(prime number)'다. 즉 어떤 수를 분해할 때 "더 이상 분해할 수 없는 수"를 소수라고 생각하면 된다.

소수의 수학적 정의는 1과 자기 자신 외의 다른 양의 정수로 나누어지지 않는 정수 $p(p>1)$이다. 한편 1보다 큰 정수 a가 소수가 아닐 때, 즉 $a=de$, $1<d<a$, $1<e<a$인 정수 d, e가 존재할 때 a를 '합성수(composite number)'라고 한다. 이와 같은 소수가 모든 정수의 기본이 되는 수임을 설명해주는 것이 다음 '정수론의 기본정리'이다.

> 2보다 큰 모든 정수 n은 유한개의 소수들 $p_1, p_2, \cdots, p_k$의 곱 $n=p_1p_2\cdots p_k$으로 쓸 수 있고, 소수들의 순서를 생각하지 않는다면 이 표시는 유일한 것이다.

위와 같이 1보다 큰 양의 정수 n을 유한개의 소수 $p_1, p_2, \cdots, p_k$의 곱 $n=p_1p_2\cdots p_k$로 쓸 수 있는데, $p_1, p_2, \cdots, p_k$를 n의 소인수, $n=p_1p_2\cdots p_k$를 n의 소인수분해라고 한다.

수학에서 소수는 '구성의 기본 단위'이다. 따라서 어떤 수의 성질을 알아내려면 그 수의 소인수가 무엇인지 알아야 한다. 이것은 마치 어떤 화합물을 적당한 용도로 사용하기 위해 그 물질에 어떤 원자가 얼마만큼의 비율로 들어 있고, 그들의 결합 상태가 어떤지를 알아내야 하는 것과 같다.

소수는 여러 분야에서 매우 다양한 형태로 사용된다. 특히 오늘날의 최첨단 정보사회에서 소수는 정보를 보호하는 암호에 사용되고 있다. 오늘날 사용되는 거의 모든 암호는 공개 키 암호체계로 만들어져 있다. 공개 키 암호체계는 암호를 만든 방식은 공개되지만 그 암호를 복호할 수 있는 키를 알아내기는 불가능한 방식이다. 이런 방식이 가능한 이유는 큰 정수를 소인수분해하는 것이 매우 어렵기 때문이다.

역사 속 인물이 풀어내는 수학 이야기

—— 수학은 누가 연구하고 발전시킬까? 예를 들어 스마트폰을 만드는 회사만 있고 그것을 사용하는 사람들이 없다면, 아무리 뛰어난 성능의 스마트폰을 많이 만든다고 해도 결국 회사는 문을 닫게 될 것이다. 이와 마찬가지로 수학자가 인간 생활에서 중요하고 꼭 필요한 수학 이론을 연구하고 발전시켜나간다 해도 그것을 활용하는 사람들이 없다면 수학은 그저 학자들의 취미에 지나지 않을 것이다.

현대를 살아가는 사람은 알건 모르건 누구나 수학을 활용하며 살아가고 있다. 특히 우리가 논리적으로 생각하고 행동하는 이면에는 수학적 인식이 기본적으로 깔려 있다. 수학적 개념의 깊이 있는 이해와 활용, 합리적인 문제 해결 능력과 태도는 개인의 관심 분야를 이해하는 데 필수적일 뿐만 아니라, 전문적인 능력을 향상시키고 민주시민으로서 합리적 의사결정 방법을 습득하는 데도 중요하다. 사실 수학적 지식과 사고방식은 오랜 역사를 통해 인류의 문명에 지적 동력으로서의 역할을 해왔으며, 미래 지식기반 정보화사회를 살아가는 데 필수적인 것이다.

따라서 전문적으로 수학을 연구하지는 않았지만 여러 분야에서 그 이론을 활용한 사람들의 이야기를 살펴본다면 우리가 수학을 공부해야 하는 이유를 조금 더 깊이 이해할 수 있을 것이다. 인류의 역사를 통해 수많은 사람들이 수학을 활용해왔고, 지금도 끊임없이 이용하고 있다. 하지만 그들을 모두 언급할 수는 없으므로, 여기서는 몇몇 역사적 인물만을 그들의 이야기와 관련된 수학자와 아울러 간단히 소개하겠다.

시로 수의 개념을 확장한 김삿갓

수의 단위

해학적인 시구에 깃든 무한 개념

"수학은 개인의 천재성에 크게 영향받는다. 그러나 사회의 묵시적인 승인이 있어야 반영된다. 수학의 전개 형식은 인문주의적이지만 그 응용은 과학기술적이다."

이 말은 데이비스(Philip J. Davis)와 허시(Reuben Hersh)가 지은 『수학적 경험(*The Mathematical Experience*)』[1]에 나온다. 이 책에서 저자들은 수학자 아들러(Alfred Adler)의 수학에 대한 견해를 다음과 같이 소개했다.

"수학의 창조자가 느끼는 기쁨과 평화로움 그리고 자신감은 이 세상 어느 것에도 비교할 수 없다. 또한 위대하고 새로운 수학적 구조는 불멸의 승리다."

이와 같은 이유로 수학과 문학은 종종 같은 부류로 취급받기도 한다. 수학과 문학은 많은 면에서 공통점을 가지고 있다. 수학자 중에는 문학에 뛰어난 소질을 가진 인물들이 자연과학의 다른 분야에 비해 훨씬 많다. 예를 들면 『팡세(*Pensées*)』를 지은 파스칼(Blaise Pascal)과 노벨문학상을 수상한 러셀(Bertrand Russell)이 그러하다. 또한 불변식론(不變式論)의 실베스터(James J. Sylvester)도 시를 즐기던 수학자였다.

불변식론
사상 또는 연산에 의해 변화하지 않는 식을 뜻하는 '불변식'에 관한 이론.

우리 민족의 경우 관료가 되기 위한 과거시험에 시는 필수였고, 여러 생활 현장, 심지어 술을 마시는 자리에서까지 시를 즐겼다. 특히 과거의 기생들은 모두 시인이었다. 또한 소설 속 인물이지만 시 한 수로 탐관오리를 꾸짖은 「춘향전」의 이 도령까지, 우리 민족에게 시란 생활의 일부였다. 우리 역사 속의 인물 중 가장 세속적인 시인으로 바로 김삿갓을 꼽을 수 있다.

방랑시인 김삿갓! 그는 대동강 물을 팔아먹은 봉이 김선달과 함께 우리 민족의 영원한 해학적 인물이다. 김삿갓의 원래 이름은 김병연인데, 조선 말에 선비 집안에서 태어나 과거에 급제했으나 역적의 자손임을 알고 가정과 관직을 버리고 평생 삿갓을 쓴 채 방랑하며 살았던 실존인물이다. 그의 호방하고 재치 있는 시는 우리에게 널리 알려져 있으며, 얼마 전에는 그 일생이 소설로 그려지기도 했다. 여기서는 『소설 김삿갓』에 나오는 그의 시 중에서 수와 관련된 몇 편을 소개하겠다.

一峯二峯 三四峯	하나, 둘, 셋, 네 봉우리
五峯六峯 七八峯	다섯, 여섯, 일곱, 여덟 봉우리
須臾更作 千萬峯	잠깐 사이에 천만 봉우리로 늘어나더니
九萬長天 都是峯	온 하늘이 모두 구름 봉우리로다.[2]

이는 무한과 관련한 시다. 물론 김삿갓이 무한의 본질을 알고 이 시를 썼는지는 알 수 없다. 그러나 불교에서 무한의 개념을 구체적으로 논의하기보다는 인간의 무지를 일깨우려는 의도로 '항하사(恒河沙, 10^{52})'나 '무량수(無量數, 10^{68})' 같은 큰 수를 사용한 것처럼, 김삿갓 또한 무한의 개념으로 인간의 감성을 자극하려고 했던 듯하다. 이러한 김삿갓의 발상은 칸토어(Georg Cantor)의 무한론의 발상과 일치한다.

구름의 속성상 한 조각의 구름은 무한의 구름이 될 수 있다. 즉 구름을 소재로 무한을 떠올린 김삿갓의 수학적 재치가 넘치는 시다. 그런데 여기서 '수유(須臾)'가 왜 '잠깐 사이'로 해석되는 것일까?

문명의 발달에 따라 등장한 큰 수와 작은 수

도량형의 통일로 인해 인류의 측정기술은 매우 빠르게 발전하고 더욱 정확해졌다. 그리고 문명이 발달할수록 정확해지는 측정단위와 그 단위들에 사용할 큰 수 및 작은 수가 필요하게 되었다.

옛날에는 사용되지 않다가 오늘날 널리 사용되고 있는 큰 단위에는 컴퓨터의 용량을 나타내는 데 주로 사용되는 메가(10^6), 기가(10^9), 테라(10^{12})가 있고, 작은 단위로는 마이크로(10^{-6}), 나노(10^{-9}), 피코(10^{-12})가 있다. 그러나 과학이 더욱 발전할 미래에는 더 큰 단위인 페타(10^{15}), 엑사(10^{18}), 제타(10^{21}), 그리고 더 작은 단위인 펨토(10^{-15}), 아토(10^{-18}), 젭토(10^{-21}) 등도 사용하게 될 것이다.

다음 표는 큰 수와 작은 수를 나타내는 SI 단위계의 접두어이다.

10^n	접두어	기호	한글 명칭	10진수 표현
10^{24}	요타(yotta)	Y	자	1,000,000,000,000,000,000,000,000
10^{21}	제타(zetta)	Z	십해	1,000,000,000,000,000,000,000
10^{18}	엑사(exa)	E	백경	1,000,000,000,000,000,000
10^{15}	페타(peta)	P	천조	1,000,000,000,000,000
10^{12}	테라(tera)	T	조	1,000,000,000,000
10^{9}	기가(giga)	G	십억	1,000,000,000
10^{6}	메가(mega)	M	백만	1,000,000
10^{3}	킬로(kilo)	k	천	1,000
10^{2}	헥토(hecto)	h	백	100
10^{1}	데카(deca)	da	십	10
10^{0}	(없음)	(없음)	일	1
10^{-1}	데시(deci)	d	십분의 일	0.1
10^{-2}	센티(centi)	c	백분의 일	0.01
10^{-3}	밀리(milli)	m	천분의 일	0.001
10^{-6}	마이크로(micro)	μ	백만분의 일	0.000001
10^{-9}	나노(nano)	n	십억분의 일	0.000000001
10^{-12}	피코(pico)	p	일조분의 일	0.000000000001
10^{-15}	펨토(femto)	f	천조분의 일	0.000000000000001
10^{-18}	아토(atto)	a	백경분의 일	0.000000000000000001
10^{-21}	젭토(zepto)	z	십해분의 일	0.000000000000000000001
10^{-24}	욕토(yocto)	y	일자분의 일	0.000000000000000000000001

주사 터널링 현미경
가장 먼저 개발된 원자현미경으로, 1989년 미국 알마든의 IBM연구소에서 개발되었다. 탐침과 같은 것을 탐색 목표의 원자에 접근시켜서 둘 사이에 걸리는 터널 전류를 측정함으로써 원자를 관찰하는 현미경이다.

특히 10^{-9}인 나노는 오늘날의 과학을 이끌어가고 있는 단위다. 나노는 '난쟁이'를 뜻하는 고대 그리스어인 '나노스(nanos)'에서 유래한 말로, 나노과학이 본격적으로 등장한 것은 1980년대 초 '주사 터널링 현미경(STM)'이 개발되면서부터다. 10억분의 1을 뜻하는 나노는 오늘날 매우 미세한 물리학 계량 단위로 사용되고 있으며, 나노세컨드(nanosecond)는 10억분의 1초, 나노미터(nanometer)는 10억분의 1미터를 가리킨다. 10억분의 1미터라고 하면 언뜻 감이 오질 않는데, 일반적으로 사람 머리카락 한 가닥의 굵기가 10만 나노미터라고 하니 어느 정도 길이인지 대충 짐작할 수 있을 것이다.

나노기술은 처음에는 반도체 미세기술을 극복하는 대안으로 연구가 시작되었는데, 오늘날에는 전자 및 정보통신은 물론 기계 · 에너지 · 화학 등 대부분의 산업에 응용되고 있다. 나노기술은 아주 미세한 세계까지 측정하고 관찰할 수 있을 뿐만 아니라, 물질의 최소 단위로 알려진 분자나 원자의 세계로 들어가 이를 조작하고 활용할 수 있다는 점 때문에 최첨단과학으로 주목받고 있다. 드디어 물질의 최소 단위까지 인간이 통제할 수 있게 되었다는 엄청난 변화를 내포하고 있는 것이다. 인류 문명을 획기적으로 변화시킬 수 있는 기술로 떠오르고 있는 나노 산업은 매년 그 규모가 몇 십조 원대로 급성장하고 있다.

앞에서 소개한 접두어들은 10의 3제곱인 1,000을 기준으로 만들어진, 알파벳을 이용한 서양식 표기다. 이와 같은 SI 단위는 10^{24}까지 있지만 한자로는 10^{68}까지 표기할 수 있다.

10^n	단위 명칭	한자	10^n	단위 명칭	한자
10^{68}	무량수	無量數	10^{-1}	분	分
10^{64}	불가사의	不可思議	10^{-2}	리	厘
10^{60}	나유타	那由他	10^{-3}	모	毛
10^{56}	아승기	阿僧祇	10^{-4}	사	糸
10^{52}	항하사	恒河沙	10^{-5}	홀	忽
10^{48}	극	極	10^{-6}	미	微
10^{44}	재	載	10^{-7}	섬	纖
10^{40}	정	正	10^{-8}	사	沙
10^{36}	간	澗	10^{-9}	진	塵
10^{32}	구	溝	10^{-10}	애	埃
10^{28}	양	穰	10^{-11}	묘	渺
10^{24}	자	仔	10^{-12}	막	莫
10^{20}	해	垓	10^{-13}	모호	模糊
10^{16}	경	京	10^{-14}	준순	逡巡
10^{12}	조	兆	10^{-15}	수유	須臾
10^{8}	억	億	10^{-16}	순식	瞬息
10^{4}	만	萬	10^{-17}	탄지	彈指
10^{3}	천	千	10^{-18}	찰나	刹那
10^{2}	백	百	10^{-19}	육덕	六德
10^{1}	십	十 또는 拾	10^{-20}	공허	空虛
10^{0}	일	一 또는 壹	10^{-21}	청정	淸淨

단위 명칭 가운데 앞의 시에서도 나왔던 '항하사'는 '항하(恒河)', 즉 갠지스 강의 모래알(沙)의 수를 나타낸다. 항하사보다 큰 단위는 모두 불교

경전에 나오는 말들로, '불가사의'는 상식으로는 도저히 생각할 수 없는 것 또는 이상한 것을 의미한다. 큰 수의 명칭과 마찬가지로 작은 수의 명칭도 대부분 불교 용어에서 비롯된 것들이다. '진(塵)'과 '애(埃)'는 둘 다 먼지를 뜻하는 말로 인도에서는 가장 작은 양을 나타낸다고 한다. 또한 '찰나(刹那)'는 눈 깜짝할 사이라는 의미이며, '청정(淸淨)'은 먼지 하나 없는 맑디맑음을 뜻한다.

일대일대응
두 집합 A, B의 원소를 서로 대응시킬 때, A의 임의의 한 원소에 B의 원소가 단 하나 대응하고 B의 임의의 한 원소에 A의 원소가 단 하나 대응하도록 되어 있는 것.

이 표에 의하면 김삿갓의 시에 나오는 '수유'는 $10^{-15}=\frac{1}{1000000000000000}$이므로 매우 빠른 시간임을 알 수 있다.

이번에는 일대일대응에 관한 김삿갓의 기발한 시 한 수를 소개하겠다. 어떤 사람의 회갑연에서 지은 시로 만수무강을 기원하는 내용이다.

可憐江浦望	강에 나와 그 경치를 살펴보니
明沙十里連	유리알 같은 모래가 십리에 걸쳐 있네.
令人個個捨	모래알을 일일이 세어보니
共數父母年	그 수가 부모님의 연세와 같구나.[3]

비록 김삿갓이 알고 있었던 모래알의 수는 틀렸겠지만, 이 시에 나타난 것과 같이 그는 이미 일대일대응 규칙으로 무한을 계산하고 있었다.

아르키메데스는 모래알을 다 셌을까?

수의 확장

아르키메데스가 찾은 가장 큰 수는?

사실 모래알을 처음으로 센 사람은 고대 그리스의 아르키메데스(Archimedes)였다. 그는 지구상에 있는 모래알의 수에 대해 다음과 같이 말했다.

"지구상의 모래알 개수는 유한하며, 그 수는 '제7의 옥타드(Octad) 천 단위' 수인 10^{51}보다 적다."

도메니코 페티, 〈아르키메데스의 생각〉, 1620, 옛 거장들의 미술관, 독일 드레스덴.

여기서 잠깐, 아르키메데스는 어떻게 지구상의 모래알 개수를 계산했을까? 아르키메데스 이전까지 그리스어로 나타낼 수 있는 최대의 수 단위는 기껏해야 10,000이었는데, 그리스인들은 10,000을 M으로 표시했다. 아르키메데스는 10,000의 10,000배, 즉 $10,000 \times 10,000 = 10^8$을 만들고 1부터 1억 미만의 수를 '최초의 옥타드 수'라고 칭했다. 그러면 '제2의 옥타드 수'는 1억부터 $10^8 \times 10^8 = 10^{16}$ 미만까지의 수가 된다. 이와 같은 방법으로 그는 1부터 $10^{800000000}$까지의 수를 '최초의 피리어드(Period) 수'라고 불렀다. '제2의 피리어드 수'는 $(10^{800000000})^8 = 10^{6400000000}$이고, '제3의 피리어드 수'는 $(10^{800000000})^{16} = 10^{1280000000}$이다. 그는 이와 같은 방법으로 수의 크기를 차례로 나타냄으로써 세상에 흩어져 있는 모래알의 개수가 최초의 피리어드 중 '제7의 옥타드 천 단위', 즉 10^{51}=1000000000000000000000000000000000000000000000000000보다 적음을 밝혀냈다.

아르키메데스는 먼저 모래알을 양귀비의 씨와 같다 생각하고 양귀비 씨의 개수를 세었는데, 이는 그리스에서 일반적으로 행해지던 계수 방법이었다. 그리고 계속해서 양귀비 씨보다 40배 긴 손가락의 너비인 약 2cm로 수를 세고, 손가락 폭의 10,000배인 1스타디온(당시의 길이 단위)으로 수를 세었다. 이런 식으로 일정한 거리에 들어가는 양귀비 씨의 개수를 이용해, 일정한 부피를 차지하는 공간에 들어가는 양귀비 씨의 개수를 알아냈다. 하나의 평면을 덮는 양귀비 씨의 개수에 높이를 곱하면 일정한 부피에 들어가는 양귀비 씨의 개수를 알 수 있다. 당시에도 지구의 반지름을 알고 있었으므로, 이를 이용하면 지구의 부피를 구할 수 있다.

거꾸로 지구와 같은 부피를 갖는 입체에 들어간 양귀비 씨의 개수를 계산하면 지구를 채우고 있는 모래알의 개수도 구할 수 있다.[4] 앞에서 소개한 수의 단위 중 10^{48}이 '극(極)'이므로 10^{51}은 '일천 극'이다. 아르키메데스는 또한 당시의 우주 전체를 모래알로 채우려면 모래알이 10^{63}개, 즉 1,000나유타(那由他) 개가 있어야 한다고 계산했다. 당시 사람들이 알고 있던 우주는 지구 · 태양 · 달 · 금성 · 수성 · 화성 · 목성 · 토성이 전부였다. 따라서 태양과 7개 행성을 합한 크기는 지구 크기의 10,000배보다 작을 것이다. 즉 태양과 7개 행성을 모두 채우는 모래알의 수는 $10,000 \times 10^{51} = 10^{55}$개이고, $10^{63}-10^{55}$개가 우주의 빈 공간을 채우는 모래알의 수다. 그런데 $10^{63}-10^{55}$을 실제로 계산해보면 1억 원에서 1원을 빼는 것과 같다.

따라서 당시에도 우주의 빈 공간을 얼마나 크게 생각했는지 짐작할 수 있다. 어떻게 보면 황당한 이런 생각에도 수의 범위는 엄청나며 점과 수는 무한하다는 사상이 깃들어 있다.

자연수 가운데 가장 큰 수인 구골플렉스

아르키메데스와는 조금 다르지만 최근에도 수를 확장한 예가 있다. 자연수 가운데 가장 큰 수를 가리키는 명칭으로 '구골(googol)'과 '구골플렉스(googolplex)'가 있다. 구골이란 1 다음에 0이 100

개 붙는 수 10^{100}이고, 구골플렉스는 1 다음에 0을 구골 개수만큼 붙인 $10^{(10^{100})}$이다. 이 이름은 1938년 미국 수학자 카스너(Edward Kasner)의 아홉 살짜리 조카 밀턴 시로타가 지었는데, 시로타는 구골을 "손이 아파서 더 이상 쓸 수 없을 정도의 수"라고 정의했다. 카스너는 이 개념을 자신의 책 『수학과 상상(*Mathematics and the Imagination*)』에서 소개했다.

구골과 구골플렉스는 수학적으로 그리 중요하지 않으며, 주로 수학 수업에서 흥미를 불러일으키기 위해 사용되었다. 카스너는 매우 큰 수와 무한대의 차이를 보이기 위해 이 수를 고안했는데, 이는 "무한대와 구골의 차이는 무한대와 1의 차이와 같다"라는 천문학자 칼 세이건(Carl Sagan)의 말에서도 잘 드러난다. 구골은 실제로 우주의 모든 원자 수보다 훨씬 많은 큰 수지만 10진법으로 표기하기는 매우 쉽다.

1구골 $=10^{100}$

$=1000000000000000000000000000000000000000000$
$0000000000000000000000000000000000000000000$
000000000000000

세계적으로 유명한 인터넷 검색엔진 구글(Google)은 처음에 회사 이름을 세상의 모든 것을 표현할 수 있다는 의미로 '구골(Googol)'로 등록하려고 했다. 그러나 '구글'로 잘못 표기하여 신청하는 바람에 지금과 같은 이름이 되었다고 한다.

오늘날 우주에 양자와 전자를 꽉 채워 넣는다면 그 합계는 10^{110}이 된다. 이 수는 구골보다는 크지만 구골플렉스보다는 한참 작다. 또 1456년에 발행된 구텐베르크(Johannes Gutenberg)의 『성서』 이후 1940년대까지

인쇄된 단어의 수는 약 10^{16}개로 알려져 있다. 그러니 구골과 구골플렉스가 얼마나 큰 수인지 짐작할 수 있을 것이다.

이순신 장군이 해전에서 승리한 결정적인 비법은?

학익진과 망해도술

> 『청구영언』
> 1728년에 김천택이 고려 말기부터 편찬 당시까지의 역대 시조 998수와 가사 17편을 엮은 책.
>
> 『연려실기술』
> 조선 후기 역사가 이긍익이 태조~숙종 때까지의 중요한 사건들을 기사본말체로 엮은 역사책.

전장에서 전술을 세우는 역할을 한 산학자

우리가 애송하는 옛 시조 중에 이순신(李舜臣) 장군의 「한산도가(閑山島歌)」가 있다. 「한산도가」는 『청구영언(青丘永言)』과 『연려실기술(燃藜室記述)』 등에 기록되어 있다.

閑山島月明夜 上戍樓　한산섬 달 밝은 밤에 수루에 홀로 앉아

撫大刀探愁時　큰 칼 옆에 차고 깊은 시름 하는 적에

何處一聲羌笛更添愁　어디서 들려오는 일성호가(一聲胡笳)는 남의 애를 끊나니.[5]

이 시에는 나라를 지키는 장군의 우국충정과 고독한 심회가 비장하게 나타나 있다. 작품의 배경이 한산도로 되어 있는 것으로 보아, 이순신 장군이 한산도에서 군진을 치고 있을 때의 심정을 노래한 것으로 보인다.

이순신 장군은 임진왜란 때 뛰어난 지략과 지도력으로 왜군과의 모든 해전에서 승리를 거두었다. 그러한 승리 뒤에는 조선의 뛰어난 수학이 있었다. 여기에서는 당시의 수학과 이순신 장군이 승리하게 된 이유를 알아보도록 한다.

조선의 산학(算學)은 세종 치세 때에 비약적인 발전을 이뤘다. 세종 12년(1430)에는 병(兵) · 율(律) · 자(字) · 역(譯) · 의(醫) · 산(算)의 육학(六學)에 유(儒) · 이(吏) · 음양풍수(陰陽風水) · 악(樂)의 네 과를 더해 '잡과십학(雜科十學)'의 교육체제를 만들었다. 그러나 세조 10년(1464)에는 천문 · 풍수 · 율려(律呂) · 의학 · 음양 · 사학 · 시학의 칠학이 적극 장려되고, 산학이 제외되었다. 하지만 성종 16년(1485)에 공포된 『경국대전(經國大典)』에서 종래의 십학이 의 · 역 · 율 · 음양 · 산 · 악 · 화(畵) · 도(道)의 팔학으로 바뀌었다. 그리고 이와 같은 교육체제가 조선 말기까지 지속되었다.

「경국대전」
조선왕조 통치의 기틀이 된 기본 법전으로, 조선왕조 건국 전후부터 1484년(성종 15)에 이르기까지 약 100년간의 왕명 · 교지(敎旨) · 조례(條例) 중 영구히 준수할 것을 모아 엮은 법전이다.

조선의 수학에 대한 자료는, 임진(1592)과 정유(1597) 두 번의 왜란으로 인해 이전 것은

완전히 소실되었다. 그 뒤 실학사상이 싹트는 시기에 접어들면서 산학의 규모가 커지고 수학 연구가 활성화되었다. 현재 남아 있는 산학서는 이 시기부터 간행된 것이다.

조선시대의 주요 산학서 10권을 시대별로 정리하면 다음 표와 같다.

조선 왕조	연도	산학서	저자
?	17세기	묵사집산법	경선징
숙종 26	1700	구수략	최석정
?	18세기	구일집	홍정하
영조 50	1774	산학입문 · 산학본원	황윤석
철종 5	1854	차근방몽구	이상혁
철종 6	1855	산술관견	이상혁
철종 9	1858	측량도해	남병길
?	19세기	유씨구고술요도해	남병길
고종 5	1868	익산	이상혁

세종대까지는 산학자들을 비롯해 과학자들을 우대하는 정책이 시행되었는데, 세조 이후에는 점점 기술자들을 무시하는 정서가 확대되었다. 이런 분위기에서 산학제도는 성종 16년에 펴낸 『경국대전』에 기초하여 정비되었다. 『경국대전』에 의하면 산학은 호조(戶曹)에 속했는데, 호조는 호구(戶口) · 전지(田地) · 조세(租稅) · 부역(賦役) · 공납(貢納) · 진대(賑貸) 등을 담당하는 부서로 약 30명의 산원(算員)을 두었다. 이 중에 특히 훈도(訓導)라는 관직은 지방 감영이나 병영에서 돈과 곡물의 출납을 맡은 하급관리로 '도훈도(都訓導)'라고도 불린 산학자였다.

도훈도는 각 수영(水營)에서 산학과 관련된 잡다한 일을 처리하는 색리(色吏)이자 유사시에는 전투에 참가하는 병사이기도 했다. 따라서 전선(戰船)을 탔을 때도 산학자로서 배의 항로나 적선(敵船)까지의 거리를 측량하는 역할도 했을 것이라고 추측할 수 있다.

색리
감영이나 군아에서 곡물을 출납하고 간수하는 일을 맡아보던 직책.

수학으로 구현한 진법, 학익진

이순신 장군은 해전에서 대충 어림짐작하여 적선을 공격하는 비과학적인 방법이 아니라 수학을 기초로 하여 정확한 거리를 예측하고 일시에 적을 공격함으로써 완벽한 승리를 이끌어냈다.

임진왜란 당시 이순신 장군은 전투함 24척으로 함대를 꾸려 거제도 옥포 앞바다에 도착했다. 당시 옥포만에는 왜선 30여 척이 정박해 있었는데, 이날 옥포에서 조선 수군은 속전속결로 적선 26척을 침몰시켰다. 그 전투에서 조선 수군은 각종 화약무기뿐만 아니라, 전투함으로 적선을 들이받는 당파전술(撞破戰術)과 불화살로 적선을 불태우는 공격법을 사용했다. 또한 적이 보유한 각종 무기의 사정거리 밖에서 학이 날개를 편 모습의 학익진(鶴翼陣)을 처음으로 사용했는데 훗날 이런 전법은 조선 수군이 해전에서 승리할 수 있는 전술 개발의 토대가 되었다.

당시 전투에 관한 내용은 이순신 장군이 조정에 올린 장계(狀啓)인 「옥포파왜병장(玉浦破倭兵狀)」을 통해 알 수 있다.

장계
조선시대에 왕명을 받고 바깥에 나가 있는 신하가 자기 관하의 중요한 일을 왕에게 보고하거나 청하는 문서.

그 가운데 여섯 척은 선봉으로 달려 나오므로 내가 거느린 여러 장수들은 일심분발하여 모두 죽을힘을 다하니, 배 안에 있는 관리와 군사들도 그 뜻을 본받아 분발하여 서로 격려하며 죽음으로써 기약했다. 그리하여 양쪽으로 에워싸고 대들면서 대포를 쏘고 화살과 살탄을 쏘아대기를 마치 바람처럼 천둥처럼 하자, 적들도 조총과 활을 쏘다가 기운이 다하여 배 안에 있는 물건들을 바다에 내어 던지느라고 바빴고(……).[6]

당시 해전에서 이순신 장군이 사용한 진법을 '학익진'이라고 한다. 이름 그대로 학이 날개를 펼친 듯한 형태로 적들을 '양쪽으로 에워싸고' 공격하는 진형이다. 이순신 장군은 이후로도 여러 가지 해전 상황에서 학익진을 활용해 왜군과의 전투를 승리로 이끌었다.

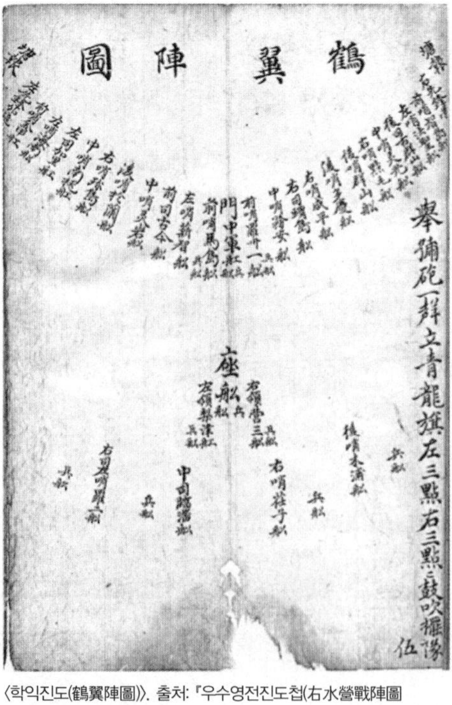

〈학익진도(鶴翼陣圖)〉. 출처: 『우수영전진도첩(右水營戰陣圖帖)』. 1780년 이후 작성 추정.

옆의 기록에서처럼 조선 함대는 적군을 중심으로 부채꼴로 전개했는데, "화살과 살탄을 쏘아대기를 마치 바람처럼 천둥처럼" 하려면 아군의 배와 적선 사이의 거리를 정확하게 알아야 한다. 또한 아군이 발사한 각종 대포의 사정거리를 고려할 필요가 있는데, 만약 적선까지의 거리를 알지 못한다면 조선 함대에서 쏜 포탄이 아군의 배를 맞힐 수도 있다. 즉 적선까지의 거리를 정확히 알아야 장계에 표현된 것처럼 "바람처럼 천둥처럼" 적선을 깨뜨릴 수 있는 것이다. 그리고 바다 한가운데서 거리를 측정하려면 반드시 수학을 활용해야 했다.

이러한 기록들을 통해 당시 바다 한가운데에서 아군 함대와 적선 사이의 거리를 구할 수 있는 사람, 즉 산학자가 이순신 장군 휘하에 있었음을 알 수 있다. 그리고 이러한 역할은, 앞에서 설명한 것처럼 각 수영에 배치된 산학자인 도훈도가 맡았다.

망해도술을 이용하여 얻은 승리

산학자들이 거리를 측량했던 방법은 『묵사집산법(默思集算法)』, 『구수략(九數略)』, 『구일집(九一集)』 같은 산학서에 나와 있지만 그 내용이 너무 방대하므로, 여기서는 홍정하의 산술서 『구일집』에 나와 있는 '망해도술(望海島術)'에 대해서만 알아보도록 하자.[7]

「망해도술문(望海島術門)」에는 모두 6개의 문제가 수록되어 있다. 2개의 직각삼각형의 닮음을 이용해 거리나 높이를 측량하는 것이다.

> 지금 바다에 섬이 있으나 그 높이와 거리를 모른다. 이제 4장(丈)의 푯말을 세우고 70장을 물러서서 다시 4자(尺)의 짧은 푯말을 세워 바라보니 2개 푯말의 끝과 섬 봉우리 끝이 직선으로 보였다. 여기서 600장을 물러서서[8] 다시 4장의 푯말을 세우고 72장을 물러서서 4자의 짧은 푯말을 세워 바라보니 두 푯말의 끝과 섬 봉우리의 끝이 직

선으로 보였다. 바다섬의 높이와 섬까지의 거리는 얼마인가?

답: 섬의 높이 6리 4장, 섬까지의 거리 116리 120장.

풀이: 푯말 높이 4장에서 짧은 푯말 4자를 뺀 나머지는 3장 6자이다. 여기에 두 푯말 사이의 거리 600장을 곱한다(2,160장). 이것을 실(實)로 한다. 또한 뒤의 푯말에서 물러선 거리 72장에서 앞의 푯말에서 물러선 거리 70장을 뺀 나머지는 2장이다. 이것을 법(法)으로 하여 실을 나누면 1,080장을 얻는다. 여기서 푯말 높이 4장을 더하여 얻은 수(1,084장)가 섬의 높이이며, 고치면 6리 4장이다. 이때 1리는 360보, 180장이므로 180으로 나눈다. 또 4장 푯말 사이의 거리 600장에 앞 푯말에서 물러난 70장을 곱하여 얻은 수(42,000장)를 역시 앞의 법(2장)으로 나눈다(21,000장). 이것을 리로 고치면(180장으로 나누면) 섬까지의 거리다.

길이가 4장인 푯말 끝에서 섬의 봉우리 끝까지의 길이를 x, 첫 번째 푯말에서 섬까지의 거리를 y라 하고 그림으로 나타내면 다음과 같다.

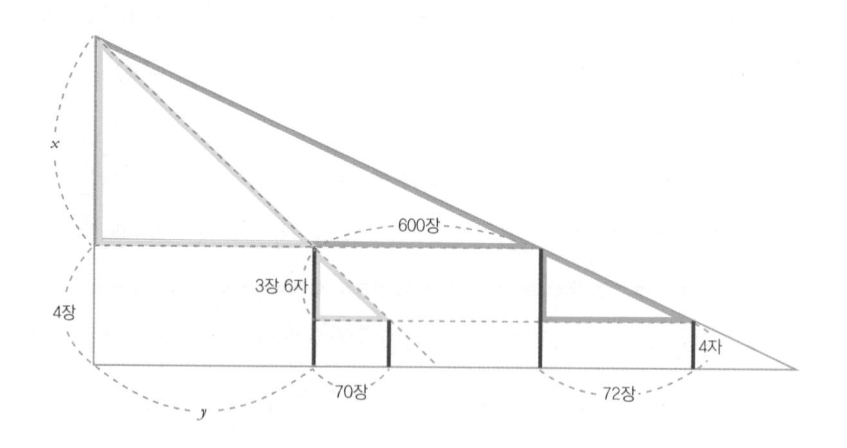

문제에서와 같이 2개의 푯말을 세워서 얻은 값의 차를 이용하는 문제를 '중차'라 한다. 앞의 그림에서 2쌍의 닮은 직각삼각형을 찾을 수 있다. 따라서 다음과 같은 비례식을 얻을 수 있다.

$$x : y = (4-0.4) : 70$$

$$x : (y+600) = (4-0.4) : 72$$

위의 두 식에서 다음과 같은 연립일차방정식을 얻을 수 있다.

$$\begin{cases} 70x = 3.6y \\ 72x = 3.6(y+600) \end{cases}$$

이 연립일차방정식을 풀면 다음과 같다.

$$x = \frac{3.6\times600}{72-70} = 1080,\ y = \frac{600\times70}{72-70} = \frac{42000}{2} = 21000$$

따라서 섬의 높이는 $x+4=1{,}084$장이고, 섬까지의 거리는 21,000장이다. 이것을 180(1리=180장)으로 나누면 섬의 높이는 6리 4장이고, 섬까지의 거리는 116리 120장이 되는 것이다.

한편 『난중일기』에는 다음과 같이 왜선의 크기를 짐작하게 하는 내용이 여러 번 등장한다.

> 6월 5일 아침에 출항하여 고성땅 당항포에 이르니, 왜놈의 큰 배 한 척이 판옥선(板屋船)과 같은데, 배 위의 누각이 높고 그 위에 적장이

판옥선
1555년(명종 10) 개발한 조선시대 대표적인 군선(軍船). 구조와 기능 등 모든 면에서 종래의 군선과는 아주 다른 혁신적인 전투함으로, 거북선과 함께 임진왜란 중 각 해전에서 일본의 수군을 격파하여 조선 수군이 완승할 수 있는 원동력이 되었다.

앉아서 중선 12척과 소선 20척(계 32척)을 거느렸다. 한꺼번에 쳐서 깨뜨리니 활에 맞아 죽은 자가 부지기수요, 왜장의 모가지도 일곱이나 베었다. 나머지 왜놈들은 뭍으로 올라 달아나는데, 그 수는 얼마 되지 않았다. 우리 군사의 기세를 크게 떨치었다.[9]

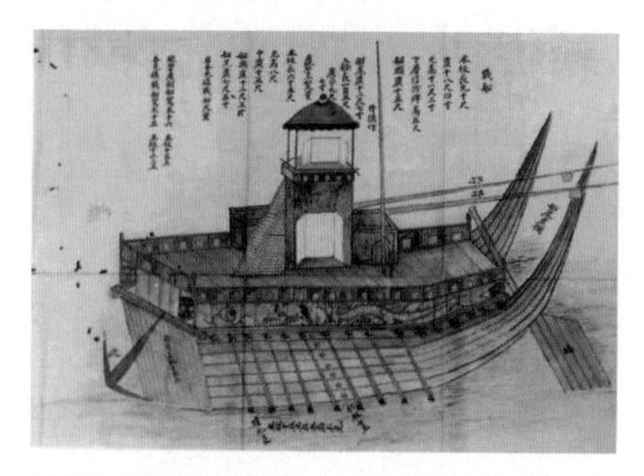
임진왜란 때 활약한 군선(軍船)인 조선의 판옥선. 출처: 『각선도본(各船圖本)』, 조선 후기, 규장각 소장.

이는 왜군의 대장선을 묘사한 것으로, 대장선은 왜선 가운데 가장 높고 크다. 『난중일기』나 여러 장계에서 알 수 있듯이 이순신은 바다에서 전투를 치를 때 대장선을 먼저 공격했다. 이로 미루어, 조선 수군으로부터 대장선까지의 거리를 앞에서와 같은 산학서의 내용을 바탕으로 구하여 각종 화포 공격을 개시했음을 짐작할 수 있다.

조선 수군에 훈도가 있었고, 그들이 각종 계산을 담당했음은 여러 가지 자료를 통해 알 수 있다. 또 조선의 산학서에는 바다 멀리 섬까지의 거리를 구하는 망해도술이 있었다. 임진왜란 당시 이순신 장군은 뛰어난 전술은 물론 탁월한 통솔력에 의한 작전으로 왜군과의 해전에서 항상 승리했고, 그 뒤에는 조선의 특수한 수군제도와 거북선 및 화포와 같은 병기가 있었다. 아울러 판옥선과 왜선 사이의 거리를 정확히 측량함으로써 화포의 명중률을 높여 일시집중타로 전투를 승리로 이끈 배경에는 조선의 중인계급이었던 산학자가 있었음을 알 수 있다.[10]

오락수학의 틀을 마련한 최석정의 『구수략』

마방진

하도(河圖)와 낙서(洛書)

조선시대의 학자 문정공(文貞公) 최석정(崔錫鼎)은 30세에 진사 시험에 수석 합격한 후 부제학 · 이조참판 · 좌의정 · 우의정 · 대제학을 거쳐 마침내는 영의정 등 조정의 현직을 두루 지냈다. 1710년 숙종이 장희빈을 폐비하고 인현왕후를 복위하려는 것에 반대하다 세력을 잃고 정치에서 물러난 최석정은 임종까지의 5년 동안 우리나라 수학 역사상 몇 안 되는 수학책인 『구수략』을 저술했다.

최석정은 형이상학적인 역학사상(易學思想)을 바탕으로 『구수략』을 서술했다. 『구수략』은 갑 · 을 · 병 · 정의 4편으로 이루어져 있는데, 여기에서는 부록인 「정」의 내용 중 '하락변수(河洛變數)'에 나오는 '마방진(魔方陣, magic square)'에 대해 알아보자.

동양 수학에는 자연수들을 다각형이나 원과 같은 형태로 배열해서 도식화하는 전통이 있었다. 그 기원이 되는 하도(河圖)와 낙서(洛書)는 음양오행(陰陽五行) 사상의 기본 원리를 함축하고 있으며, 특히 낙서는 체스나 퍼즐 등 재미를 위한 오락 수학의 큰 틀을 이루는 마방진의 효시가 되었다. 하도는 황하에서 나온 용마(龍馬)가 입에 물고 나온 두루마리에 있었다고 하며, 낙서는 낙수(洛水)에서 나온 커다란 거북의 등에 그려져 있었다고 한다.

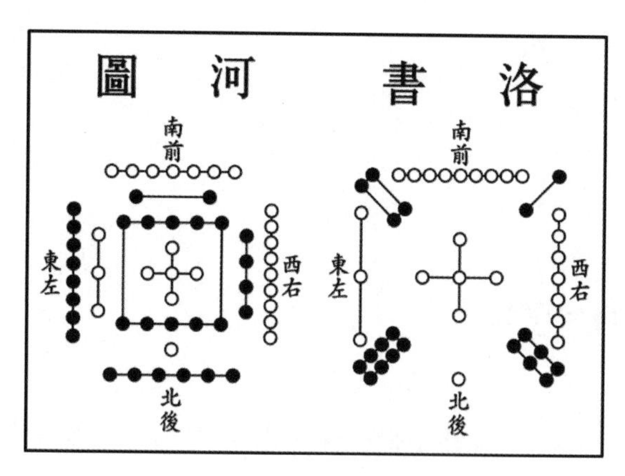

하도(河圖)와 낙서(洛書).

하도는 위의 그림과 같이 1개부터 10개까지의 점의 무리로 이루어져 있다. 하도의 점의 무리를 개수에 따라 차례로 배열하면 다음과 같다.

7
2
8 3 (10, 5) 4 9
1
6

최석정은 하도에서 홀수를 천수(天數)로, 짝수를 지수(地數)로 분류했다. 그리고 아래의 설명에서 자연수 1부터 10까지의 합을 구하는 다음과 같은 과정을 소개한다. 사실 이 식은 1부터 n까지의 자연수의 합과 같다.

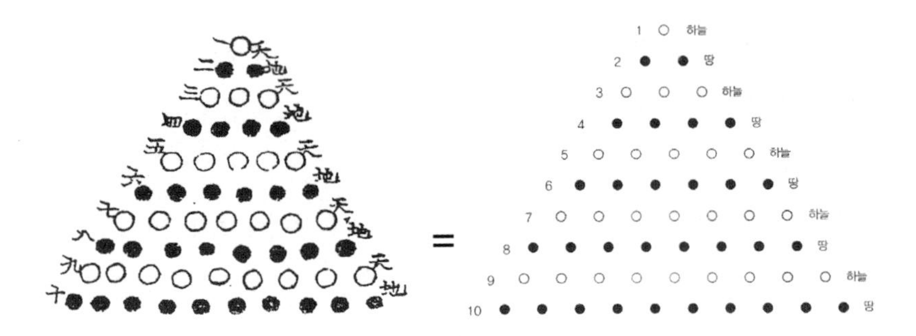

$$1+2+3+4+5+6+7+8+9+10=(1+10)+(2+9)+(3+8)+(4+7)+(5+6)=\frac{10(1+10)}{2}=\frac{10\times11}{2}=55$$

1부터 n까지 자연수의 합: $1+2+\cdots+n=\frac{n(n+1)}{2}$

낙서는 1개부터 9개까지의 점의 무리로, 이를 수로 나타내면 다음과 같은 9개의 수를 정사각형으로 배열한 방진(方陣, square)을 얻는다.[11]

4	9	2
3	5	7
8	1	6

방진의 모든 행과 열 및 2개의 대각선 위에 있는 수의 합은 15로 같다. 이런 성질을 만족시키는 방진을 '마방진'이라 한다. 마방진은 옛날 중국 사람들에게 매우 중요한 의미를 갖고 있었다. 동양철학의 기본 사상은 음양오행인데, 거북이 등에 있는 숫자들은 바로 오행에 관한 내용이었다. 위에 주어진 3차 마방진은 오행설을 바탕으로 다음과 같이 해석할 수 있다.

3차 마방진의 숫자들을 다음과 같이 묶어서 생각해보자. (7, 2), (9, 4), (6, 1), (8, 3), (5, 0)은 모두 두 수의 차가 5다. 이것을 수학적으로 표현하면, 5로 나누었을 때 나머지가 같은 수들이라고 할 수 있다. 즉 $7 \equiv 2 \pmod 5$, $9 \equiv 4 \pmod 5$, $8 \equiv 3 \pmod 5$, $6 \equiv 1 \pmod 5$, $5 \equiv 0 \pmod 5$이다. 그러므로 3차 마방진은 오행설의 입장에서는 이상적인 수표가 된다. 실제로 옛날 중국에서는 이 표를 이용해 달력을 만들었다고 한다.

mod
합동식에서 쓰이는 mod는 'modulus'의 약자로서 한국어로 '법'이라고 한다. 어떤 정수를 어떤 몫으로 나눈 나머지를 나타내는 것으로, 즉 9를 7로 나눈 나머지는 2이므로 $9 \equiv 2 \pmod 7$라고 쓴다.

마방진은 특히 이슬람 세계에서 애호되었다. 그들은 마방진이 일찍이 아담에게 계시된 아홉 문자, 즉 고대 셈어에 나타나는 최초의 알파벳 아홉 자를 담고 있다고 믿었다. 마방진은 9, 16, 25, 36 등과 같이 제곱수로 이루어진 칸을 가진 정사각형으로 만들어진다. 그때그때 특정한 상수를 갖는 마방진은 중세에는 별과 연관되었다. 토성은 9칸, 목성은 16칸, 화성은 25칸, 태양은 36칸, 금성은 49칸, 수성은 64칸, 달은 81칸의 마방진으로 표현되었다. 토성의 마방진의 수를 모두 합하면 45가 되는데 이는 토성의 아랍어 명칭인 'zuhal'의 수 값과 같다.

마방진은 주로 신의 이름이나 『코란』에 나오는 비밀스러운 문자들을 나타냈다. 가로와 세로의 합이 서로 같지 않아 완전한 마방진이 될 수 없는 경우도 많았지만, 신의 이름을 나타내는 완전한 마방진을 만들어내기도 했다. 가령 '수호자'를 뜻하는 신의 이름인 '하피즈(hafiz)'의 경우 $h=8$, $f=80$, $y=10$, $z=900$으로 합이 998이 된다.[12] 따라서 다음과 같은 마방진을 얻을 수 있다.

900	10	80	8
7	81	9	901
12	902	6	78
79	5	903	11

아랍인들은 마방진이 특별한 힘을 갖고 있다고 생각했다. 그들은 산모에게 특정한 마방진 부적을 주면 출산이 훨씬 쉬워진다고 믿었다. 또한 터키와 인도의 전사들은 전쟁에 나설 때 윗옷에 마방진 부적을 달고 출정했다.

또한 마방진은 예언에 이용되기도 했다. 예를 들어 어떤 이름과 날짜

그리고 지명에서 수 값을 뽑은 다음, 7과 같이 의미 있는 수를 곱하거나 또는 특정한 수를 감하고 나서 그 수를 합한다. 그 결과 나온 수를 가지고, 결혼생활이 행복할 것인지, 병자가 회복될 것인지 등등 여러 가지를 점쳤다.

마방진 만들기

행의 개수가 n인 마방진을 n차 마방진이라고 하는데, 마방진을 만드는 방법은 홀수 차수와 짝수 차수가 다르다.

먼저 홀수 차수 마방진의 풀이를 살펴보자. 3차와 5차의 경우를 살펴보면 나머지는 쉽게 유추할 수 있으며, 그 방법도 간단하다. 3차 마방진의 합은 15이고, 다음과 같은 방법으로 만든다.

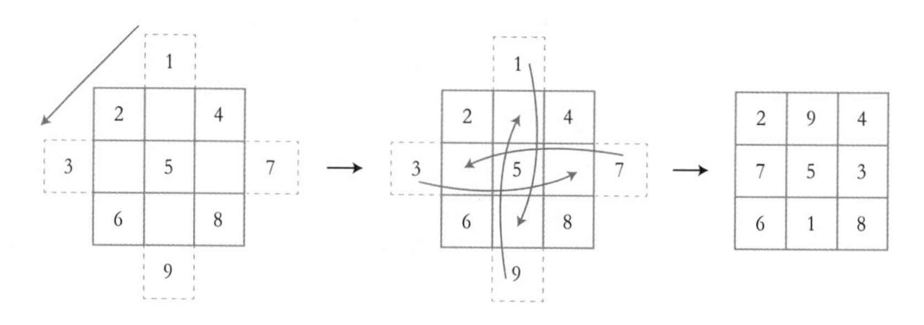

빈칸 9개로 나눈 정사각형을 만든 뒤 맨 왼쪽 그림과 같이 각 면의 가운데 칸 위에 임시 칸을 만들어 맨 위칸에서부터 왼쪽 아래로 비스듬히 1, 2, 3, …, 9까지의 수를 차례로 써 넣는다. 그다음 처음 만들었던 정사각형의 바깥쪽에 있는 각 수를 그 줄에서 가장 먼 자리에 있는 빈 칸으로 옮겨 쓴다. 즉 처음 정사각형의 바깥에 있는 수는 1, 3, 7, 9인데, 이 중 1

은 9 위에, 9는 1 밑에 넣는다. 그리고 3을 7 옆에, 7을 3 옆에 각각 적어 넣으면 오른쪽의 3차 마방진을 완성할 수 있다.

마찬가지 방법으로 합이 65인 5차 마방진도 만들 수 있다.

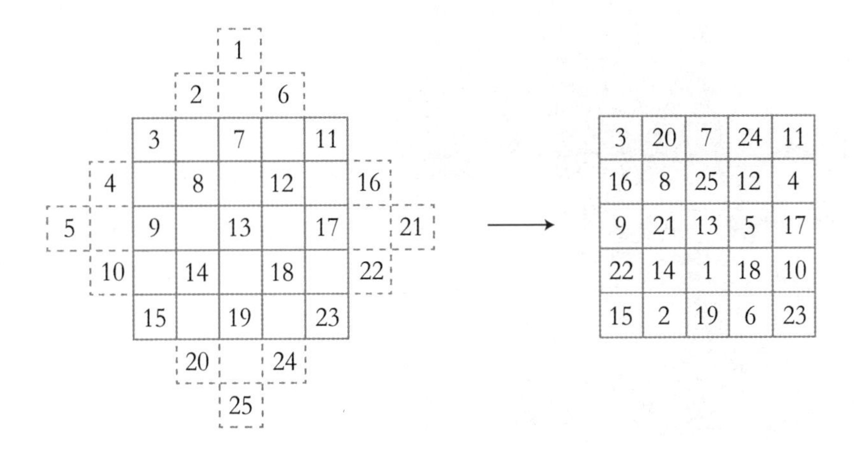

위의 그림에서 알 수 있듯이 5차 마방진은 25개의 수를 정사각형 빈칸에 배열하는 것이고, 처음 만들어진 정사각형 바깥쪽의 수는 1, 2, 4, 5, 6, 10, 16, 20, 21, 22, 24, 25이다. 3차의 경우와 다른 것은 6과 2 같은 위치의 수들이다. 이 수들도 3차에서와 같은 방법으로 빈칸에 넣는다. 이를테면 6은 24의 위에, 24는 6 밑에 그리고 16은 8과 4 사이에 넣는다. 다른 수들도 이런 식으로 넣으면 오른쪽 그림과 같은 5차 마방진이 완성된다. 모든 홀수 차수의 마방진은 이와 같은 방법으로 완성할 수 있다.

다음 그림은 독일의 화가 뒤러(Albretch Dürer)의 유명한 판화 〈멜랑콜리아 I〉이다. 그림의 오른쪽 위에 4차 마방진이 보인다. 이 마방진을 보면 네 번째 줄의 가운데 두 칸에 숫자 15와 14가 새겨져 있는데, 이것은 이 판화가 완성된 해인 1514년을 나타낸다. 이 판화에 새겨져 있는 4차 마방진을 만드는 방법을 알아보자.

알브레히트 뒤러, 〈멜랑콜리아 Ⅰ〉, 1514.

각 수들의 합이 34인 4차 마방진은 1부터 16까지의 수를 가지고 만든다. 먼저 아래의 왼쪽 그림과 같이 16개의 수를 왼쪽에서 오른쪽으로 차례대로 써 넣는다. 그런 다음 2개의 대각선을 긋고 대각선 위에 있는 수를 대칭이 되는 위치로 옮겨 쓴다. 이를테면 1은 16과, 6은 11과 각각 위치를 바꾸고, 7과 10, 4와 13도 마찬가지 방법으로 위치를 바꾼다. 그러면 오른쪽 그림과 같은 4차 마방진이 완성된다.

1	2	3	4
5	6	7	8
9	10	11	12
13	14	15	16

→

16	2	3	13
5	11	10	8
9	7	6	12
4	14	15	1

그런데 이 방법이 모든 짝수 차수에 해당하는 것은 아니다. 이 방법은 2의 거듭제곱인 차수에만 해당된다. 합이 260인 8차 마방진을 완성하려면 먼저 다음과 같이 1부터 64까지의 수를 마방진의 각 칸에 써 넣는다. 8차 마방진은 그림과 같이 4개의 정사각형으로 나뉜다. 그리고 오른쪽 그림과 같이 2개의 큰 대각선을 그은 후, 4개의 작은 정사각형에도 대각선을 긋는다.

1	2	3	4	5	6	7	8
9	10	11	12	13	14	15	16
17	18	19	20	21	22	23	24
25	26	27	28	29	30	31	32
33	34	35	36	37	38	39	40
41	42	43	44	45	46	47	48
49	50	51	52	53	54	55	56
57	58	59	60	61	62	63	64

→

1	2	3	4	5	6	7	8
9	10	11	12	13	14	15	16
17	18	19	20	21	22	23	24
25	26	27	28	29	30	31	32
33	34	35	36	37	38	39	40
41	42	43	44	45	46	47	48
49	50	51	52	53	54	55	56
57	58	59	60	61	62	63	64

대각선을 긋고 나면 먼저 2개의 큰 대각선 위의 수들을 대칭이 되는 위치로 옮긴다. 그런 다음, 굵은 선으로 나눈 4개의 작은 정사각형 안 나머지 4개의 대각선 위의 수들을 대칭이 되는 수와 바꾼다.

64			25	32			57
	55	18			23	50	
	11	46			43	14	
4			37	36			5
60			29	28			61
	51	22			19	54	
	15	42			47	10	
8			33	40			1

마지막으로, 2개의 큰 대각선을 제외한 나머지 대각선(위 그림의 노란 점선) 위의 수들을 마주 보이는 숫자와 바꾸면 8차 마방진이 완성된다.

64			61	60			57
	55	54			51	50	
	47	46			43	42	
40			37	36			33
32			29	28			25
	23	22			19	18	
	15	14			11	10	
8			5	4			1

→

64	2	3	61	60	6	7	57
9	55	54	12	13	51	50	16
17	47	46	20	21	43	42	24
40	26	27	37	36	30	31	33
32	34	35	29	28	38	39	25
41	23	22	44	45	19	18	48
49	15	14	52	53	11	10	56
8	58	59	5	4	62	63	1

『구수략』에 나타난 독특한 마방진

『구수략』의 「정(丁)」편에는 다양한 종류의 마방진이 나온다. 그 가운데 가장 흥미로운 것은 '지수용육도(地數用六圖)'와 '지수귀문도(地數龜文圖)'다. 지수용육도는 1부터 20까지의 수를 한 번씩만 사용하여, 5개의 육각형 각각 꼭짓점에 놓이는 수의 합이 모두 63이 되도록 만든 것이다. 지수귀문도는 1부터 30까지의 수를 한 번씩만 사용하여 9개의 육각형 각각 꼭짓점에 놓이는 수의 합이 모두 93이 되도록 만든 것이다. 최석정이 제시한 여러 형태의 하락변수 중에서 육각형을 띤 것은 단지 이 2가지뿐이다. 이 두 그림은 중국의 수학책에서는 찾아볼 수 없는 독특한 것이다.

최석정이 제시한 지수용육도의 해(解)에서 5개 육각형의 꼭짓점에 놓인 수들의 합 63, 지수귀문도의 해에서 9개 육각형의 꼭짓점에 놓인 수들의 합 93을 마법수라 하고, 각각의 육각형을 상하좌우의 순서로 제1육각형, 제2육각형, …이라고 하자. 사실 지수용육도의 마법수는 63으로 한정되지 않고, 지수귀문도의 마법수가 93으로 한정되는 것도 아니다. 이를테면 지수귀문도의 마법수는 최소 76, 77, …, 110이며, 실제로 77에서 108까지인 경우를 구한 수학자도 있다.[13] 또 지수용육도와 지수귀문도의 해가 하나뿐인 것도 아니다. 다음은 최석정이 제시한 해이다.

기댓값
확률론에서 확률 변수의 기댓값은, 각 사건이 벌어졌을 때의 이득과 그 사건이 벌어질 확률을 곱한 것을 전체 사건에 대해 합한 값이다. 간단히 말해 평균적으로 얼마만큼 얻을 수 있는지 기대하는 값이 기댓값이므로 기댓값은 평균과 같다.

보수
보충을 해주는 수를 의미한다. 이를테면 1에 대한 10의 보수는 9, 4에 대한 15의 보수는 11이라는 개념이다. 2에 대한 1의 보수는 1이다.

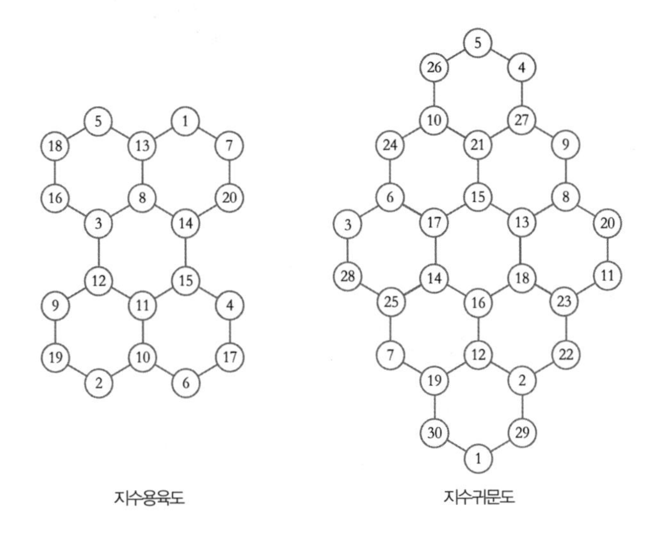

지수용육도 지수귀문도

그런데 한 수학자가 최석정이 제시한 2개의 해에 4가지 특징이 있음을 찾아냈다. 첫 번째는 기댓값을 마법수로 택했다는 것이다. 지수용육도의 해에서 마법수로 63을 택했는데, 이는 1부터 20까지의 수 중에서 6개의 수를 택해 그 합을 구했을 때의 기댓값이다. 지수귀문도의 해에서는 93을 마법수로 택했는데, 이는 1부터 30까지의 수 중에서 6개의 수를 택하여 그 합을 구했을 때의 기댓값이다. 즉 다음과 같이 두 경우의 기댓값을 구할 수 있다.

$$\frac{1}{20}\cdot\frac{20(20+1)}{2}\cdot 6=63,\ \frac{1}{30}\cdot\frac{30(30+1)}{2}\cdot 6=93$$

최석정의 해가 보여주는 두 번째 특징은 서로 보수(補數)가 되는 두 수의 쌍을 이용했다는 것이다. 지수용육도의 해에서는 다음 그림과 같이 합이 21이 되는 두 수의 쌍 10개를 이용했고, 지수귀문도의 해에서는 합이 31이 되는 두 수의 쌍 15개를 이용했다.

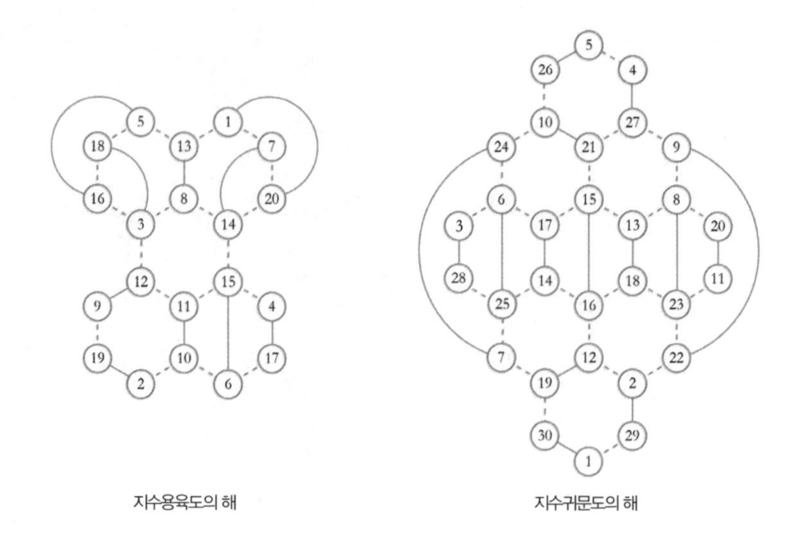

지수용육도의 해　　　　지수귀문도의 해

지수용육도의 해에서는 4개의 육각형 각각에 합이 21이 되는 두 수의 쌍 3개가 있고, 그 합은 63이다. 따라서 해를 찾고 남은 것은, 나머지 하나의 육각형에서 6개 수의 합이 63이 되도록 만드는 것이다. 지수귀문도의 경우 5개의 육각형 각각에 합이 31이 되는 두 수의 쌍 3개가 있고 그 합은 93이다. 해를 찾고 남은 4개의 육각형 각각에서 6개 수의 합이 모두 93이 되도록 만든다.

세 번째 특징은 다른 쌍에 영향을 미치지 않는 독립된 두 수의 쌍이 있다는 것이다. 지수용육도의 해에는 다음 그림과 같이 하나의 육각형에서 다른 두 수의 쌍에 영향을 미치지 않는, 독립된 4쌍 (1, 20), (2, 19), (5, 16), (6, 17)이 있다. 지수귀문도의 해에는 (1, 30), (3, 28), (5, 26), (11, 20)의 독립된 4쌍이 있다. 이 쌍들은 위치가 서로 바뀌어도 해가 된다.

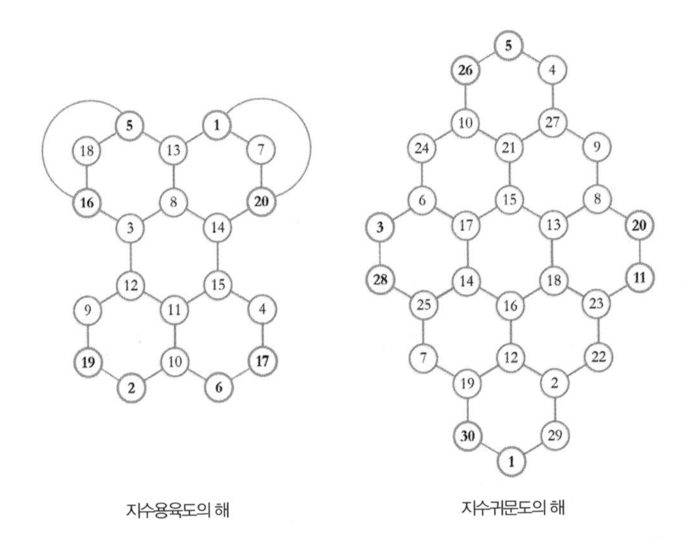

지수용육도의 해　　　　지수귀문도의 해

네 번째 특징은 보수가 되는 두 수를 서로 바꾸어도 해가 된다는 것이다. 다음 그림은 앞의 해에서 서로 보수가 되는 수를 바꾸어놓은 것이다.

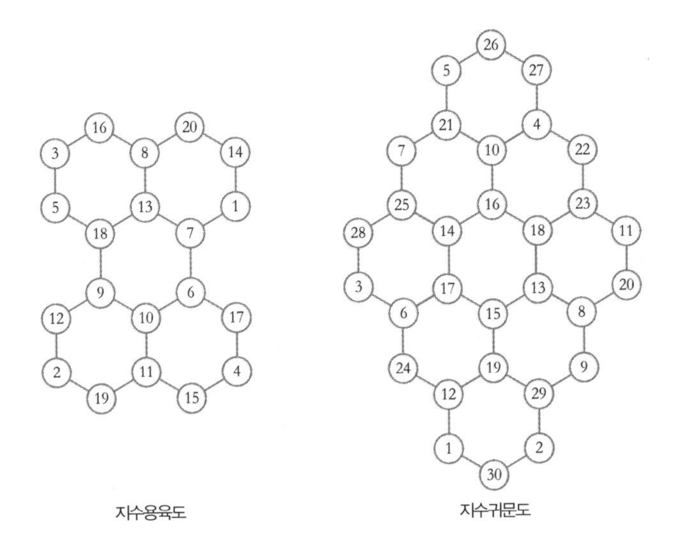

지수용육도　　　　지수귀문도

물론 최석정이 제시한 해와 그 해의 특징을 분석하여 얻은 해가 지수용육도와 지수귀문도의 모든 해는 아니다. 다음은 최석정이 제시하지

않았던 해들이다.[14]

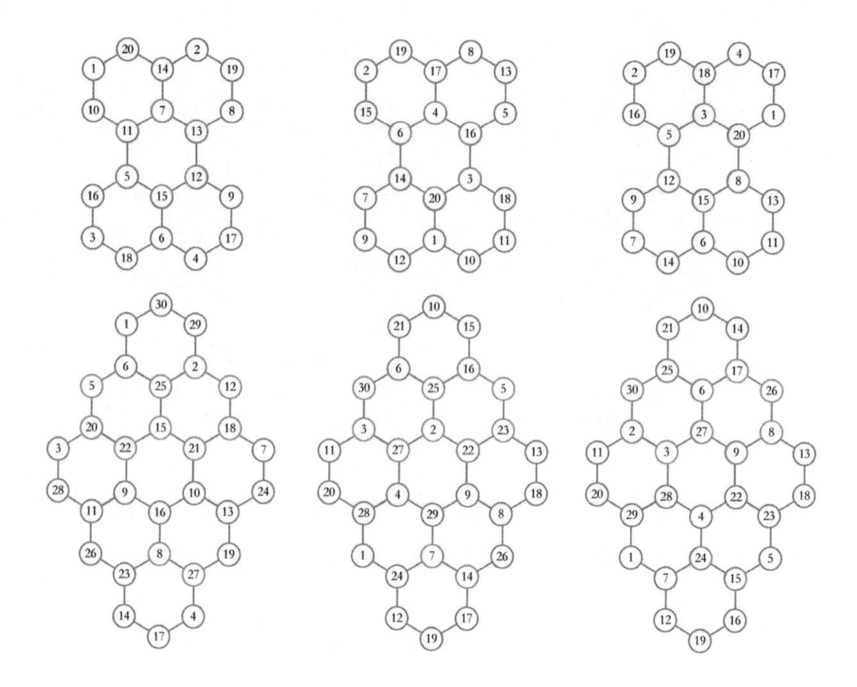

위와 같이 최석정이 보여준 마방진의 세계는 별 의미 없는 단순한 수학적 놀이에 불과해 보이지만, 이것을 풀려면 수학적으로 생각해야 한다. 따라서 이는 결국 수학적 사고력을 확장하는 중요한 자료가 된다.

지구 둘레를 측정한 콜럼버스와 에라토스테네스

원주율과 사영기하학

지구의 둘레를 잘못 계산한 콜럼버스

임진왜란에서 이순신 장군이 왜적을 물리칠 무렵, 유럽인들은 목숨을 걸고 새로운 항로를 찾고 있었다. 새로운 항로의 개척은 비단 몇몇 사람의 호기심을 넘어 범국가적인 차원에서 지원이 이루어졌다. 유럽의 여러 나라들이 적극적으로 새로운 항로를 찾아나선 이유는 다음과 같이 3가지로 요약할 수 있다.

첫째, 당시 유럽 사람들은 동방과의 무역을 통해 막대한 부를 축적하고자 했다. 유럽에서는 중세 말부터 비단과 향료 등 동방에서만 구할 수 있던 물건들이 엄청나게 비싼 가격에도 불구하고 대량으로 소비되고 있었다. 그런데 동방과의 무역은 피사나 피렌체와 같은 이탈리아의 여러 도시국가와 아라비아 상인들이 독점하고 있었다. 더욱이 15세기에 오스만투르크가 지금의 터키 지역에 강력한 국가를 건설하여 흑해 주변으로 진출하자 동방과의 무역에 불안을 느낀 유럽 사람들은 서쪽의 바다를 돌아 동방으로 가는 새로운 항로를 생각하게 되었다.

둘째, 당시는 가톨릭이 유럽을 지배하고 있었는데, 유럽의 가톨릭 국가들은 미지의 세계에 살고 있는 사람들에게 가톨릭을 널리 확산시키고자 했다. 이는 당시 소아시아를 지배하고 있던 이슬람을 견제하기 위한 방법이기도 했다.

셋째, 유럽 각국의 왕들은 미지의 세계로 탐험을 떠나는 것을 적극 권장했다. 당시 유럽은 중앙집권국가로 성장한 여러 나라들이 절대왕정으로 발전하는 과정에서 치열하게 경쟁하고 있었다. 각국의 왕들은 이 과정에서 필요한 막대한 경비를 해외 무역과 새로운 시장을 확보함으로써 해결하려고 했다.

라스 다카스 신부가 쓴 『아메리카의 파괴에 관한 간략한 기술』(1552)에 실린 드 브라이의 삽화.

15세기 초부터 시작해서 17세기 초까지 유럽의 배들이 세계를 돌아다니며 항로를 개척하고 탐험과 무역을 하던 시기를 '대항해시대(大航海時代)'라고 한다. 사실 '대항해시대'라는 용어는 유럽 사람들이 자신들의 입장에서 세상을 해석하여 붙인 이름이다. 대항해시대 동안 유럽인들은 그전에는 알지 못했던 아메리카 대륙 발견과 같은 지리적 발견을 달성했다.

당시 유럽 사람들이 발견한 신대륙은 그들에게는 새로운 기회의 땅이었지만, 이미 그곳에서 살고 있던 원주민들에게는 환란의 시대가 시작된 것이나 다름없었다. 대항해시대 동안 유럽인들이 발견한 이른바 신대륙은 원주민들이 무차별로 학살당하고 고유한 문명은 완전히 파괴당했으며, 결국에는 유럽의 식민지가 되었다.

한편 수학적으로는 많은 발전이 있었던 시기이기도 하다. 즉 새로운 항로를 찾기 위한 노력으로 항해술이 발달하고, 나침반을 사용하기 시작했다. 또한 정확한 해도의 제작과 함께 천문학이 획기적으로 발달했으며, 지구가 둥근 구 모양이라는 사실도 깨닫게 되었다.

탐험가들 가운데 특히 콜럼버스는 지구가 둥글다고 믿었기 때문에, 서쪽으로 대서양을 가로질러 가는 것이 아프리카 남단을 돌아가는 것보다 인도에 빨리 도착하는 방법이라고 생각했다. 그래서 콜럼버스는 1492년 에스파냐의 이사벨라 여왕의 후원으로 대서양을 가로질러 지금의 서인도제도에 도착했다. 이후에도 그는 3차례의 항해를 더 했으며, 동인도제도를 거쳐서 중남미 대륙에 도착했으나 죽을 때까지 그곳을 인도라고 믿었다.

그렇다면 콜럼버스는 왜 아메리카 대륙을 인도라고 생각했을까?

콜럼버스는 지구의 둘레를 실제의 $\frac{3}{4}$으로 잘못 계산했기 때문에 아메리카 대륙의 존재를 깨닫지 못하고, 인도에 도착했다고 생각한 것이다. 반지름의 길이가 r인 원의 둘레는 $2\pi r$이므로 $\pi=3.14$라 하면, 반지름의 길이가 약 6,400㎞인 지구의 둘레는 40,192㎞이며, 이것의 $\frac{3}{4}$은 30,144㎞이다. 즉 콜럼버스는 지구의 반지름을 약 4,800㎞로 계산한 것이다.

실제와는 1,600㎞ 차이가 나지만, 당시에는 지구가 둥글다는 생각을 하는 것만으로도 대단한 일이었다.

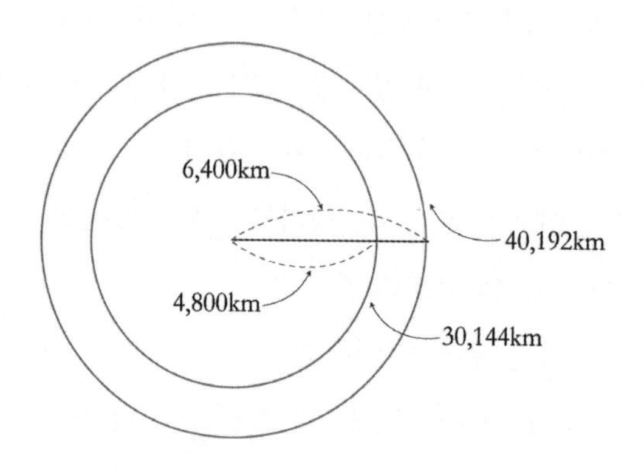

최초로 지구 둘레를 측정한 에라토스테네스

콜럼버스보다 약 1,800년 전에 이미 지구의 둘레를 거의 정확하게 측정한 수학자가 있었다. 그가 바로 이집트 알렉산드리아의 수학자이자 천문학자였던 에라토스테네스(Eratosthenes)이다. 에라토스테네스는 헬레니즘 시대의 문헌학 및 지리학을 비롯해 학문 다방면에 걸쳐 활발하게 활동했는데, 특히 수학과 천문학 분야에서 후세에 남는 큰 업적을 이뤘다. 그의 업적 가운데 가장 유명한 것으로는 처음으로 지구의 크기를 계산해낸 사실을 들 수 있다.

그리스인들은 지역에 따라 북극성의 높이가 다르다는 사실 등을 근거로 지구가 공처럼 둥글다는 것을 알고 있었다. 에라토스테네스는 시에네(현재의 이집트 아스완)에서는 하짓날에 태양빛이 우물의 바닥까지 닿는다는 것을 전해 듣고, 해가 가장 높이 떴을 때 태양광선과 지표면이 정확히 90°가 된다고 생각했다. 그는 하짓날 시에네에서 북쪽에 있는 알렉산드리아에 지표면과 수직으로 세워놓은 막대기와 그것의 그림자가 이루는 각이 $\alpha° = 7°12' = \frac{360°}{50}$ 임을 알아냈다. 그리고 이로써 지구의 크기를 계산할 수 있다는 사실을 깨달았다.

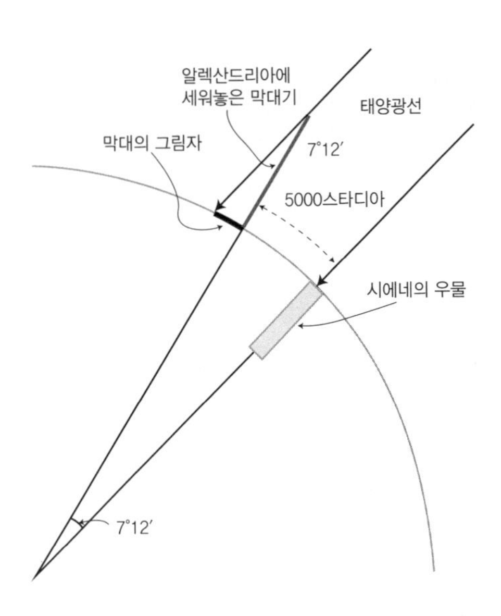

에라토스테네스는 알렉산드리아에서 시에네까지를 5,000스타디아(stadia)라고 했는데, 이는 같은 거리를 걷는 데 훈련을 받은 사람이 걸어서 잰 거리다. 그는 지구둘레를 다음과 같이 계산한 다음 2,000스타디아를 더했다.

(360÷7.12=50.56179…)

(지구둘레)=50×5000=250000스타디아

(250000+2000=252000스타디아)

스타디아
고대 이집트 지역에서 거리를 재는 단위였는데, 시대와 지역마다 조금씩 달랐다. 단수형은 스타디온(stadion)이라고 한다. 에라토스테네스가 살았던 당시에 1스타디온은 600피트였고, 1피트는 약 30.8㎝였다. 그런데 지역에 따라서 1피트가 29.4㎝, 32.7㎝, 34.9㎝ 등으로 달랐다.

2,000스타디아를 더한 이유는 정확히 알 수 없지만, 아마도 알렉산드리아에서 시에네까지 실제 거리의 오차를 염두에 둔 것 같다. 에라토스테네스는 결국 (지구둘레)=252000스타디아로 최종 계산해냈다. 에라토스테네스가 사용한 단위 스타디온은 이집트에서는 약 184.8미터이므로, (지구둘레)=252000×184.8=46570(㎞)이다. 현재 알려진 지구의 둘레 약 40,047㎞와 놀라울 정도로 가깝다. 지구 반지름으로 비교해도, 에라토스테네스가 구한 반지름은 약 7,416㎞로 실제 반지름 6,400㎞와 약간의 차이만 있다.

그러나 당시 스타디온이 정확히 얼마만큼의 거리인지 정해져 있던 것도 아니고 측정 자체도 걸음수를 이용한 대략적인 것이었기 때문에, 실제로 어느 정도의 정확도로 지구의 둘레를 구했는지를 논하는 것은 별 의미가 없다. 또한 알렉산드리아와 시에네는 같은 경도에 있지도 않았다. 가장 중요한 것은 에라토스테네스가 수학을 이용해 지구의 둘레를 구했다는 사실 그 자체다.

평면으로 옮겨진 지구, 메르카토르 도법

르네상스가 시작되면서 세상을 바라보는 시각이 바뀌었고, 대항해시대가 시작되면서 미지의 세계를 탐험하기 위해 좀 더 정확한 지도가 필요해졌다. 그래서 다양한 방법으로 세계지도가 제작되기 시작했는데, 그 가운데 당시 가장 획기적인 것은 네덜란드의 지리학자 메르카토르(Gerardus Mercator)가 만든 세계지도였다. 그는 1569년 일명 '메르카토르 투영도법' 또는 '메르카토르 도법(Mercator projection)'으로

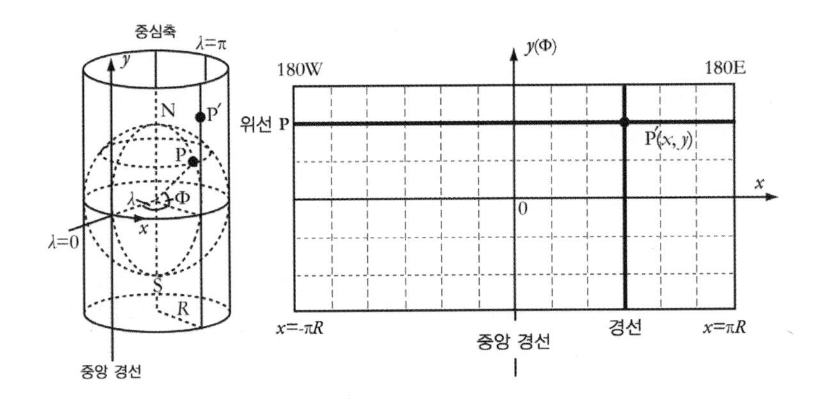

세계지도를 제작했는데, 이는 방위를 바르게 표시했을 뿐만 아니라 항해에 편리하여 '항해도법'으로도 불렸다.

이 도법은 경선의 간격은 고정되어 있고, 위선의 간격을 조절하여 각도 관계가 정확하도록 되어 있다. 따라서 적도에서 멀어질수록 경선은 일정하지만 위선은 넓어지고 축척 및 넓이가 크게 확대된다. 즉 위선이 커질수록 실제 넓이는 줄어들지만 지도에서는 넓이가 커지므로, 실제와는 반비례하게 된다. 메르카토르 도법으로 그린 지도 위의 모든 직선은 항상 정확한 방위를 표시하므로 항해자들이 직선항로를 잡는 데 용이하여 항해도에 널리 쓰였다.

그러나 적도에서 멀리 떨어진 지역일수록 축척이 왜곡되어 상대적으로 크게 표현되기 때문에, 세계지도로서의 실용성은 낮았다. 예를 들어 메르카토르 도법에서는 그린란드의 영토가 남아메리카 대륙보다 크게 표현되지만, 그린란드의 실제 면적은 사우디아라비아보다도 작다. 따라서 적도에서 멀어질수록 축척 및 면적이 크게 확대되기 때문에 위도 80도 이상의 지역에 대해선 사용하지 않았다. 지구는 구형인 입체이기 때문에, 전 지구를 평면 위에 나타내는 메르카토르 도법은 결코 정확할 수

사영기하학
기하도형과 이를 사영한 상(像) 또는 사상(寫像) 사이의 관계를 다루는 수학의 한 분야.

없다.

메르카토르 도법은 수학적으로 보면, 구형인 지구를 원기둥에 옮기기 위해 유클리드 기하학이 아닌 사영기하학(射影幾何學)을 이용해야 했다. 즉 유클리드 기하학이 전부인 줄 알고 있었던 시기에 점점 유클리드 기하학의 테두리에서 벗어나기 시작한 것이다.

TIP

에라토스테네스의 체로 소수 구하기

에라토스테네스는 소수를 구하는 방법도 고안해냈다. '에라토스테네스의 체'는 자연수를 순서대로 늘어놓은 표에서 합성수를 차례로 지워나가면서 소수를 얻는 방법이다. 에라토스테네스의 체를 이용해 1부터 100까지 중에서 소수를 찾아보자.

먼저 1부터 100까지의 수를 가로 10칸, 세로 10칸으로 나눈 '체'에 차례로 적는다. 1은 소수가 아니므로 1을 지운다. 1 다음에 나오는 수 2에 동그라미를 치고, 2의 배수인 4, 6, 8, … 등은 모두 지운다. 지워지지 않은 수 가운데 처음 나오는 수 3에 동그라미를 치고, 3의 배수 6, 9, 12, … 등을 다시 지운다.

이것을 반복하면 마침내 체 안에 동그라미를 친 수만 남게 되는데, 이것이 바로 소수들이다. 그러나 이 방법을 사용해도 모든 소수를 찾을 수는 없다. 왜냐하면 이미 2,300년 전에 유클리드가 소수는 무한하다는 것을 증명했기 때문이다.

~~1~~	2	3	~~4~~	5	~~6~~	7	~~8~~	~~9~~	~~10~~
11	~~12~~	13	~~14~~	~~15~~	~~16~~	17	~~18~~	19	~~20~~
~~21~~	~~22~~	23	~~24~~	~~25~~	~~26~~	~~27~~	~~28~~	29	~~30~~
31	~~32~~	~~33~~	~~34~~	~~35~~	~~36~~	37	~~38~~	~~39~~	~~40~~
41	~~42~~	43	~~44~~	~~45~~	~~46~~	47	~~48~~	~~49~~	~~50~~
~~51~~	~~52~~	53	~~54~~	~~55~~	~~56~~	~~57~~	~~58~~	59	~~60~~
61	~~62~~	~~63~~	~~64~~	~~65~~	~~66~~	67	~~68~~	~~69~~	~~70~~
71	~~72~~	73	~~74~~	~~75~~	~~76~~	~~77~~	~~78~~	79	~~80~~
~~81~~	~~82~~	83	~~84~~	~~85~~	~~86~~	~~87~~	~~88~~	89	~~90~~
91	~~92~~	~~93~~	~~94~~	~~95~~	~~96~~	97	~~98~~	~~99~~	~~100~~

명화로 그려진 놀라운 수학의 세계

—— 인간은 인류 문명의 시작과 함께 수를 사용하기 시작했고, 수의 개념이 만들어지기 훨씬 전부터 그림을 그렸다. 사실 미술과 수학은 오랜 옛날부터 밀접한 관련이 있었다. 특히 서양미술의 싹을 키운 자양분은 수학이었다.

1435년 르네상스 화가들의 교과서라고 불리는 『회화론』을 쓴 알베르티(Leon B. Alberti)는 특히 회화에서 유클리드 기하학 등의 수학을 적극적으로 활용해야 한다고 주장했다. 보티첼리(Sandro Botticelli) 같은 르네상스 화가들은 좀 더 사실적인 그림을 그리기 위해 알베르티가 주장한 것처럼 유클리드 기하를 연구했고, 그 결과로 등장한 것이 원근법이다. 원근법은 말 그대로 인간의 눈으로 볼 수 있는 3차원에 있는 사물의 멀고 가까움을 구분하여 2차원 평면 위에 묘사하는 회화기법을 말한다. 르네상스 시대에 이르러 중세와 다르게 원근법으로 그림을 그렸다는 사실은 인간의 지성이 발달했다는 증거에 다름 아니다.

미술과 수학의 연관성은 비단 르네상스 시대에 그치는 것은 아니다. 현대의 미술가들 또한 수학적 요소를 무척 중요하게 생각하고 있다. 미술의 주요 형식인 조화 · 균형 · 통일성 · 대칭 등은 모두 수학을 필요로 하는 부분이다. 따라서 수학을 알고 아름다운 예술작품을 감상한다면 좀 더 깊이 있는 예술적 감성을 지닐 수 있을 것이다.[1]

〈봄〉과 〈비너스의 탄생〉, 그 아름다움의 비결은?

황금비

수학적으로 그려진 보티첼리의 그림

봄이 오면 목련 · 개나리 · 진달래 · 해당화 · 매화 등 많은 꽃들이 온 세상에 화사한 그림을 그린다. 봄과 꽃은 화가들의 단골 소재이기도 하다. 르네상스의 대표적인 화가 보티첼리는 〈봄〉과 〈비너스의 탄생〉이라는 작품에 미의 여신 비너스와 봄의 여신 플로라를 함께 그렸는데, 이 작품들에 등장하는 봄의 여신은 아름다운 꽃으로 장식된 드레스를 입고 있다.

문학에 의인법이 있듯이 보티첼리는 작품 〈봄〉에서 봄이란 계절을 의인화했다. 그림 가운데에는 사랑의 여신인 비너스가 걸어 나오고, 왼쪽에는 삼미신(三美神)이 화려하게 춤을 추고 있다. 삼미신은 거의 벗은 것과 같은 옷을 걸치고 있으며 오른쪽에는 봄의 여신 플로라가 등장하는, 봄기운이 충만한 그림이다. 그리고 배경의 오렌지나무와 플로라 여신의 꽃무늬 드레스에 그려진 꽃을 비롯하여 그림 전체에 그려져 있는 식물이 500종이나 되고, 봉오리를 펼친 꽃송이만 190가지이다. 이런 것이 바로 르네상스 시대 화가들의 탐구정신이라고 할 수 있다.

보티첼리, 〈봄〉, 1478?, 우피치 미술관, 이탈리아 피렌체. 작품의 크기는 314×203㎝로, 가로와 세로의 비가 황금비인 1.6 : 1에 가깝다.

보티첼리의 작품 중에서 가장 유명한 〈비너스의 탄생〉은 신화적인 주제를 다룬 르네상스 최초의 대규모 회화라는 점에서 당시로서는 혁명적인 그림이었다. 〈비너스의 탄생〉은 그리스 로마 신화에서도 가장 아름다운 장면을 보여줌으로써 우리를 꿈과 신화의 세계로 이끈다.

보티첼리, 〈비너스의 탄생〉, 1485?, 우피치 미술관, 이탈리아 피렌체. 이 그림 또한 가로×세로가 278×172.5㎝로 황금비에 가깝다.

그림 가운데에는 주인공인 비너스가 서 있고, 양쪽으로 서풍의 신 제피로스와, 비너스에게 꽃무늬 옷을 걸쳐주려는 봄의 여신 플로라가 있다. 신화학자들에 따르면 고대 오리엔트에 성(性)과 풍요를 관장하는 아슈타르테라는 여신이 있었는데, 그 이름이 선진문화와 함께 오리엔트에서 그리스로 전해져 아프로디테(비너스의 그리스 명칭)로 굳어졌다고 한다. '아프로'는 그리스어로 거품을 의미한다. 제피로스 근처에는 장미가 그려져 있는데, 고대 신화에 따르면 장미는 성스러운 꽃으로 비너스가 태어날 때 함께 탄생했다고 한다. 섬세한 아름다움과 향기를 지닌 장미는 사랑의 상징이지만, 장미의 가시는 사랑이 고통스러울 수도 있음을 암시한다.[2]

보티첼리는 〈봄〉과 〈비너스의 탄생〉을 철저하게 수학적으로 그렸다. 화폭의 가로와 세로의 비례뿐만 아니라 그림 속 비너스의 몸은 완벽한 황금비를 이루고 있다. 특히 〈비너스의 탄생〉에서 보티첼리는 비너스의 몸을 정확하게 황금비가 되도록 그렸다. 황금비는 앞에서도 잠깐 소개했지만, 여기서 좀 더 자세히 알아보자.

신성한 비율, 황금비

황금비를 나타내는 기호 ø는 황금비를 작품에 적용했던 고대 그리스의 조각가 페이디아스(Pheidias)의 그리스어 '*Φειδίαζ*'의 머리글자에서 따온 것으로, 수학적으로는 $\frac{1}{ø}=ø-1$, 즉 $ø^2-ø-1=0$과 같다. 근의 공식을 이용하여 이 이차방정식의 해를 구하면 $ø=\frac{1\pm\sqrt{5}}{2}$이며, 두 해 중에서 양의 값을 택하면 $ø=\frac{1+\sqrt{5}}{2}=1.618\cdots$이다.

이 비율의 역사는 그리스 이전보다도 더 거슬러 올라간다. 기원전 2000년경 이집트의 수학책 『린드파피루스(*Rhind Papyrus*)』를 보면, 기원전 4700년에 기자(Gizeh)의 대 피라미드를 건설하는 데 이 수를 '신성한 비율'로 사용했다고 전하고 있다. 현대의 측량기술로 측정해보니 피라미드 밑의 중심에서 밑의 모서리까지의 길이, 그리고 경사면의 길이가 거의 정확하게 황금비인 1 : 1.618이었다. 『린드파피루스』가 작성된 당시의 바빌로니아인들은 이 비율에 특별한 성질이 있다 믿었고, 피타고라스학파 또한 마찬가지였다.

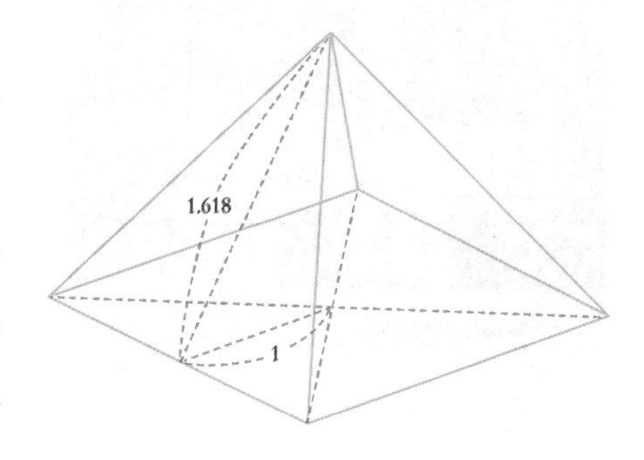

특히 피타고라스학파는 이 비율을 이용해 자신들의 상징인 정오각형 안에 별을 그려 넣었다. 정오각형의 각

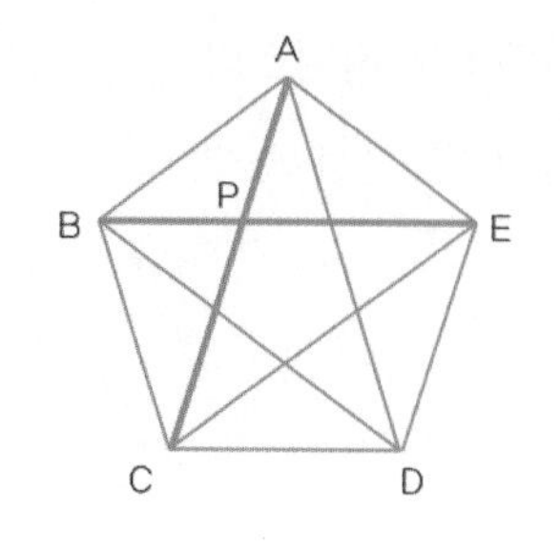

꼭짓점을 잇는 직선들이 만나는 비율들이 모두 황금비이기 때문이다.

정오각형 안에 같은 꼭짓점을 지나지 않는 2개의 대각선을 그릴 때, 두 대각선은 서로 다른 것을 황금비로 나눈다. 즉 $\triangle EAP \propto \triangle CEA$이다. 이때 $\overline{BP}=1$, $\overline{PE}=x$라 하면 $\overline{EA}:\overline{AP}=\overline{CA}:\overline{EA}$에서 $\overline{AP}\cdot\overline{CA}=\overline{EA}^2$이고 $\overline{AP}=\overline{BP}=1$, $\overline{CA}=\overline{CP}+\overline{PA}=\overline{PE}+\overline{BP}=x+1$이다. $\overline{EA}=\overline{PE}=x$이므로 $x+1=x^2$이 성립한다. $x^2-x-1=0$에서 양수 x는 $x=\frac{1+\sqrt{5}}{2}$이다. 즉 다음이 성립한다.

$$\frac{\overline{PE}}{\overline{BP}}=\frac{\overline{PC}}{\overline{AP}}=\frac{\overline{CA}}{\overline{EA}}=x=\frac{1+\sqrt{5}}{2}$$

고대인들은 황금비에서 신비로움과 안정된 즐거움을 느꼈다. 학자들은 고대 그리스 시대부터 중세에 이르기까지 대부분의 건축물과 조각상에서 황금비를 찾았는데, 대표적인 것으로 그리스 조각가인 페이디아스의 조각, 파르테논 신전을 비롯한 그리스 건축물, 1130년경에 완성된 프랑스의 클뤼니 대수도원(Abbaye de Cluny) 등이 있다.

클뤼니 대수도원, 프랑스 클뤼니, 1130.

레오나르도 다 빈치(Leonardo da Vinci)를 비롯한 르네상스 시대의 예술가와 건축가는 의도적으로 황금비를 사용했다. 15세기 후반 이탈리아의 수학자 루카 파치올리(Luca Pacioli)는 황금비에 관한 『신성한 비례(*De Divina Proportione*)』라는 저작을 남겼고, 150년 뒤 케플러는 황금분할을 '신성한 분할(divine section)'이라 칭했다.

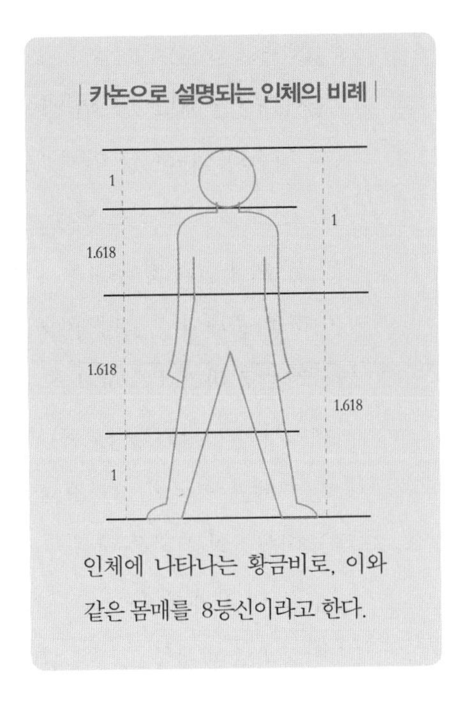

| 카논으로 설명되는 인체의 비례 |

인체에 나타나는 황금비로, 이와 같은 몸매를 8등신이라고 한다.

특히 보티첼리는 르네상스 시대 화가들이 즐겨 사용했던 '자(ruler)'라는 의미를 지닌 '카논(canon)'을 그림에 완벽하게 적용했다. 미술에서 카논이란 "아름다움의 기준을 설정한 수학적 비례법칙"을 말한다. 르네상스 시대의 화가들은 신체의 각 부분이 조화로운 비례를 이룰 때 아름다움이 탄생한다고 믿었기 때문에, 당시 그려진 거의 대부분의 그림에 등장하는 신체에 카논이 적용되었다. 신체의 여러 부분이 서로 아름다운 비례를 이루는 카논은 예술가들을 매료시켰고, 그들은 그림이나 조각을 할 때 자와 컴퍼스를 이용하여 각 부위를 세밀하게 측정해서 작품을 완성했다.

알베르티는 1435년 르네상스 화가들의 교과서라고 불리는 『회화론』에서 패널이나 벽 등 2차원 평면 위에 3차원 화면을 그리는 원근법을 처음으로 설명했다. 이 책은 곧바로 이탈리아 예술에 깊은 영향을 미쳤다.

알베르티는 『회화론』에서 "나는 화가에게 가능한 한 모든 학문과 예술 분야를 고루 섭렵하라고 권하고 싶다. 그러나 무엇보다도 기하학을 먼저 배워야 한다. 화가는 무슨 수를 써서라도 기하학을 공부해야 한다"고

강조했다.

중세까지만 해도 종교의 영향력은 대단했다. 그때까지 서양에서는 기독교 정신의 왜곡으로 인해 고대의 찬란했던 문화와 문명은 점점 사라져갔고, 모든 것은 신을 위해 존재할 뿐이었다. 이런 분위기에서 중세의 그림은 오직 신의 영광이 부각되도록 그려졌다.

이러한 중세의 사고방식에서 탈피해 모든 사물과 현상을 이성적이고 과학적으로 바라보기 시작한 시기가 바로 르네상스다. 르네상스는 대개 14세기부터 시작되었다고 하지만, 수학과 과학 분야에서 뛰어난 업적을 남긴 13세기 영국의 철학자 로저 베이컨(Roger Bacon)은 다음과 같은 말로 르네상스의 시작을 알렸다.

"신은 이 세계를 유클리드 기하의 원리에 따라 창조했으므로, 인간은 그 방식대로 세계를 그려야 한다."

최초로 원근법을 적용한 〈성삼위일체〉

소실점과 수열

투시화법에서 보이는 수학적 비례

르네상스 화가들은 좀 더 사실적인 그림을 그리기 위해 알베르티가 주장한 것과 같이 유클리드 기하를 연구했고, 그 결과로 등장한 것이 원근법이다. 앞에서 설명했듯 원근법은 말 그대로 인간

의 눈으로 볼 수 있는 3차원에 있는 사물의 멀고 가까움을 구분하여 2차원 평면 위에 표현하는 회화기법을 말한다.

마사초, 〈성 삼위일체〉, 1492, 산타마리아 노벨라 성당, 이탈리아 피렌체.

수학적 비례에 의한 완벽한 원근법은 '투시화법'이라고도 하는데, 투시화법의 최초 발견자는 교회 건물을 스케치하다가 소실점을 발견한 르네상스 건축가 브루넬레스키(Filippo Brunelleschi)다. 소실점이란 평행한 두 직선이 계속 나아가다가 지평선이나 수평선의 끝 부분에서 사라지는 지점을 말한다. 그 후 알베르티는 평면도, 입면도, 사각 피라미드의 횡단면을 사용해 선 원근법을 더욱 발전시켰다.

최초로 원근법이 적용된 그림으로는 15세기의 이탈리아 화가 마사초(Masaccio)의 〈성 삼위일체〉를 꼽을 수 있다. 이 작품은 산타마리아 노벨라 성당 제단화로 그려졌는데, 작품이 처음 공개되었을 때 벽에 큰 구멍이 뚫려 있는 것처럼 보여서 사람들이 무척 놀랐다고 한다.

선 원근법
투시화법에 의해 공간과 입체를 평면상에 선으로 나타내는 원근법.

〈성 삼위일체〉는 신과 십자가와 예수, 그 앞

의 마리아와 요한, 그 아래에 그림을 기증한 부부의 위치가 4중으로 구성되어 있어 공간적 깊이를 느끼게 한다. 미술사학자들이 계산해본 결과 그림 속 예배당의 천장은 가로가 2.13m, 깊이가 2.75m나 된다고 한다.

마사초는 이 그림에서 2개의 소실점을 설정했다. 첫째, 제단 위의 사각형들이 예수 그리스도의 머리 위 한 점에 모이도록 했고, 둘째, 관람자의 눈높이가 성당 마룻바닥에서 1.5m쯤 되는 지점에 맞춰지도록 설정했다. 이 지점에서 그림의 윗부분을 보면 천장이 움푹 파인 것처럼 보인다.

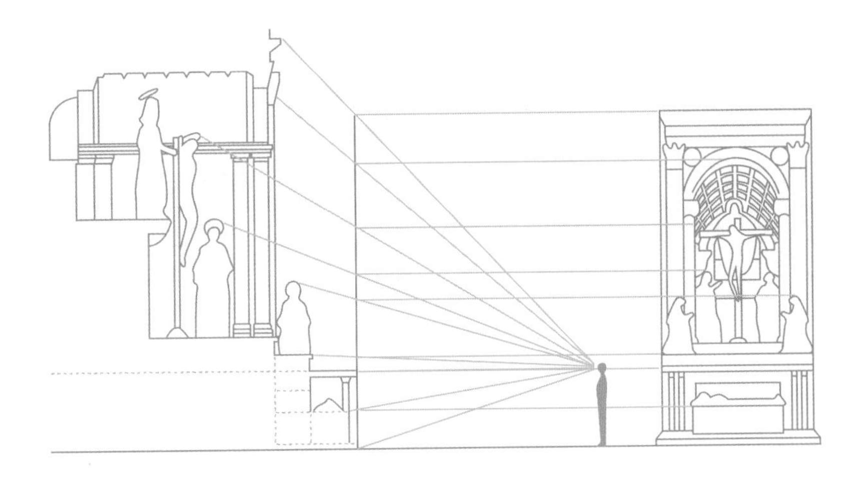

수열과 관련된 소실점

소실점은 수학에서의 수열과 관련되어 있다. 1부터 시작해서 차례로 −2씩 곱하여 얻은 수를 순서대로 나열하면 1, −2, 4, −8, 16, …이다. 또 자연수를 1부터 차례대로 제곱하여 얻은 수를 순서대로 나열하면 1, 4, 9, 16, …이다.

이와 같이 어떤 규칙에 따라 차례로 나열된 수를 '수열(數列)'이라고 하며, 수열을 이루는 각 수를 '수열의 항'이라고 한다. 수열의 각 항을 앞에서부터 첫째 항, 둘째 항, 셋째 항, …, n째 항 또는 제1항, 제2항, 제3항, …, 제n항이라고 한다. 그리고 항의 개수가 유한개인 수열을 '유한수열', 무한개인 수열을 '무한수열'이라고 한다.

일반적으로 수열을 나타낼 때는 각 항의 번호를 붙여 $a_1, a_2, a_3, \cdots, a_n, \cdots$과 같이 쓰고, 이 수열을 간단히 기호로 $\{a_n\}$으로 나타낸다. 이때 제n항 a_n을 이 수열의 '일반항'이라고 한다.

무한수열 $\{a_n\}$에서 일반항이 $a_n=\frac{1}{n}$일 때 $\{a_n\}$은 $1, \frac{1}{2}, \frac{1}{3}, \cdots, \frac{1}{n}, \cdots$이고, $a_{1000}=\frac{1}{1000}=0.001$, $a_{10000}=\frac{1}{10000}=0.0001$과 같이 n이 한없이 커짐에 따라 일반항 a_n의 값은 한없이 0에 가까워진다. 또 무한수열 $\{a_n\}$의 일반항이 $a_n=1+\frac{(-1)^n}{n}$일 때 $\{a_n\}$은 $0, \frac{3}{2}, \frac{2}{3}, \frac{5}{4}, \frac{4}{5}, \cdots$인 것과 같이, n이 한없이 커짐에 따라 일반항 a_n의 값은 1에 한없이 가까워진다. 이 두 수열을 각각 그래프로 나타내면 다음과 같다.

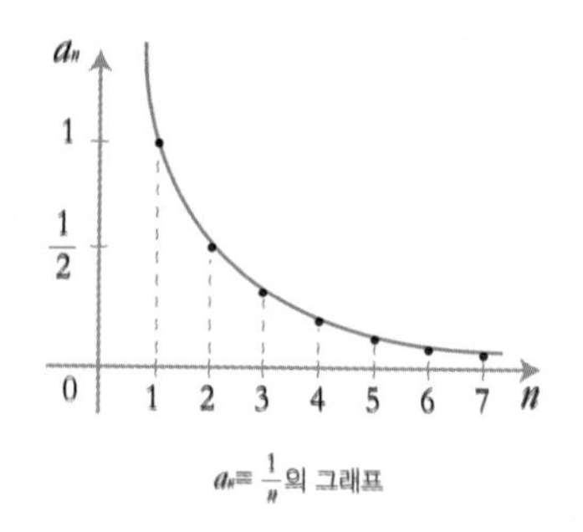

$a_n=\frac{1}{n}$의 그래프

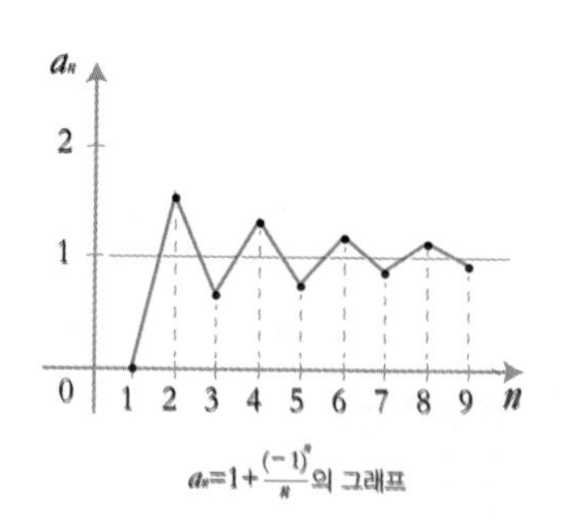

$a_n=1+\frac{(-1)^n}{n}$의 그래프

무한수열 $\{a_n\}$에서 n이 한없이 커짐에 따라 수열의 일반항 a_n의 값이 일정한 값 α에 한없이 가까워지면 수열 $\{a_n\}$은 α에 수렴한다 하고, α를 수열 $\{a_n\}$의 극한값 또는 극한이라고 한다. 이것을 기호로 $\lim_{n\to\infty} a_n=\alpha$와 같이 나타낸다. 이때 ∞는 한없이 커지는 상태를 나타내는 기호로 '무한대'라고 읽는다.

이와 같은 수학적 정의에 의하면 소실점은 점점 작아지다가 없어지는 점이므로 어떤 값 α에 수렴하는 수열과 같다. 특히 그림에서처럼 길의 폭이 점점 좁아지다가 저 멀리 지평선에서 사라지는 것은, 일반항이 $a_n = \frac{1}{n}$인 무한수열 $\{a_n\}$의 극한 $\lim_{n\to\infty}\frac{1}{n} = 0$과 같다고 할 수 있다. 이와 같이 수열의 극한에 관한 내용은 기원전 2000년경의 고대 이집트와 바빌로니아의 수학에서도 찾아볼 수 있다.

왜상을 통해 진실에 다가가는 그림

원근법과 사영기하학

〈대사들〉에 사용된 왜상

유럽의 르네상스는 모든 분야에 영향을 미쳤는데, 종교도 예외는 아니었다. 대부분의 종교개혁이 몇몇 사람들의 선도적인 대중 투쟁을 바탕으로 이루어졌던 반면 영국의 종교개혁은 국왕 헨리 8세에 의해 이루어졌고, 유럽의 여타 나라와는 달리 종교적 원인이 아니라 정치 · 경제적인 이유에서 시작되었다.

루터의 종교개혁을 비판하는 데 앞장섬으로써 교황으로부터 '신앙의 수호자'라는 칭호를 얻었던 헨리 8세가 에스파냐 출신의 왕비 캐서린이 아들을 출산하지 못했다는 이유로 이혼하려 하자 교황은 교리를 내세우며 이를 허락하지 않았다. 이에 그는 가톨릭과 단절하고 수도원을 해산시켰으며, 전 영토의 $\frac{1}{3}$에 이르는 막대한 수도원의 영지를 몰수해 로마 교황청의 돈줄을 죄고, 왕실의 재정을 튼튼히 했다. 그리고 1533년 부활절 주간에 영국은 가톨릭과 결별을 선언하고, 교황이 아닌 영국 국왕을 수장으로 하는 '영국 성공회'를 설립했다.

프랑스의 프랑수아 1세는 영국과 로마 교황청의 관계를 회복시키기 위해 헨리 8세의 궁정에 급하게 대사를 파견한다. 1533년 4월 런던을 방문한 프랑스 라보의 주교 조르주 드 셀브와 영국에 파견된 프랑스 외교관 장 드 당트빌은 영국 측과 협상을 벌인다. 결국 임무는 실패했지만 당트빌은 궁정 화가인 한스 홀바인(Hans Holbein)에게 드 셀브와 함께 있는 그림을 그려줄 것을 요청하는데, 그 결과 탄생한 그림이 바로 〈대사들(The Ambassadors)〉이다.

홀바인, 〈대사들〉, 1497, 내셔널갤러리, 영국 런던.

홀바인은 이 그림을 통해 당시 유럽의 시대적 · 정치적 상황을 표현했는데, 그 가운데 몇 가지만 살펴보자.

두 젊은 대사들 사이에는 왼쪽에서부터 천구의와 해시계 등이 그려져 있다. 당트빌의 왼팔 바로 뒤에 있는 천구의는 태양계의 중심이 지구가 아닌 태양이라는 코페르니쿠스의 혁명적인 이론을 암시한다. 테이블 위에 놓여 있는 과학적 도구들이 대항해시대에 세계일주와 신대륙 발견 등을 가능하게 했음을 보여주고 있다. 실제로 홀바인이 이 그림을 그린 것은 1492년에 콜럼버스가 아메리카 대륙을 발견한 지 50년이 채 지나지 않은 때였다.

드 셀브의 오른팔 바로 위에 있는 해시계는 1533년 4월 11일을 나타내고 있는데, 이날이 대사들의 생애에서 매우 중요한 순간임을 암시한다.

한편 이들 사이에 있는 테이블 밑에는 줄이 끊어진 류트와 악보가 펼쳐져 있고, 그 왼쪽으로 수학책이 놓여 있다. 곱자 옆에 펼쳐져 있는 책은 새로 출간된 수학책으로, 대사들이 근대적인 교육을 받은 폭넓은 지식의 소유자임을 알려준다. 또한 의상과 소품을 통해서도 이들이 상당한 수준의 문화생활을 누리고 있음을 알 수 있다.

그런데 〈대사들〉에서 가장 흥미로운 것은 바로 대사들 발밑에 그려져 있는 그림이다. 그림을 자세히 보면 이들 가운데에 길쭉한 모양의 무엇인가가 그려져 있는 것이 보인다. 과연 이것이 무엇일까?

위에서 비스듬하게 내려다보면 나타나는 해골 그림.

이 그림은 애초에 계단 벽에 걸릴 목적으로 그려졌다고 한다. 그 때문에 계단을 오르면서 보면 아무것도 아닌 것처럼 보이나, 내려오면서 보면 길쭉한 모양이 점점 해골로 변해 보인다. 대사들 앞에 해골을 그려 넣어 인생의 무상함을 전하고 있는 것이다. 이 해골 그림처럼 의도적으로 왜곡되게 그려 어느 지점에 도달하면 정상으로 보이게 하는 그림을 '왜상(歪像, anamorphosis)'이라고 한다. 왜상을 이용한 그림은 정교한 계산이 필요하기 때문에 당연히 수학적일 수밖에 없다.

그림자를 이용한 사영기하학

왜상은 실제 형상을 변형시키기 때문에 어떤 각도에서 보느냐에 따라 다르게 나타난다. 원근법의 일종이기도 한 왜상을 예술에서 사용하기 시작한 것은 르네상스 시대부터였다. 왜상은 예술가들의 연구에 의해 원근법과 초기 형태의 사영기하학이 접목된 것이다. 예술가들은 3차원 공간의 입체를 화폭에 옮겨놓기 위해 시선의 각도를 조절하면서 왜상을 그리기 시작했다.

한편 뒤러는 원근법뿐만 아니라 어둠상자나 격자판 같은 도구를 이용해 대상을 좀 더 정확하게 묘사하려고 노력했다.

아래의 그림은 뒤러의 〈누워 있는 누드를 그리는 예술가〉다. 이 작품에서 화가는 수직격자 창문을 통해 바라보는 모습을 캔버스에 옮겨놓고 있다. 화가가 바라보는 각도에 따라 어떤 격자에서는 그림이 길어지거나 그

뒤러, 〈누워 있는 누드를 그리는 예술가〉. 1525년 출간된 뒤러의 저서 『측정을 위한 지침』의 삽화.

형태가 변형되기도 할 것이다. 이것이 바로 왜상예술의 시작이었다.

왜상예술은 오랜 시간을 거치며 발전했다. 어떤 왜상예술가들은 그림을 변형하기 위해 원기둥 · 원뿔 · 피라미드 모양의 거울에 반사되는 형상을 이용하기도 했다. 특히 왜상예술에서 거울을 이용하는 방법은 이미 기원전 500년경 중국에서 시작되었다. 왜상에서 가장 많이 사용되는 방법 중의 하나는 그림자를 이용하는 것이다. 수학에서는 이와 같은 방법을 사영기하학이라고 한다. 그림자를 이용하여 원래의 모양을 변형할 경우, 변하는 성질과 변하지 않는 성질이 있을 것이다. 그런 성질들을 연구하는 것이 사영기하학이고, 이는 왜상예술의 중요한 방법의 하나다.

평평한 거울에 빛이 비치는 경우 입사각과 반사각은 같다. 그런데 구부러진 거울의 경우 구부러진 정도에 따라 입사각과 반사각이 달라진다. 따라서 구부러진 거울에 반사된 물체의 상은 실제와 다르게 나타난다. 이와 비슷한 원리로, 앞 페이지의 뒤러 작품 속에 있는 화가는 자신의 캔버스 위에 격자를 통해 보이는 모델의 각 부분을 왜곡되게 그리고 있다. 한편, 거울이 원통형이나 원뿔 또는 피라미드 모양이라면 그 물체는 좀 더 복잡하게 찌그러져 보일 것이다. 어떨 때는 평행한 수직선이 활 모양으로 바깥쪽으로 휘어져 보이기도 하고, 곡선은 직선처럼 보일 것이며, 평행하지 않은 선분은 평행하게 보일 것이다.

원통 거울을 이용한 왜상.

이런 현상은 놀이공원 같은 곳에 있는 왜상거울로도 쉽게 확인할 수 있다. 굳이 멀리 가지 않고도 집에서도 왜상을 볼 수 있는데, 숟가락에 비치는 얼굴, 원기둥 모양의 주전자나 냄비에 비친 모습들은 모두 왜상이다.

눈의 착각으로 생기는 기하학적 착시 현상

왜상은 빛의 굴절이나 보는 각도에 따라 달리 보이는 것이지만, '착시'는 우리의 눈이 착각을 일으키는 경우를 말한다. 착시 현상에는 여러 가지가 있다. 그중 '기하학적 착시'란 크기 · 방향 · 각도 · 곡선 등의 기하학적 형태가 실제와 다르게 보이는 것을 말한다.

다음 그림에서 자나 직선을 사용하지 말고 눈으로만 직선 l을 연장하여 직선 AB와 만나는 점을 찾아 연필로 표시해보자. 그런 뒤에 자를 이용해 직선 l을 연장하여 미리 찍어놓은 점과 일치하는지 살펴보자. 이 점은 직선 l을 연장했을 때 직선 AB와 만나는 점보다 위쪽에 찍혀 있을 것이다. 이런 현상을 '포겐도르프 효과(Poggendorff effect)'라고 하는데, 이는 착시 현상의 하나다.

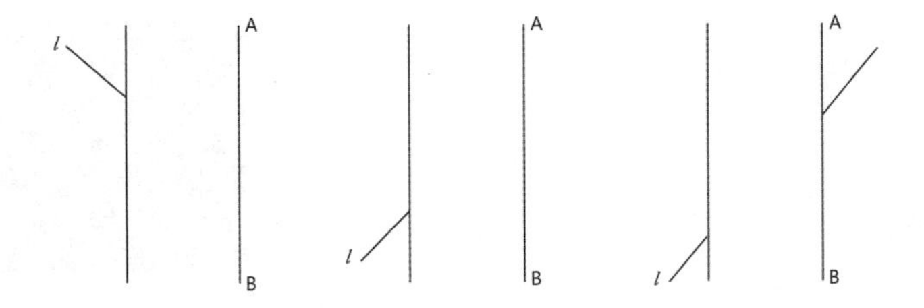

뮐러-라이어 착시

1899년 뮐러와 라이어에 의해 고안된 것으로, 동일한 2개의 선분이 화살표 머리의 방

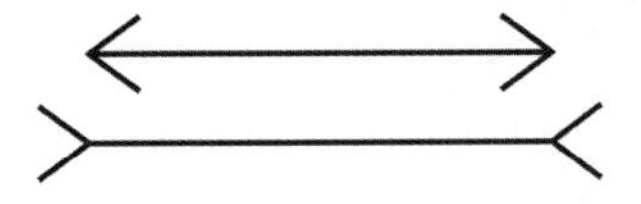

향 때문에 길이가 달라 보이는 것이다.

피크 착시

길이가 같은 두 선분을 하나는 수평으로 놓고 다른 하나를 수직으로 놓으면 수직으로 놓은 선분의 길이가 길어 보인다.

헤링 착시

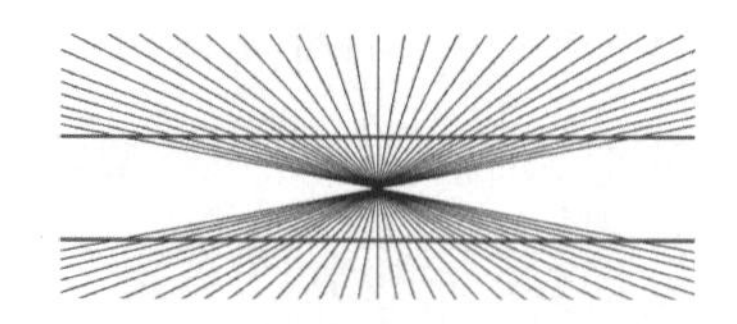

평행한 두 직선의 가운데가 볼록한 곡선으로 보인다.

쿠션 착시

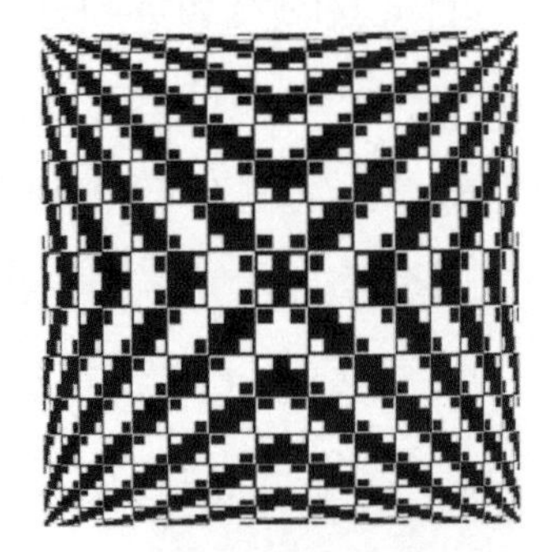

이 그림은 정사각형과 직사각형으로 이루어져 있고, 수평과 수직선들은 서로 평행하다. 그러나 쿠션처럼 가운데가 볼록 나와 있는 듯 보인다.

체크무늬 깃발 착시

평행선만을 이용하여 그린 도형이지만, 마치 깃발이 펄럭이는 것처럼 보인다.

레이저 광선 착시

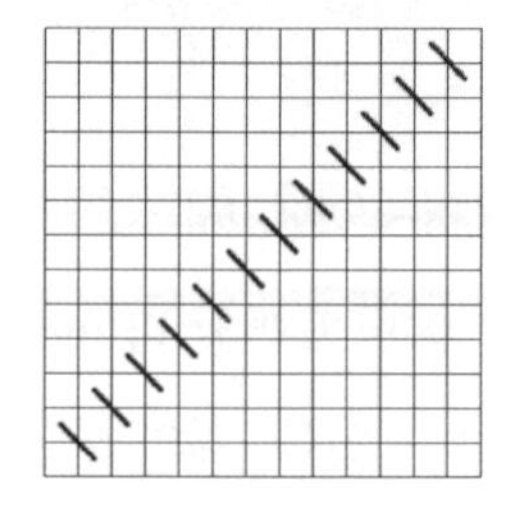

모눈종이에 45°를 이루는 평행선을 여러 개 그린 것이다. 평행선을 따라 마치 흰 선이 그어진 것처럼 보이지만 실제로 흰 선은 없다.

헤르만 그리드 착시와 번득이는 격자

위의 도형을 보면 검은 사각형에 의해 생기는 흰색 선들의 교차점에 검은 점들이 나타나는 것을 볼 수 있다. 아래 도형은 '번득이는 격자'로, 헤르만 그리드 착시와 같이 검은 사각형에 의해 생기는 흰 선들의 교차점에 있는 흰 점에 마치 탄산음료의 기포가 깜빡거리듯 검은 점들이 나타났다 사라지는 것을 볼 수 있다.[3]

눈은 우리가 가지고 있는 감각 중에서 가장 신뢰할 수 없는 감각기관이다. 보면 바로 믿게 되므로 생각할 기회를 주지 않는다. "백문(百聞)이 불여일견(不如一見)"이라는 말이 있긴 하지만 보이는 것이 전부는 아니라는 사실을 알아야 한다. 결국 진리는 냉철한 지성과 논리적 비판이 가능한 수학을 통해서 인식할 수 있는 것이다.

TIP

클라인의 '신비의 육선형'

19세기에는 퐁슬레(Jean V. Poncelet), 뫼비우스(August F. Möbius) 등에 의해, 선분의 길이나 각의 크기 등을 다루는 유클리드 기하학과는 다른 사영기하학의 연구가 활발했다. 이와 같은 여러 가지 기하학을 통일 또는 분류하는 원리를 생각한 수학자가 있었으니, 그가 바로 23세에 에를랑겐 대학의 교수가 된 클라인(Felix Klein)이다.

사영기하학은 이탈리아 문예부흥 시대에 조형미술 · 건축 등에 필요한 실용수학인 레오나르도 다 빈치의 투시도법에서 비롯된 것으로, 물체를 눈에 보이는 대로 평면상에 재현하는 것이다. 즉 사영(射影)과 절단이라는 기본적인 조작이 기하학에 도입된 것이다.

천재 수학자 파스칼이 16세 때 증명한 "한 육각형이 원추곡선 안에 내접한다면 3쌍의 대변의 교점들은 한 직선 위에 있고, 또 그 역도 성립한다"라는, 이른바 '신비의 육선형(六線形, hexagram) 정리'는 바로 사영기하학의 유명한 정리다.

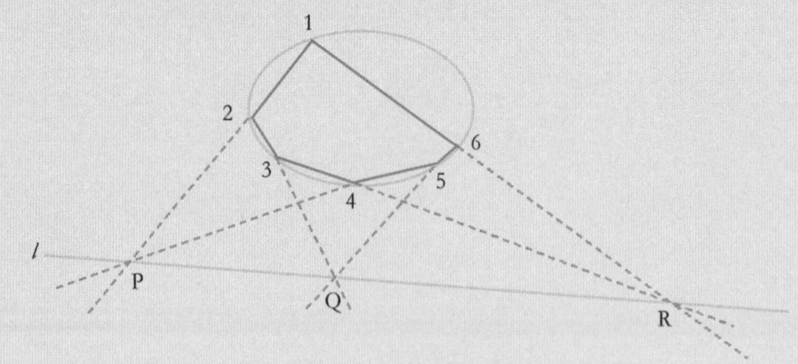

육각형이 원추곡선의 하나인 타원에 내접할 때, 각 변의 연장선의 교점 P, Q, R은 직선 l위에 있다. 역으로 각 변의 연장선의 교점이 한 직선 위에 있다면 육각형은 원추곡선에 내접한다.

디도가 카르타고를 세울 때 사용한 수학은?

등주문제

도시 카르타고와 등주문제

그리스 신화는 많은 화가들에 의해 명화로 재탄생했는데, 그 가운데 하나가 '엘리사'라고도 하는 카르타고의 여왕 디도(Dido)에 대한 것이다. 로마를 세운 그리스의 영웅 아이네이아스(Aeneias)와 디도 여왕의 비극적인 사랑 이

티에폴로, 〈디도에게 에로스를 소개하는 아이네이아스〉, 1757, 빌라 발마라나, 이탈리아 비첸차.

야기는 많은 예술가들의 작품 소재가 되기에 충분하다.

페니키아의 왕에게는 매우 아름다운 딸 디도와 상속자이자 아들인 피그말리온이 있었다. 왕이 죽자 피그말리온은 재산을 차지하기 위해 자신의 삼촌이자 디도의 남편인 아케르바스를 죽인다.

디도는 자신의 추종자와 몇몇 원로원 의원을 데리고 페니키아를 떠난다. 북아프리카의 해안에 도착한 디도는 그곳에 정착하기로 하고, 그곳 원주민의 통치자였던 얍(Yarb)에게 자신이 가져온 황금을 줄 테니 땅을 팔라고 요청한다. 얍은 땅을 팔 생각이 없었지만 여왕의 설득에 넘어가 황소 한 마리의 가죽으로 최대한 둘러쌀 수 있는 만큼만 팔겠다고 말한다. 여왕은 언덕을 둘러쌀 수 있도록 쇠가죽을 가늘게 잘라 영역을 정했고, 이 언덕은 '가죽'이라는 뜻의 '비르사(Byrsa)'라고 불리게 되었다. 여왕은 비르사에 요새를 만들고 잘 통치하여 도시를 번성시켰는데, 훗날 이 도시는 카르타고라고 불리게 되었다.

디도 일행이 쇠가죽을 가늘게 잘라 땅의 영역을 정하는 순간을 그린 마토이스 메리안의 삽화.

1630년에 그려진 위의 그림은 디도 여왕이 카르타고를 세울 때의 상황을 묘사한 것으로 지금으로부터 약 2,800년 전 판화가 마토이스 메리안이 그린 삽화다.

이 사건은 수학의 '등주문제(等周問題, isoperimetric problem)'로 이어진다. 흔히 '디도의 문제(Dido's problem)'라고도 불리는 등주문제는 둘레의 길이 L을 갖는 단일폐곡선의 넓이 A가 최대가 되는 경우를 구하는 문제로, 공간에서는 곡면의 겉넓이 S가 주어졌을 때 부피 V가 최대가 되는 경우를 구하는 것이다.

디도의 문제를
증명하는 방법은?

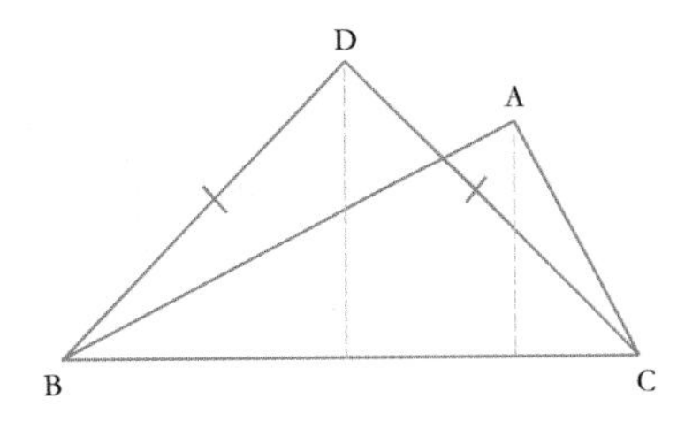

디도의 문제를 엄밀하게 증명하기는 어렵지만, 다각형에 대한 기초적인 기하학을 이용하면 직관적으로 설명할 수 있다.

먼저 삼각형의 경우를 살펴보자. 둘레의 길이가 일정한 삼각형의 넓이가 언제 가장 넓어지는지 알면 된다. 위의 그림과 같이 둘레의 길이가 같은 두 삼각형 ABC와 삼각형 DBC를 비교해보자. 밑변의 길이가 같은 두 삼각형은 높이가 높은 쪽이 더 넓다. 그리고 높이가 가장 높을 때는 삼각형 DBC와 같이 두 변의 길이가 같을 때다. 두 삼각형에서 $\overline{BC}$는 공통이고 $\overline{DB}+\overline{DC}=\overline{AB}+\overline{AC}$인데, $\overline{DB}=\overline{DC}$이므로 $\overline{AB}+\overline{AC}=2\overline{DB}$이다. 결국 일정한 둘레의 길이 L을 갖는 삼각형 중에서 그 넓이가 최대인 삼각형을 T라고 하면, 삼각형 T의 임의의 두 변의 길이는 같다.

만일 삼각형에서 길이가 같지 않은 변이 있다면 위와 같은 이유로 주어진 삼각형보다 더 넓은 삼각형을 만들 수 있다. 그때 새로 만들어진 삼각형의 두 변의 길이는 같다. 만약 나머지 한 변의 길이가 다른 두 변과 다르다면 다시 앞에서와 같은 방법으로 변의 길이를 같게 만들 수 있다. 따라서 T는 세 변의 길이가 같은 정삼각형이다.

둘레의 길이가 같은 삼각형 중에서 정삼각형의 넓이가 가장 넓다는 것을 이용하면, 사각형의 경우도 쉽게 설명할 수 있다. 사각형은 각 대각선을 기준으로 2개의 삼각형으로 나눌 수 있다. 삼각형에서의 아이디어를 적용하면, 사각형에서 인접한 임의의 두 변의 길이는 같아야 한다. 사각형 중에서 네 변의 길이가 같은 것은 마름모이다.

그런데 다음 그림에서 보듯이 주어진 두 선분을 두 변으로 하는 삼각형 중 주어진 두 변이 직각을 이루는 경우에 넓이가 최대라는 사실을 이용해 사각형에서의 등주문제의 답은 정사각형임을 알 수 있다. 마름모이므로 밑변의 길이가 변함이 없고 높이가 가장 높으려면 직각이 되어야 한다.

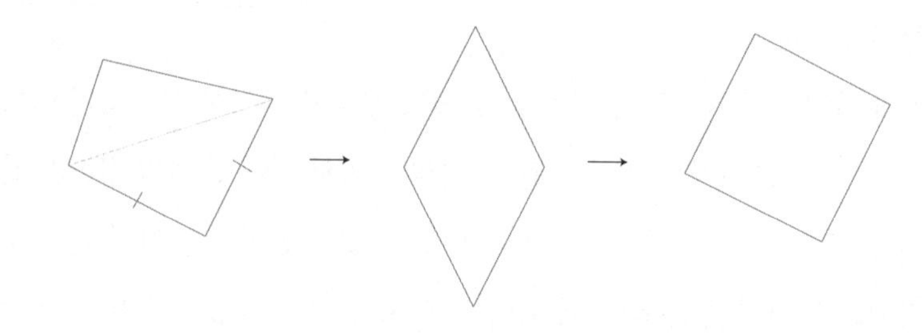

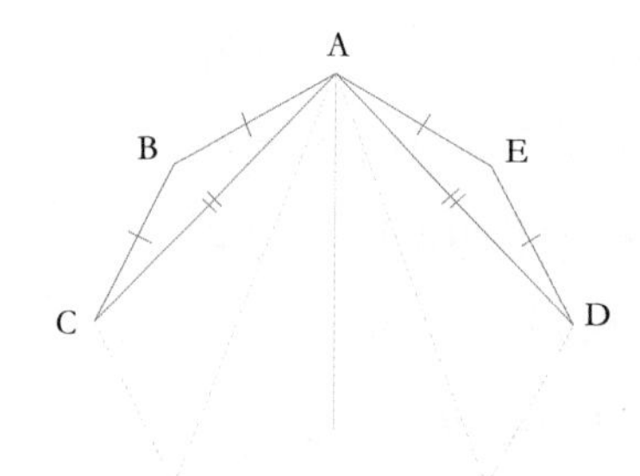

사각형과 마찬가지로 다각형 또한 삼각형으로 나눌 수 있으며, 똑같은 방법으로 다각형의 등주문제의 답은 정다각형임을 알 수 있다. 왼쪽 그림과 같이 n각형은 $(n-2)$개의 삼각형으로 나눌 수 있다. 이를테면 $n=4$인 사각형은 2개의 삼각형으로 나눌 수 있고, $n=5$인 오각형은 3개의 삼각형으로 나눌 수 있다. 그리고 다각형을 삼각형으로 나눴을 때 나눈 삼각형의 넓이가 가장 넓은 것은 앞서 설명한 것처럼 두 변의 길이가 같을 때다.

이제 둘레의 길이가 L로 일정한 정n각형을 n개의 합동인 삼각형으로 조각내어 직사각형으로 구조적인 재배열을 해보자. 이 경우 정n각형을 삼각형으로 나누어서 재배열하여 얻은 직사각형의 높이 h_n을 비교하면 바로 정다각형들의 넓이를 비교할 수 있다. 특히 원을 잘라서 직사각형을 만들었을 때의 높이를 h_∞라고 표시하면 정n각형의 넓이는 n에 따른 증가수열이 된다는 것을 알 수 있다. 실제로 다음 그림에서 $h_3 < h_4 < h_5 < \cdots h_\infty$이다.

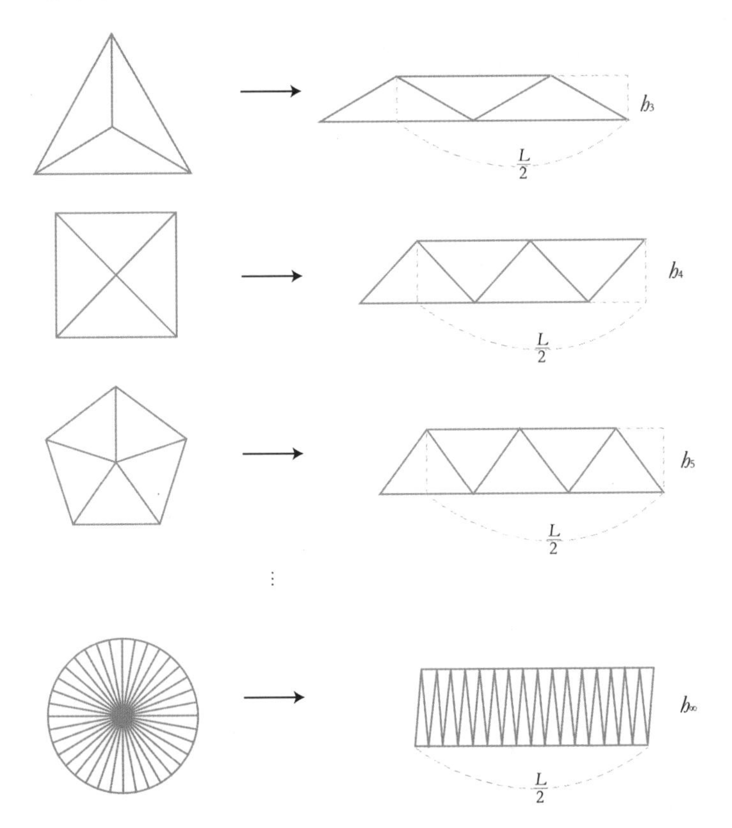

이처럼 둘레의 길이가 일정할 때 가장 넓은 넓이를 갖는 것은 원이다. 하지만 당연한 것 같은 디도의 문제의 엄밀한 증명은 19세기에 들어와서야 스위스의 수학자 슈타이너(Jacob Steiner)에 의해 우여곡절 끝에 이루어졌다. 슈타이너는 사영기하학에도 커다란 공헌을 했다. 그의 방법은 2차원 평면뿐만 아니라 모든 차원의 유클리드 공간에도 적용되므로, 주어진 넓이의 n-1차원 닫힌곡면 중 가장 큰 부피를 둘러싸는 것은 n차원 구라는 좀 더 일반적인 사실이 성립하게 된다. 여기서 닫힌곡면이란 간단히 말하면 평면 위의 어떤 영역이 선으로 연결되어 뚫린 곳이 없다는 의미다.

차원을 활용한 〈십자가에 못 박힌 예수〉

4차원 입체도형

수학의 차원을 활용한 그림들

우리에게 잘 알려져 있는 화가 가운데 많은 이들이 수학을 활용해 자신의 예술세계를 펼쳐 보이고 있다. 특히 수학에서 말하는 차원을 활용하여 자신의 예술세계를 구축한 경우가 많은데 대표적인 화가로는 마르셀 뒤샹(Marcel Duchamp)과 살바도르 달리(Salvador Dalí) 같은 현대 작가들을 들 수 있다.

이 중에서 달리는 1954년 〈십자가에 못 박힌 예수—초입방체〉라는 작

달리, 〈십자가에 못 박힌 예수—초입방체〉, 1954, 메트로폴리탄 미술관, 미국 뉴욕.

품에 4차원 입체도형의 전개도를 그려 넣었다. 그러나 수학을 전공하지 않은 사람은 달리의 작품 속에서 4차원 입체도형을 찾기가 쉽지 않다. 단지 십자가 모양으로 쌓여 있는 8개의 정육면체에 못 박힌 예수를 볼 수 있을 뿐이다. 그렇다면 과연 어디에 4차원이 숨어 있을까?

우선 0차원부터 시작해 차례로 4차원까지, 엄격한 학문적 정의보다는 직관적인 생각으로 차원을 확장해보자.

수학의 0차원에서는 모든 것이 하나의 점이다. 점은 어느 방향으로도 움직일 수 없고, 단지 위치만 차지하고 있다. 이 점에 잉크를 채워서 한 방향으로 일정하게 늘리면 선분이 된다. 즉 1차원 도형인 선분을 얻을 수 있다. 마찬가지 방법으로 선분에 잉크를 채워 수직 방향으로 일정한 길이로 늘리면 2차원 도형인 정사각형이 된다. 다시 2차원 정사각형에 잉크를 채우

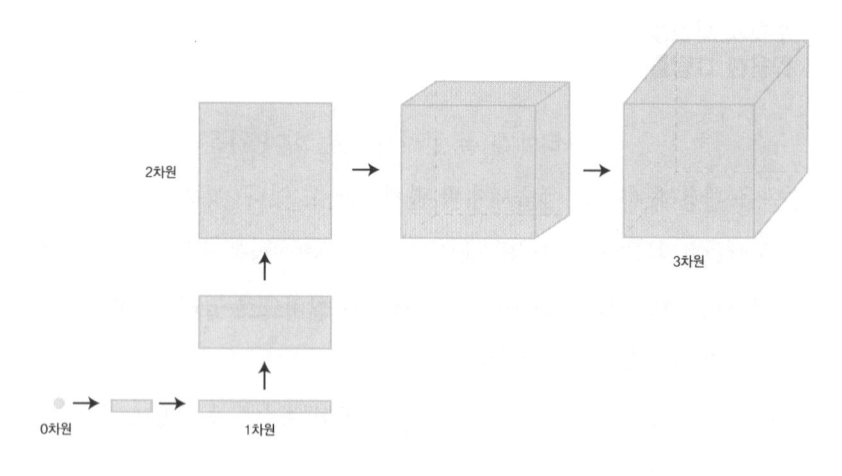

고 수직 방향으로 일정한 길이를 늘리면 3차원 도형인 정육면체가 된다.

이쯤 되면 3차원 정육면체에 잉크를 채워 수직으로 늘리면 4차원 입체도형이 되리라는 것을 상상할 수 있다. 그렇게 해서 얻은 4차원 입체도형을 '초입방체(tesseract)'라고 한다.

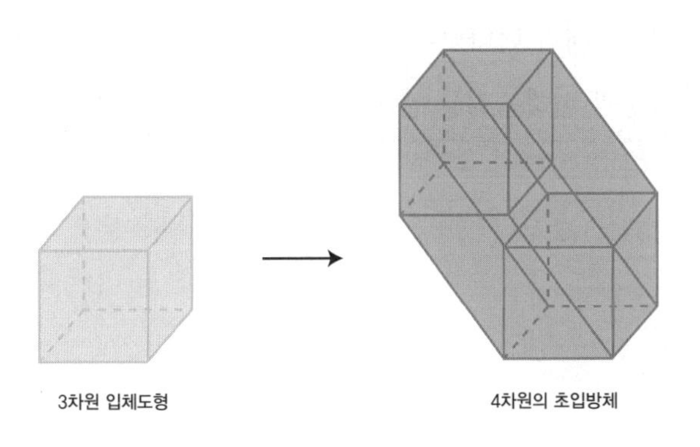

그런데 과연 위의 그림이 4차원 도형을 정확하게 그린 것일까?

사실 3차원 입체도형인 정육면체의 그림조차도 정확하지 않다. 왜냐하면 3차원 공간에 있는 도형을 2차원 평면에 그리려면 한 차원을 낮춰야 하기 때문이다. 정육면체는 실제와 다르게 앞면과 뒷면만 정사각형이고 나머지는 정사각형이 아닌 평행사변형으로 그려서 시각화한 것이다. 즉 실제 정육면체는 각 면에 있는 모든 각이 직각이어야 하지만 그림과 같이 두 면을 제외하고 나머지 4개 면에는 직각이 없다.

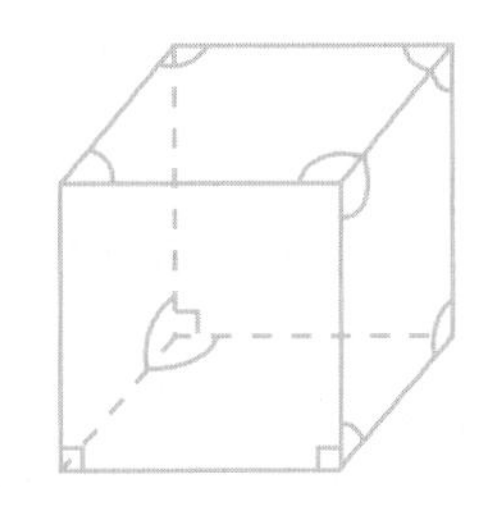

직각 : ㄴ 등, 직각이 아닌 각 : ∠ 등

앞면과 뒷면만 정사각형이고 나머지는 평행사변형이므로 직각이 아닌 각이 있다.

2차원 평면에 3차원 도형을 그리려면 그림을 약간 왜곡하여 한 차원만 확장하면 되지만 2차원 평면에 4차원을 그리려면 2개의 차원을 확장해야 한다. 따라서 우리가 눈으로 보는 것에는 한계가 있을 수밖에 없다. 하지만 3차원과 4

차원 입체도형을 좀 더 자세히 구분해 볼 수 있는 다른 방법이 있다.

3차원인 정육면체를 평면에 정확하게 표현하는 방법 가운데 하나는 전개도를 그리는 것이다. 다음 그림과 같이 정육면체의 모서리를 분해하여 펼쳐놓으면 2차원 평면이 되며, 전개도에는 모든 각이 직각인 완벽한 정사각형 6개가 나타난다. 이때 정육면체의 각 모서리가 전개도의 어느 정사각형과 접하는지를 알려면 각 모서리에 번호를 붙여 전개도에 나타내면 된다.

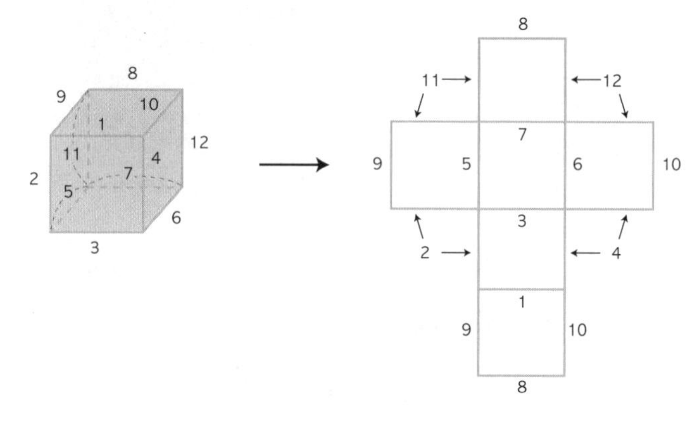

위의 그림에서 오른쪽 전개도의 정사각형의 변을 같은 번호끼리 맞붙이면 다시 왼쪽의 정육면체가 된다. 즉 2차원 평면에 그려진 1차원의 선분(모서리)을 붙여서 3차원의 정육면체를 만드는 것이다.

4차원 초입방체를 전개하면 모든 각이 직각을 이룬 8개의 정육면체가 나타나는데, 이는 다음 페이지의 왼쪽 그림과 같은 십자가 모양을 하고 있다. 마찬가지로 3차원 입체도형의 2차원 면을 같은 번호끼리 맞붙이면 4차원 초입방체가 된다. 즉 초입방체의 전개도에 표시된 숫자는 붙어있던 면을 나타내며, 이 면들을 맞붙이면 초입방체가 되는 것이다.[4]

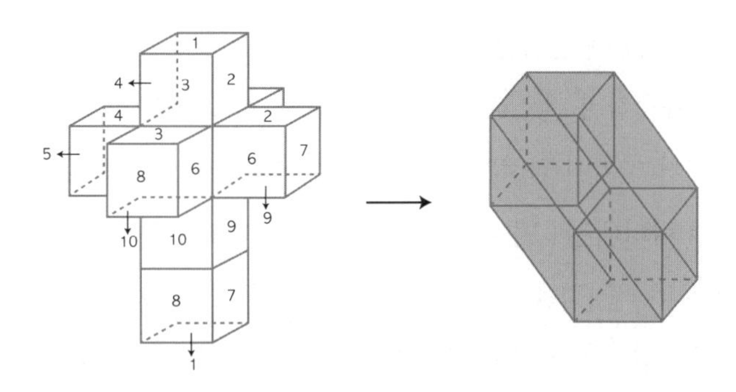

정육면체의 전개도는 몇 가지일까?

입체도형의 전개도는 입체도형을 하나의 평면에 펼쳐놓은 그림이다. 전개도는 3차원 물체를 2차원 평면에 나타내는 것이기 때문에 평면과 공간의 관계를 잘 이해해야 한다. 하나의 입체도형이라도 전개도는 여러 가지가 있기 때문에 그 도형의 전개도가 몇 가지인지 알아내는 것 또한 흥미로운 수학적 문제 중의 하나다.

여기서는 정육면체의 전개도에 대해 알아보자. 오른쪽 2개의 그림 가운데 정육면체의 전개도는 어떤 것일까?

〈그림 1〉

〈그림 1〉이 정육면체의 전개도라는 것은 이미 알고 있다. 〈그림 2〉도 정육면체의 전개도일까? 그렇다면 또 다른 전개도가 있을까? 있다면 과연 서로 다른 모양의 전개도는 몇 개일까? 그 답을 알기 위해서는 '수형도(樹形圖)'라고도 부르는

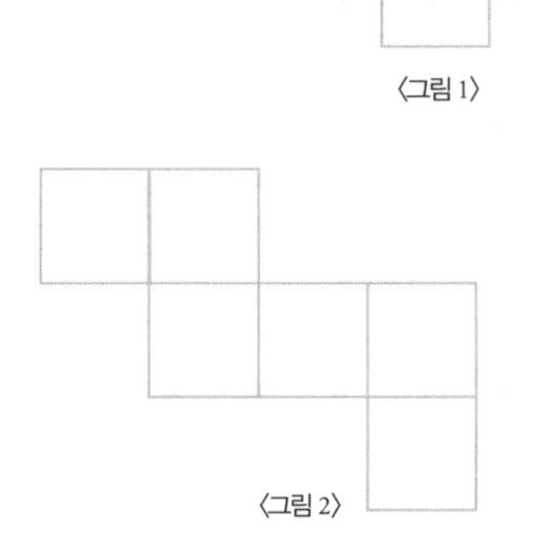
〈그림 2〉

'트리(tree)'에 대해 먼저 알아야 한다.

트리는 꼭짓점과 변으로 이루어져 있으며, 꼭짓점 사이에 적당하게 변이 연결되어 있어서 한 꼭짓점에서 다른 꼭짓점으로 변을 따라갈 수 있는 경로를 나타내는 그림이다. 트리에서 어떤 2개의 꼭짓점이 인접해 있다는 것은 두 꼭짓점을 잇는 변이 있는 경우다. 또 트리는 그리는 사람에 따라서 꼭짓점의 위치나 변의 길이가 같지 않을 수 있다. 그러나 꼭짓점의 위치를 바꾸거나 변을 구부리고 늘이고 줄여서 같은 그림이 되면 두 트리는 같은 것으로 본다.

예를 들어 6개의 꼭짓점을 갖는 트리에 대해 알아보자.

〈그림 3〉에 있는 2개의 트리에는 꼭짓점 ①에서 꼭짓점 ② 또는 꼭짓점 ⑥으로 가는 경로가 있다. 어떤 2개의 꼭짓점을 선택해도 그 두 꼭짓점을 잇는 경로가 항상 존재하므로 꼭짓점 6개를 가지고 있는 트리라고 할 수 있다. 특히 한 트리의 꼭짓점 위치와 변을 적당히 조절하면 다른 하나와 똑같이 그릴 수 있으므로 두 트리는 같다. 꼭짓점 ①과 꼭짓점 ②를 잇는 변이 있기 때문에 두 꼭짓점은 인접해 있지만, 꼭짓점 ①과 꼭짓점 ③을 직접 잇는 변은 없기 때문에 꼭짓점 ①과 ③은 인접해 있지 않다.

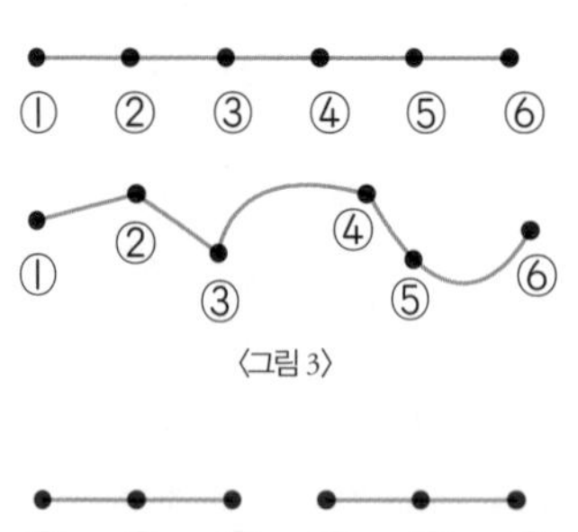

〈그림 3〉
〈그림 4〉 

〈그림 4〉는 꼭짓점 ①에서 꼭짓점 ②, ③으로 가는 경로는 있지만 꼭짓점 ①에서 꼭짓점 ④, ⑤, ⑥으로 가는 경로는 없다. 따라서 이 그림은 트리가 아니다. 이제 꼭짓점이 6개인 트리에는 어떤 것들이 있는지 알아보자.

〈그림 3〉의 트리를 이용해 다른 트리를 만들어보자. 먼저 〈그림 3〉의 트리에서 연결되어 있

는 1개의 꼭짓점을 택해 다른 꼭짓점에 연결하는 경우를 생각해보자. 이를테면 꼭짓점 ⑥을 꼭짓점 ⑤와 연결하는 것이 아니라 ④와 연결하면 〈그림 5〉와 같은 트리가 되는데, 이는 〈그림 6〉의 트리와 같다.

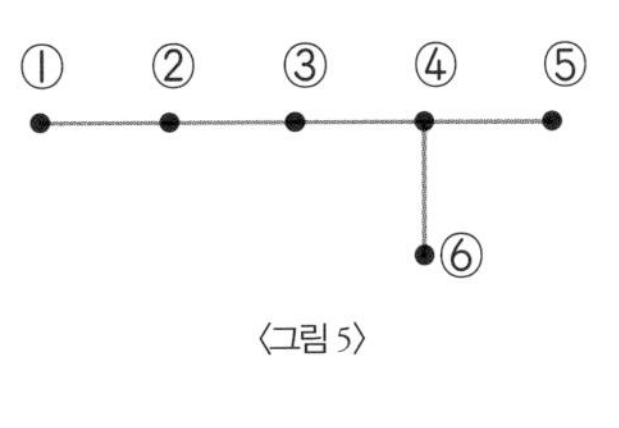

〈그림 5〉

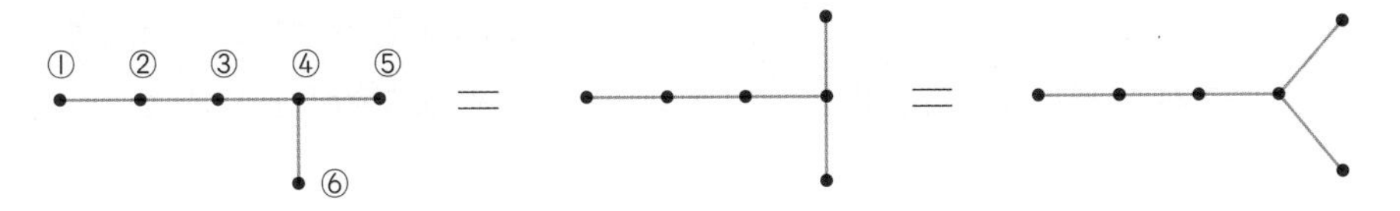

1개의 꼭짓점을 택해 ④에 연결한 경우. 위 3개의 트리는 모두 동일하다.

〈그림 6〉

마찬가지 방법으로 〈그림 5〉의 트리에서 꼭짓점 ⑥을 꼭짓점 ③에 연결하면 〈그림 7〉과 같은 트리를 얻을 수 있다. 그런데 꼭짓점 ⑥을 꼭짓점 ②에 연결하면 〈그림 5〉의 트리와 같아지고, 꼭짓점 ①에 연결하면 〈그림 3〉의 트리와 같으므로, 1개의 꼭짓점을 다른 꼭짓점에 연결하여 만드는 트리의 수는 모두 2가지다.

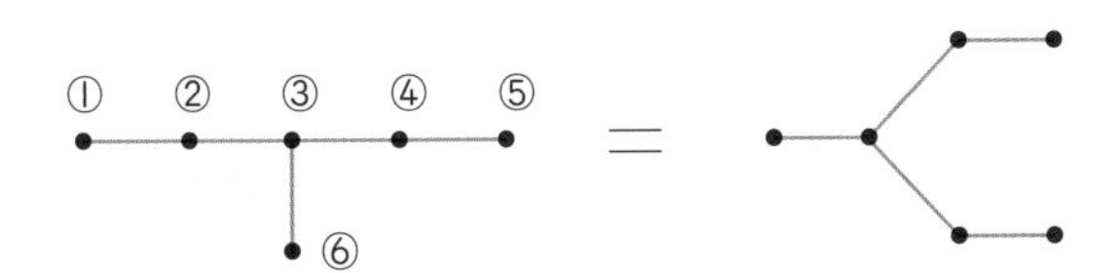

1개의 꼭짓점을 택해 ③에 연결한 경우. 위 2개의 트리는 동일하다.

〈그림 7〉

이제 〈그림 3〉의 트리에서 연결되어 있는 2개의 꼭짓점을 택해 다른 꼭짓점에 연결하는 방법을 생각해보자. 여기에는 2개의 꼭짓점을 같이 움직이는 경우와 따로 움직이는 경우가 있는데, 각각 다음 〈그림 8〉의 서로 다른 2가지 트리가 만들어진다.

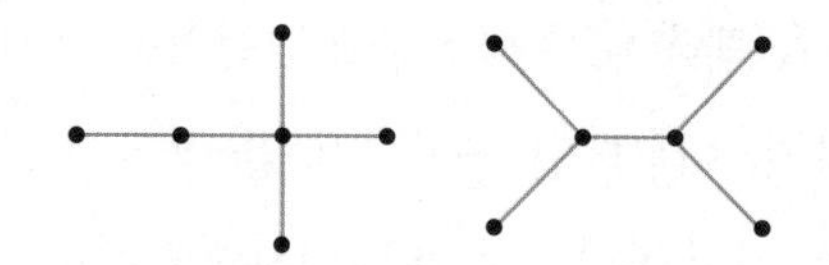

1개의 꼭짓점을 택해 ③에 연결한 경우. 위 2개의 트리는 서로 다르다.

〈그림 8〉

마지막으로 꼭짓점 3개를 움직이는 방법으로 구할 수 있는 트리는, 앞에서 구한 것을 제외하면 〈그림 9〉와 같은 트리 하나뿐임을 알 수 있다.

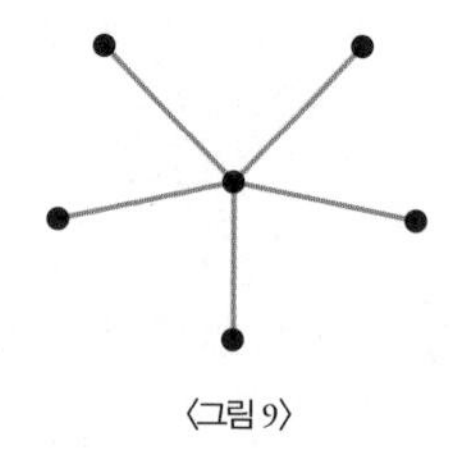

〈그림 9〉

그러므로 꼭짓점 6개를 갖는 트리는 〈그림 10〉과 같이 모두 6개다.

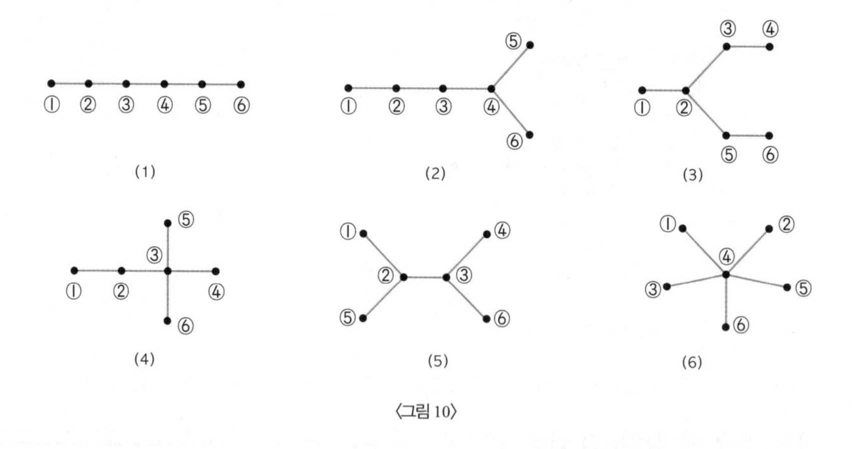

〈그림 10〉

위의 트리에서 서로 인접하지 않은 임의의 꼭짓점 2개씩을 택하면 6개의 꼭짓점을 3개의 쌍으로 나눌 수 있는데, 이런 식으로 꼭짓점이 짝지어지는 트리를 '짝트리(paired tree)'라고 한다. 예를 들어 〈그림 10〉의 (4)번 트리는 (①, ③), (②, ④), (⑤, ⑥)과 같이 서로 인접하지 않은 꼭짓점 2개씩을 택할 수 있으므로 짝트리다. 하지만 (6)번 트리는 인접하지 않은 꼭짓점을 2개씩 선택하여 세 쌍으로 나눌 수 없기 때문에 짝트리가 아니다. 〈그림 10〉의 트리들은 (6)을 제외하고는 모두 짝트리다.

짝트리에서 인접하지 않은 두 꼭짓점을 선택하는 것은 입체도형의 평면도에서 마주 보는 두 면을 선택하는 것과 같다. 이때 짝트리의 변은 정육면체의 전개도에서 두 면이 연결되어 있는 경우다.

다음 짝트리에서 각 꼭짓점을 정육면체 전개도의 각각의 면으로 생각하면, 짝트리에서 인접하지 않은 두 꼭짓점은 정육면체에서 서로 인접하지 않은 면임을 알 수 있다. 즉 〈그림 10〉의 (4)번 짝트리를 이용해 만들 수 있는 정육면체의 전개도는 앞의 〈그림 1〉임을 알 수 있다.

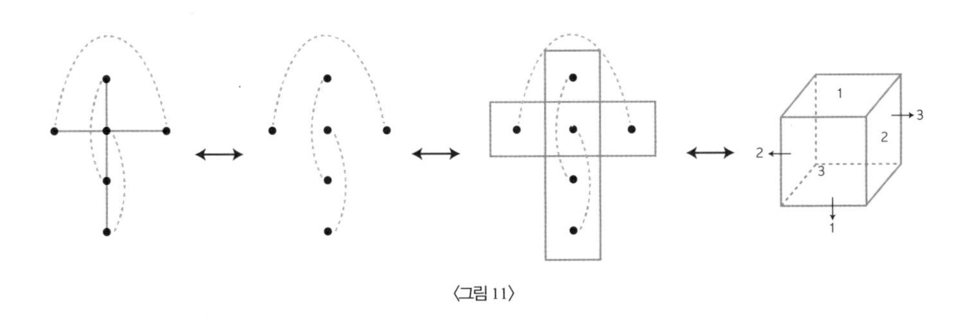

〈그림 11〉

이제 〈그림 10〉의 (1)번 짝트리를 이용해 〈그림 2〉가 정육면체의 전개도임을 확인해보자.

(1)번 짝트리에서 인접하지 않은 두 꼭짓점을 (①, ④), (②, ⑥), (③, ⑤)와 같이 선택한 후 짝이 된 꼭짓점 ①과 ④는 1로, ②와 ⑥은 2로, ③과 ⑤는 3으로 표시하자. 이때 짝을 이룬 두 꼭짓점은 전개도에서 마주 보

는 면이고, 짝트리에서 변은 전개도에서 연결된 면이므로 〈그림 12〉와 같이 전개도를 구할 수 있다.

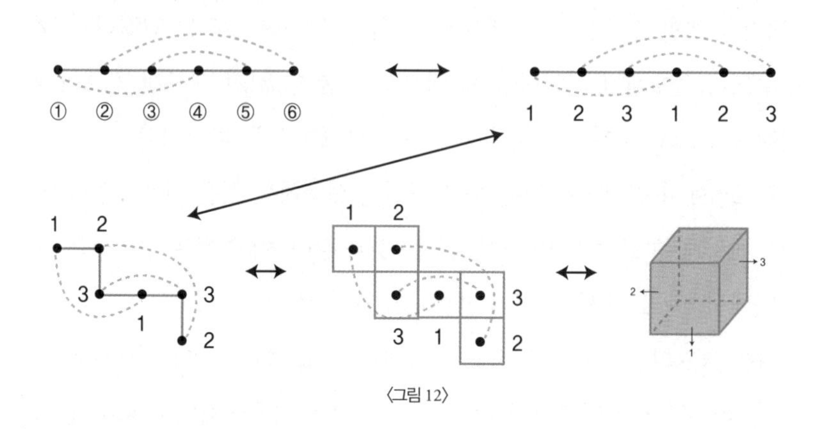

〈그림 12〉

이와 같이 짝트리를 이용해 정육면체의 서로 다른 전개도를 구하면 다음과 같이 모두 11개임을 알 수 있다.

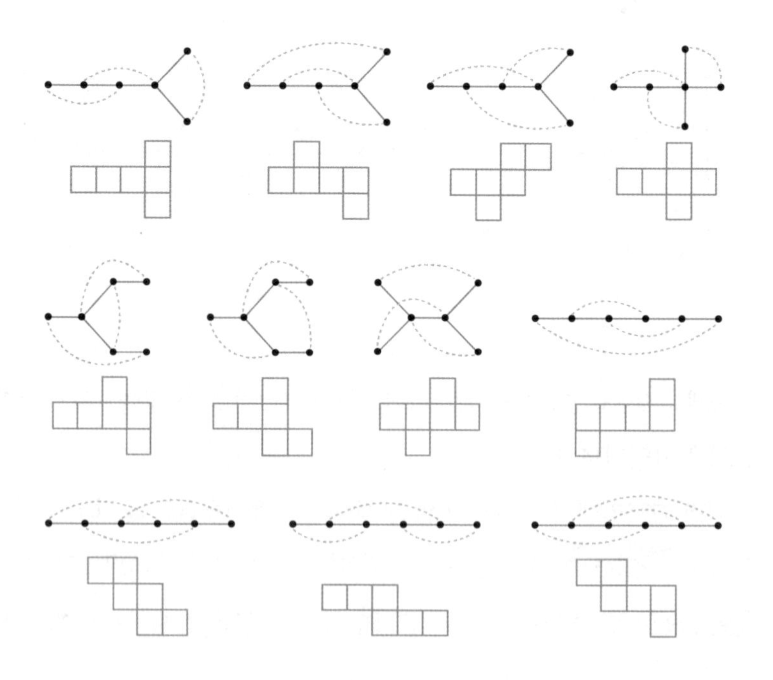

4차원 초입방체의 전개도는 몇 가지일까?

3차원 입체도형 전개도의 개수는 앞에서와 같이 어렵지 않게 구할 수 있다. 그러나 한 차원 높은 4차원 입체도형의 전개도가 몇 가지인지 알아내는 것은 매우 어려운 문제다.

이와 관련해 1966년, 미국의 과학 저술가이자 '유희수학(Recreational Mathematics)' 분야에서 이름이 높은 마틴 가드너(Martin Gardner)는 "4차원 초입방체의 전개도를 3차원 공간에 나타내면 몇 가지가 있겠는가?"라는 질문을 던졌다. 이 질문에 대해 수학자 피터 터니(Peter D. Turney)는 1985년 트리를 활용하여 도형의 전개도 개수를 구하는 방법을 소개했다.

3차원인 정육면체의 전개도는 2차원 평면이다. 하지만 초입방체는 4차원이므로 전개도는 3차원 입체도형이다. 더욱이 그 3차원 입체도형을 2차원 평면 위에 그려야 하기 때문에 조금 혼란스러울 수도 있다. 정육면체를 보는 방향에 따라 여러 가지로 그릴 수 있는 것과 마찬가지로, 4차원 초입방체 또한 보는 각도에 따라 오른쪽 그림과 같이 다르게 그릴 수 있다.

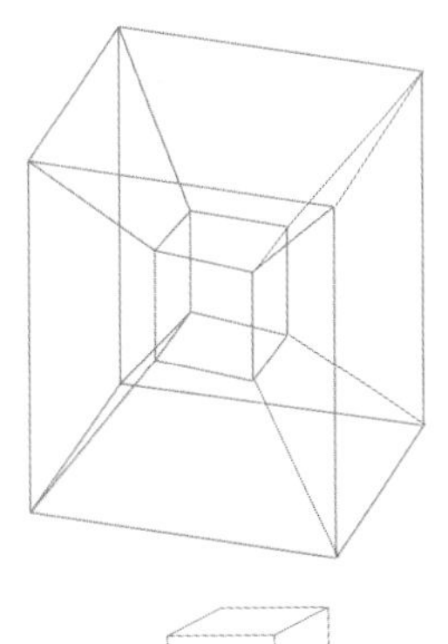

정육면체 전개도와 마찬가지로 4차원 초입방체 전개도의 종류도 매우 많다. 그 가운데 옆의 전개도는 8개의 정육면체가 붙어 있는 모양이다. 초입방체 전개도의 개수는 꼭짓점이 8개인 트리 중에서 가능한 모든 짝트리의 개수와 같다.

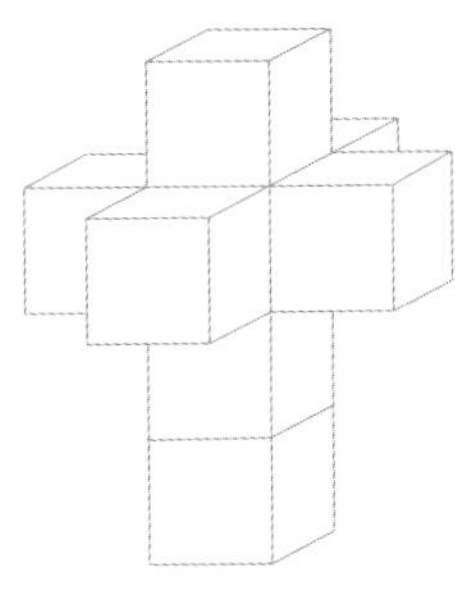

이미 알아본, 꼭짓점이 6개인 서로 다른 트리의 개수

를 구하는 방법으로 꼭짓점이 8개인 서로 다른 트리의 개수를 구할 수 있다. 다음과 같이 모두 23개이다.

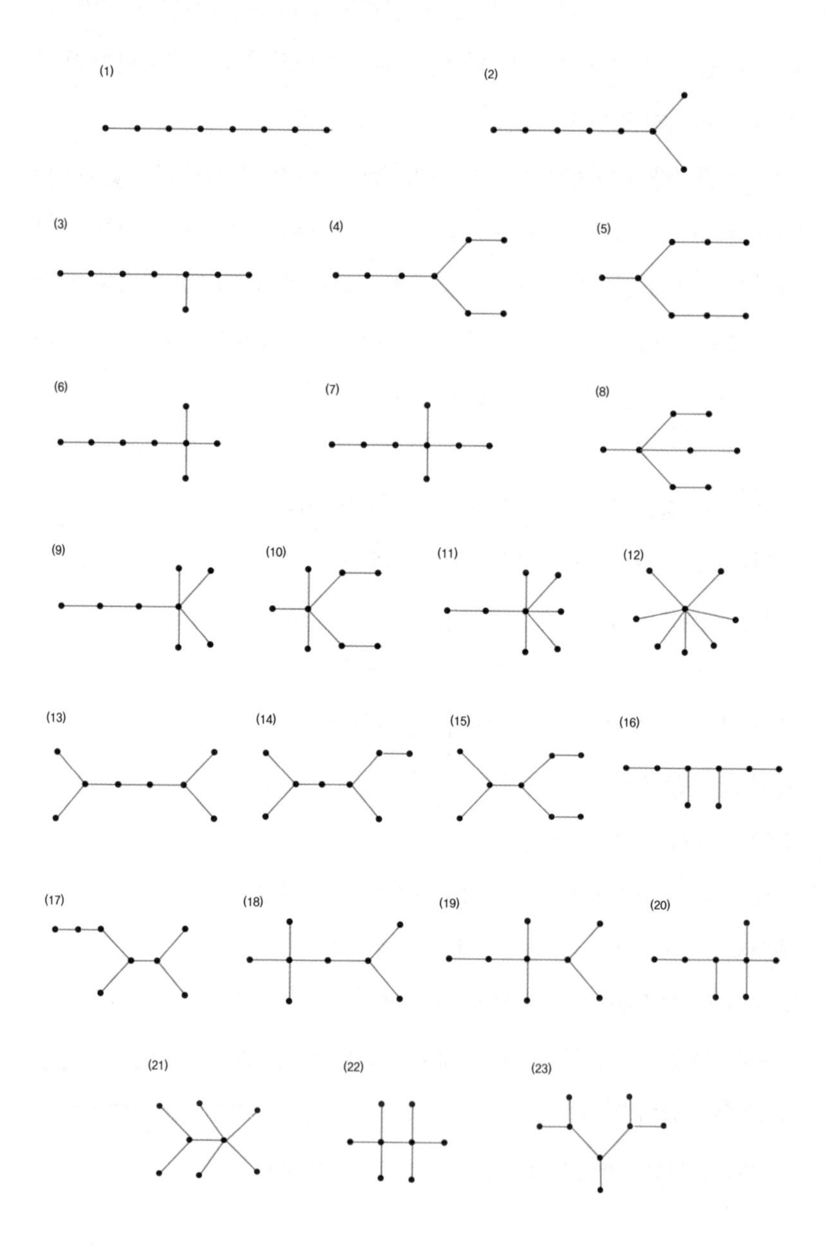

각각의 트리로 만들 수 있는 짝트리의 수는 다음과 같다.

(1) 24개, (2) 20개, (3) 35개, (4) 18개, (5) 17개, (6) 8개, (7) 18개, (8) 6개, (9) 3개, (10) 3개, (11) 1개, (12) 0개, (13) 9개, (14) 19개, (15) 9개, (16) 22개, (17) 19개, (18) 5개, (19) 10개, (20) 7개, (21) 1개, (22) 2개, (23) 5개.

이들을 모두 합하면 4차원 초입방체 전개도의 개수는 261개임을 알 수 있다. (11)번 짝트리를 이용해 앞에서 주어진 초입방체의 전개도가 어떻게 그려졌는지 알아보자.

(11)번 트리의 인접하지 않은 꼭짓점들을 연결하면, (트리의 변은 정육면체가 연결돼 있음을 나타내므로) 다음과 같은 전개도를 확인할 수 있다.

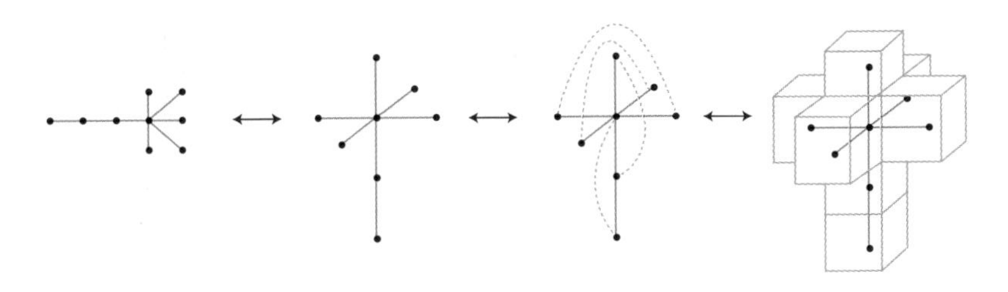

실제로 위의 전개도를 다음 그림과 같은 순서로 이어 붙이면 초입방체를 얻을 수 있다. 전개도의 정육면체를 탄력이 매우 좋은 고무라 생각하고 변형하는 것이다(수학에서는 안 되는 것이 없다!).

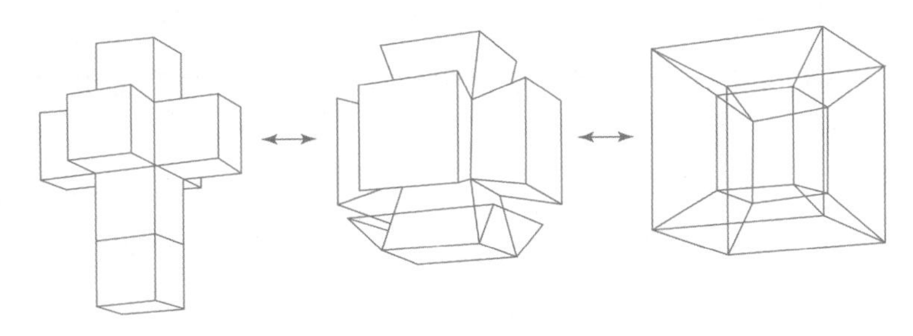

전개도의 정육면체들을 각각 변형하는 과정에서, 맨 밑의 정육면체로 전체를 감싸면 초입방체가 만들어진다.

앞에서 그린 전개도 이외에 (16)번 짝트리를 이용해 다음과 같은 전개도를 구할 수도 있다.

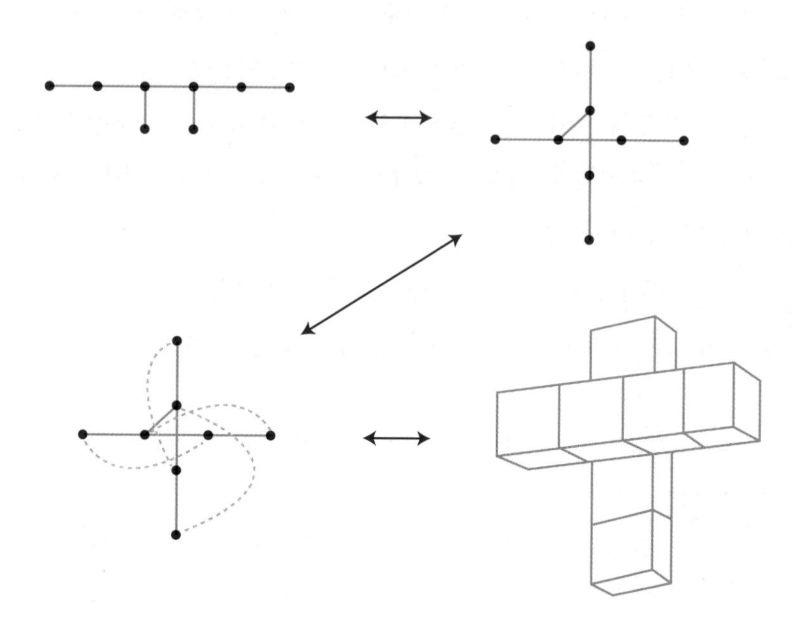

3차원 입체의 경우도 마찬가지로 수학을 이용하지 않고 전개도의 정확한 개수를 구하려면 일일이 세봐야 한다. 또한 일일이 세어본다고 해도 그것이 전부라는 것을 확신할 수는 없다. 그러나 수학을 이용하면 모든 문제를 명확하게 해결할 수 있다. 수학은 복잡하고 어려워 보이는 것을 단순화하여 쉽게 문제를 해결할 수 있는 길을 알려주는 학문이기 때문이다.

세상에서 가장 큰 그림, 〈아폴로니안 개스킷〉

기하학

아폴로니안 개스킷
프랙털 도형

세상에서 가장 큰 예술작품은 무엇일까? 2009년 12월 16일 영국의 『데일리메일(*Daily Mail*)』은 "미국의 네바다 주에 있는 '블랙록 사막(Black Rock Desert)'에 세계에서 가장 큰 그림이 만들어졌다"고 보도했다. 이 그림은 반지름이 약 2.4㎞이고, 둘레가 무려 15㎞ 이상인 원과 그 안에 그려진 원까지 모두 1,000개의 원으로 구성되어 있다. 영국 런던에 위치한 웸블리 스타디움(Wembley Stadium)의 176배 이상 크며,

지상 약 12,000m 상공에서 봐야 전체를 볼 수 있다고 한다.

이 작품은 모래예술가 짐 데네반(Jim Denevan)이 동료 3명과 함께 황량한 사막에 특징을 주고 싶어 만든 것이라고 한다. 15일에 걸쳐 완성된 이 그림은 아주 멀리서 봐야 한눈에 알아볼 수 있을 만큼 거대한 규모와 매우 특징적인 모양으로 구성되어 있다.

작품은 크고 작은 원이 반복적으로 그려진 형식으로 되어 있으며, 선을 뚜렷하게 나타내기 위해 모래를 깊게 파는 작업도 함께 진행됐다. 모든 선은 최소 4~5번 이상씩 땅을 파 만든 것으로 알려졌는데, 가장 어두운 선은 무려 8미터 이상의 폭과 1미터 정도의 깊이로 팠다고 한다.

아폴로니안 개스킷

데네반이 만든 작품은 '아폴로니안 개스킷(Apollonian Gasket)'이라고 불리는 프랙털 도형의 일부로, 3개의 원을 이용해 다음과 같은 단계를 거쳐 만들 수 있다.

〔단계 1〕 반지름의 길이가 같은 원 C_1, C_2, C_3 를 서로 접하게 그린다.

〔단계 2〕 단계 1에서 그린 3개의 원에 동시에 접하는 2개의 원 C_4, C_5를 그린다. 그러면 모두 5개의 원이 그려진다.

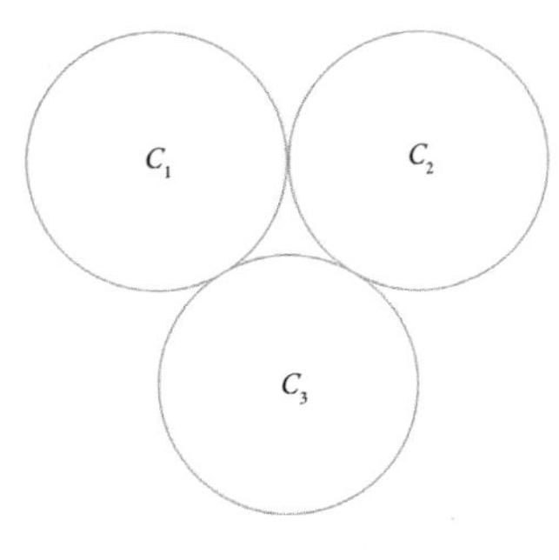

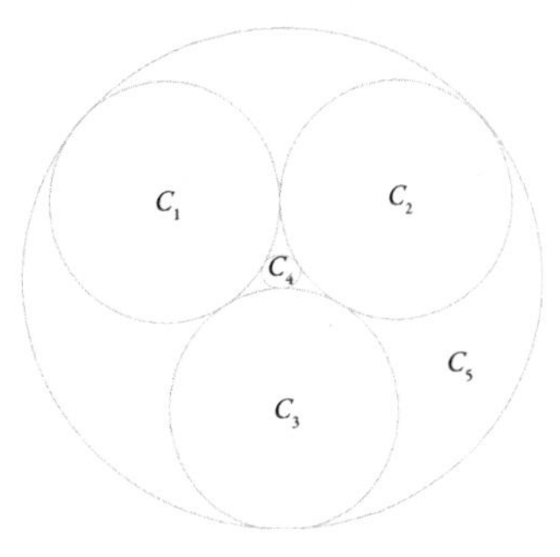

다음 단계로 넘어가기 전에 지금 그리고 있는 도형의 이름이 왜 '아폴로니안 개스킷'인지 알아보자. 그러려면 먼저 아폴로니우스(Appolonius)에 대해 알아야 한다.

고대 그리스의 수학자 아폴로니우스는 아르키메데스가 태어나고 약 25년 뒤인 기원전 262년경 남부 소아시아 지방에 있는 페르가(Perga)에서 태어났다. 아폴로니우스의 일생에 대해서는 알려진 것이 거의 없지만 뛰어난 천문학자이자 수학자였다는 것과 그의 가장 위대한 업적으로 평가되는 『원뿔곡선론(*Conic Sections*)』이라는 책을 남겼다는 것은 분명한 사실이다. 『원뿔곡선론』에서는 오늘날 우리가 사용하고 있는 타원(ellipse), 포물선(parabola), 쌍곡선(hyperbola)이라는 이름이 처음 등장하며, 또한 이들의 성질을 자세히 다루고 있다.

'위대한 기하학자' 아폴로니우스가 알아낸 원의 성질 가운데 하나는 바로 단계 2에서 그린 5개의 원으로 설명할 수 있다. 아폴로니우스는 "3개의 원이 접할 때, 이 원들에 동시에 접하는 2개의 원을 그릴 수 있다"는 사실을 처음 알아냈다. 그래서 그의 이름을 따서 '아폴로니안 개스킷'이라고 부르는 것이다. 다시 다음 단계로 넘어가자.

〔단계 3〕 단계 2에서 그린 원 가운데 3개의 원 C_1, C_2, C_4에 동시에 접하는 원 C_6를 그릴 수 있다. 마찬가지로 3개의 원 C_2, C_3, C_4에 동시에 접하는 원 C_7과 3개의 원 C_1, C_3, C_4에 동시에 접하는 원 C_8을 그릴 수 있다. 또 3개의 원 C_1, C_2, C_5에 동시에 접하는 원 C_9을 그릴 수 있으며, 마찬가지로 3개의 원 C_2, C_3, C_5에 동시에 접하는 원 C_{10}과 3개의 원 C_1, C_3, C_5에 동시에 접하는 원 C_{11}을 그릴 수 있다.

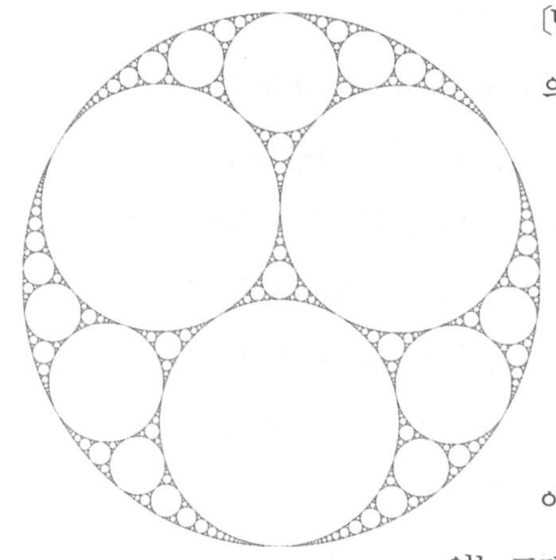

〔단계 4〕 단계 3에서 그린 도형 중 3개의 원을 택해서 단계 3과 같은 방법으로 원을 그린다. 이와 같은 방법으로 계속해서 원을 그려나가면 n단계에서는 모두 $3^{n-1}+2$개의 원이 그려진다. n을 무한히 크게 했을 때 생기는 프랙털 도형을 아폴로니안 개스킷이라고 하며, 이미 앞에서 설명한 적이 있는 프랙털 차원을 구하면 약 1.3057이다.

아폴로니안 개스킷에 숨어 있는 기하학

아폴로니안의 개스킷에는 재미있는 기하학이 숨어 있다.

아폴로니안 개스킷의 한가운데에 있는 아래와 같은 삼각형을 잘 살펴 보자. 이 삼각형의 꼭짓점 A, B, C는 모두 원이 접하여 생긴 점이다. 세 꼭짓점 근처에는 반지름의 길이가 점점 작아지는 무수한 원들이 반복해서 그려져 있으며, 이런 원들은 끝없이 계속 그려질 것이다.

비유클리드 기하학의 관점에서 본다면 아래 그림은 점 A, B, C를 꼭짓점으로 하며, 세 각의 크기가 모두 0인 삼각형이 된다. 이런 삼각형은 꼭짓점이 가장 큰 원에 닿을 때 그릴 수 있는데, 이런 삼각형을 '이상적인 삼각형(ideal triangle)'이라고 부른다. 아폴로니안 개스킷에는 이와 같은 이상적인 삼각형이 무수히 들어 있다.

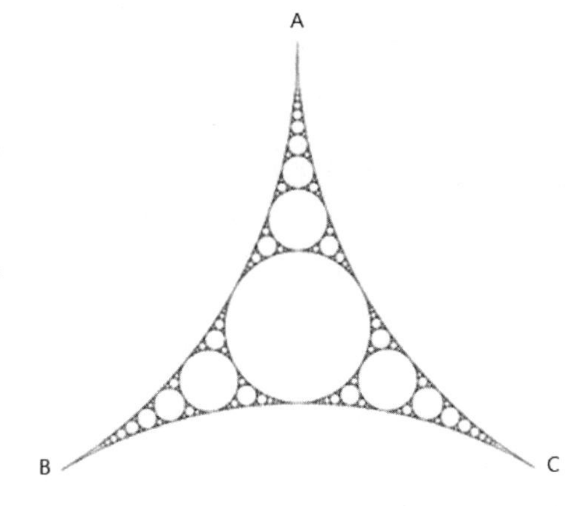

TIP

위대한 기하학자 아폴로니우스와 『원뿔곡선론』

아폴로니우스는 유명한 천문학자였고 수학의 여러 분야에 관한 글을 많이 남겼지만 그 명성은 『원뿔곡선론』으로 얻은 것이다. 『원뿔곡선론』은 8권으로 이루어져 있으며, 이 책으로 당시 사람들에게서 '위대한 기하학자'라는 칭호를 얻었다.

아폴로니우스 이전에 그리스 사람들은 3가지 원뿔 회전체에서 원뿔곡선(원뿔을 그 꼭짓점을 지나지 않는 평면으로 잘랐을 때 생기는 단면의 평면곡선)들을 얻었는데, 원뿔의 꼭지각이 직각보다 작거나 같거나 큰 경우에 따라 분류됐다.

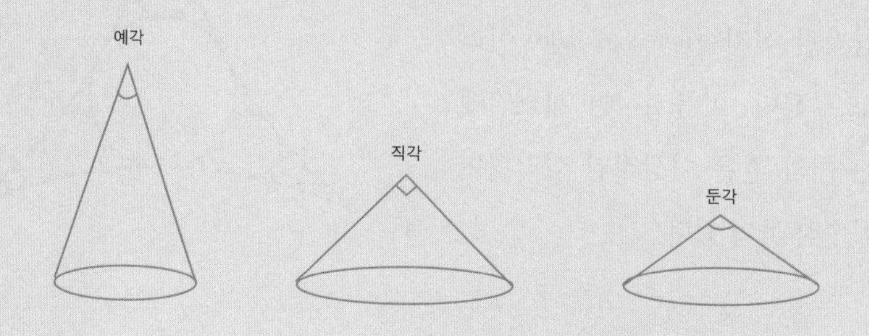

이 3가지 원뿔을 생성하는 선분에 수직인 평면으로 자르면 각각 타원 · 포물선 · 쌍곡선이 얻어진다. 그런데 아폴로니우스는 『원뿔곡선론』 제1권에서 오늘날 우리에게 친숙한 방법인 1개의 이중 직원뿔 또는 이중 빗원뿔에서 모든 종류의 원뿔곡선을 얻었다.

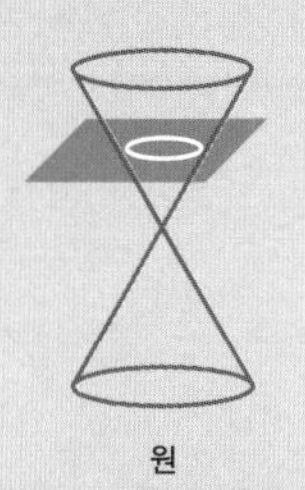

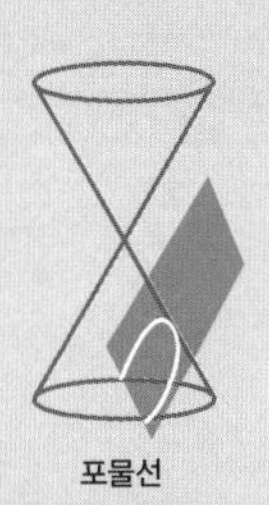

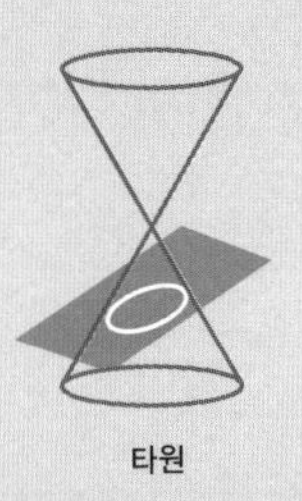

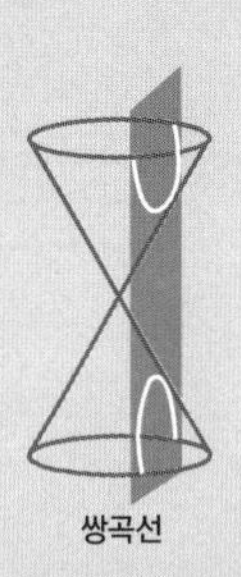

'타원(ellipse)', '포물선(parabola)', '쌍곡선(hyperbola)'이라는 이름은 아폴로니우스가 처음 만들었는데, 그것은 초기 피타고라스학파가 면적에 대해 사용한 용어에서 따온 것이다. 피타고라스학파는 직사각형을 하나의 선분에 갖다댈 때, 접한 직사각형의 변이 선분보다 짧으냐, 일치하느냐, 기냐에 따라 각각 부족하다는 뜻의 그리스어 'ellipsis', 일치한다는 뜻의 'parabole', 초과한다는 뜻의 'hyperbole'라고 했다.

『원뿔곡선론』은 방대한 분량과 정교함, 무수한 복잡한 명제로 인해 읽기에 다소 어려운 점이 있지만, 오늘날 대학 과정에서 배우는 이 주제와 관련해서는 완전한 내용을 담고 있다.[5]

〈아테네 학당〉에 총출연한 수학자들

고대 수학자들의 회합

수학적 원리를 꽃피운 르네상스 수학자들

문예부흥이라고도 하는 르네상스는 중세를 뒤이은 유럽문명의 한 시기를 가리키는 말이다. 이 시기에 유럽에서는 신대륙의 발견과 탐험이 이루어졌고, 지동설이 천동설의 자리를 대신했으며, 봉건제도가 몰락하고, 상업이 번성했다. 또 중국에서 종이 제조법이 들어왔을 뿐만 아니라 인쇄술, 항해술, 화약 제조술과 같은 혁신적인 신기술이 도입되었다. 그러나 르네상스는 무엇보다도 유럽이 암흑기를 벗어나 문화적 쇠퇴와 정체의 시기를 끝내고 고전학문과 지식을 부활시킨 시기였다.

르네상스의 가장 두드러진 특징은 미술에서 드러났다. 당시 사람들은 미술을 학문의 한 부류로 인식했으며, 인간 본성에 대한 통찰뿐만 아니라 신과 그 피조물의 형상을 표현하는 하나의 영역으로 여겼다. 예술가들은 눈으로 볼 수 있는 세계의 관찰에 바탕을 두고, 당시에 발달하기 시작한 균형과 조화, 원근법 등의 수학적 원리를 이용해 작품을 만들기 시작했다. 이 시기를 대표하는 3명의 위대한 화가가 레오나르도 다 빈치, 미켈란젤로, 라파엘로다.

이 중 라파엘로가 그린 〈아테네 학당〉(1510~1511)은, 수학을 왜 배워야 하는지부터 시작된 이 책의 이야기를 마무리하기에 적당한 그림이다.

〈아테네 학당〉에는 여러 명의 수학자들이 등장한다. 이 그림은 바티칸 궁에 있는 4개의 방에 그렸던 그림들 중의 하나로, 플라톤과 아리스토텔레스를 중심으로 고대 그리스 철학자들이 한데 그려져 있다. 특히 이 그림에는 원근법이 잘 적용되었다. 그림에서 보듯이 멀리 보이는 사람들은 작게, 앞에 앉아 있는 사람들은 약간 크게 그렸으며, 아치형 회랑은 앞부분보다 뒷부분을 더 좁고 작게 그림으로써 원근감을 충분히 살렸다. 또 회랑의 천장은 정육각형과 정사각형을 이용하여 덮었다

가로의 길이가 820㎝나 되는 이 그림에 숨어 있는 수학자를 한 명 한 명 찾아보자.

라파엘로, 〈아테네 학당〉, 1510~1511, 바티칸 궁전 서명의 방.

플라톤과 『티마이오스』

먼저 이 그림의 한가운데에 두 사람이 서 있다. 왼쪽에 있는 사람은 손으로 하늘을 가리키고 있는 이상주의자 플라톤이고, 손을 아래로 향한 오른쪽 사람은 현실주의자였던 아리스토텔레스이다. 플라톤은 손에 『티마이오스』를, 아리스토텔레스는 『윤리학』을 들고 있는데 이 책들은 각각 그들의 중심 사상이 담겨 있는 중요한 저서다. 특히 라파엘로는 플라톤의 얼굴을 자기가 존경했던 레오나르도 다 빈치를 모델로 해서 그렸다.

『티마이오스』는 플라톤이 기원전 360년경에 쓴 책이다. 플라톤의 저술들은 보통 세 시기로 구분되는데, 『티마이오스』는 그중 세 번째 시기의 작품에 해당한다. 이 책에서는 소크라테스와 대화 상대자들인 티마이오스, 크리티아스, 헤르모크라테스, 그리고 익명의 한 사람이 우주와 인간, 혼과 몸 등에 대해 이야기를 나누고 있다.

『티마이오스』는 특히 당시의 여러 가지 과학과 수학에 대해 말한다. 플라톤은 이 책에서 당시 물질의 궁극적 원소로 간주되었던 물 · 불 · 흙 · 공기, 이른바 4원소의 수학적 구조에 대해 설명한다. 플라톤은 삼각형을 출발점으로 하여 물질을 이해했는데, 부등변 직각삼각형과 이등변 직각삼각형을 2개의 요소 삼각형으로 제시했다.

이를 바탕으로 4원소 가운데 불 · 공기 · 물은 부등변삼각형(세 변의 길이가 모두 다른 삼각형)을 요소로 하여 구성되고, 흙은 이등변삼각형을 요소로 해서 구성된다. 또 불에는 정사면체, 공기에는 정팔면체, 물에는 정이십면체가 할당되고, 흙에는 정육면체가 할당된다. 이것들의 생성 변화는 요소 삼각형들의 결합과 해체에 의해 설명된다. 그러나 이러한 변환 과정에서 흙은 제외되는데, 흙을 구성하는 요소 삼각형과 불 · 물 · 공기를 구성하는 요소 삼각형이 다르기 때문이다.

4원소들 중 한 원소의 입자가 해체되면, 정다면체들은 그것을 구성하는 요소 삼각형들의 결합 방식에 따라 다른 구조로 변환할 수 있다. 예를 들어 공기 입자는 8개의 면을 갖고 16개의 부등변삼각형으로 구성되어 있으므로, 해체될 때 다시 2개의 불 입자로 재결합할 수 있다. 또한 40개의 부등변삼각형으로 구성된 물의 입자는 5개의 불 입자로 재구성되거나, 2개의 공기 입자와 하나의 불 입자로 재구성될 수 있다. 이처럼 플라톤은 4원소의 생성과 변환을 요소 삼각형들의 결합과 해체에 의해 설명하고, 나아가 사물들의 성질을 요소 삼각형들의 결합으로 성립된 정다면체의 구조에 의해서 설명한다.[6]

'마녀'로 간주된 여성 수학자, 히파티아

그림 왼쪽 아래에 한 팔을 괴고 홀로 앉아 있는 사람은 철학자 헤라클레이토스로, 역시 라파엘로가 존경한 미켈란젤로를 모델로 그려졌다. 서판을 들고 서 있는 사람은 기원전 5세기 철학자인 파르메니데스다.

그리고 그 옆에 흰 옷을 입고 서 있는 여성이 히파티아다. 히파티아는 수학 · 의학 · 철학 분야에서 이름을 떨쳤으며, 디오판토스의 『산학』, 아폴로니우스의 『원추곡선론』에 대한 주석집을 쓴 것으로 기록돼 있다. 그녀는 수학사에 등장하는 최초의 여성 수학자다.

히파티아의 수학적 업적은 단편적으로밖에 전해지지 않는다. 어쨌든 그녀는 당시의 수학을 이어받았을 뿐만 아니라 수많은 독창적인 연구를 했다고 전해진다. 일설에 의하면 그녀의 아버지인 수학자 테온의 작품으로 알려져 있는 프톨레마이오스의 『알마게스트』의 주석서가 사실은 그녀의 작품이라고 한다.

400년경 알렉산드리아 신플라톤주의의 대표적인 학자였던 히파티아는 높은 학식과 덕망으로 크게 호평을 받으며, 학문의 여신인 '뮤즈' 또는 '뮤즈의 딸'이라고 불렸다. 그러나 당시 알렉산드리아의 기독교도들은 히파티아의 철학과 자유분방한 행실을 이교도적이며 기독교에 대한 위협이라고 여겼다. 기독교도들은 수학을 잘하는 여성을 '마녀'로 간주했으며, 히파티아에게 남성 추종자들이 유난히 많았던 것 또한 증오의 대상이 되었다.

알렉산드리아에 부임한 키릴 대주교의 사주를 받은 폭도들은 히파티아가 몸담고 있던 교육 · 연구기관인 '무제이온'에 난입하여 귀중한 문화재들을 마구 파괴하고 교수들을 학살했다. 키릴의 증오의 대상이었던 히파티아는 폭도가 던진 돌에 맞아 쓰러졌고, 머리채를 마차에 묶인 채 이리저리 끌려 다니다가 무참한 죽음을 당했다. 과학사를 연구하는 학자들은 그녀가 당시 키릴 대주교와 정치적으로 대립하고 있던 오레스테스하고 가깝게 지냈던 것이 그녀의 운명을 재촉했다고 보고 있다.

프랑스 수학자이자 소설가인 드니 게즈는 수학역사 소설 『앵무새의 정리』에서 히파티아의 최후에 대해 다음과 같이 적고 있다.

"415년의 어느 날, 알렉산드리아의 기독교 광신도들이 길을 지나가던 그녀의 마차로 달려들어 그녀를 바닥에 쓰러뜨리고 발가벗긴 채 성소로 끌고 갔다. 그러고는 칼날처럼 예리하게 깎은 굴 껍데기로 그녀를 고문한 뒤 산 채로 불태워버렸다."[7]

어느 것이 정확한지는 알 수 없지만 비극적으로 죽은 것만은 사실이다. 이 사건 이후에 히파티아의 모든 저작이 소실됨으로써 그녀의 생애 대부분이 미스터리로 남게 되었다. 히파티아가 죽은 뒤 알렉산드리아는 학문의 중심지로서의 위치를 점차 상실해갔으며, 이는 결국 고대 과학의 전반적인 쇠퇴로 이어졌다.

제논과 '아킬레우스와 거북이의 경주'

다시 그림 〈아테네 학당〉으로 돌아오자. 히파티아의 왼쪽에서 책을 펴 들고 무언가 열심히 쓰고 있는 사람은 피타고라스이고, 그의 등 뒤에서 마찬가지로 뭔가 적고 있는 사람은 피타고라스와 함께 탈레스의 제자로 알려진 밀레토스 학파의 아낙시만드로스이다. 피타고라스의 뒤쪽 기둥에서 무엇인가를 적고 있는 사람은 데모크리토스이고, 녹색 모자를 쓰고 아기를 안고 있는 노인은 그리스의 철학자 제논이다. 데모크리토스는 디오판토스와 함께 나이를 맞히는 방정식 문제로 유명하며, 제논은 '아킬레스와 거북이의 경주' 이야기로 우리에게 잘 알려져 있다.

제논은 기원전 490년경에 태어나 기원전 430년경까지 활약한 것으로 추측된다. 그는 자신의 철학사상을 방어하기 위해 여러 가지 역설을 전개했는데 이 역설들은 특히 미적분학의 발달에 대단한 영향을 미쳤다.

적당한 크기를 무한히 나눌 수 있다고 가정해야 하는가? 또는, 적당한 크기는 더 이상 나눌 수 없는 무수한 극소부분들로 이루어져 있다고 가정해야 하는가? 이 문제에 대한 답으로 이른바 '제논(Zenon)의 역설'이 있다.

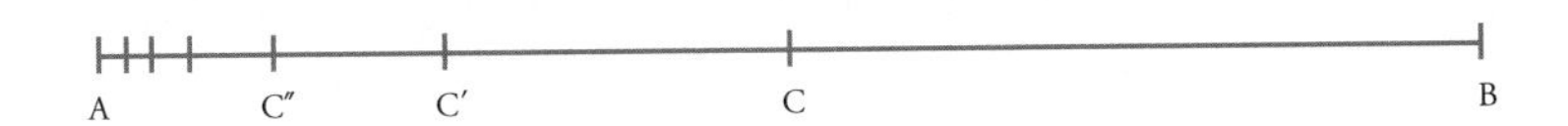

먼저 그림에서 보듯이 한 점 A에서 다른 한 점 B까지 가려면, A와 B의 중점 C을 반드시 지나야 한다. 또한 A에서 C까지 가려면 A와 C의 중점 C′를 반드시 지나야 한다. 이런 식으로 무한히 계속해야 하므로, B점까지 도달할 수 없다. 결국 운동을 할 수 없다는 결론에 이른다.

무한 개념에 대해 제논과는 수학적 관점이 달랐던 피타고라스학파는 다음과 같이 반박했다.

"점은 위치만 있고 크기는 없다. 또 시간도 크기가 없는 무한의 시각의 모임이다."

그러자 이러한 주장을 반박하기 위해 제논은 '아킬레우스와 거북이의 경주'라는 또 다른 역설을 내놓았다.

그리스 시대에 달리기를 가장 잘하는 아킬레우스라는 사람이 있었다. 아킬레우스와 거북이가 달리기를 하면 어떤 결과가 나올까? 이 경기의 규칙은 거북이가 먼저 출발하고 난 얼마 뒤에 아킬레우스가 출발하는 것이다. 그러면 아킬레우스는

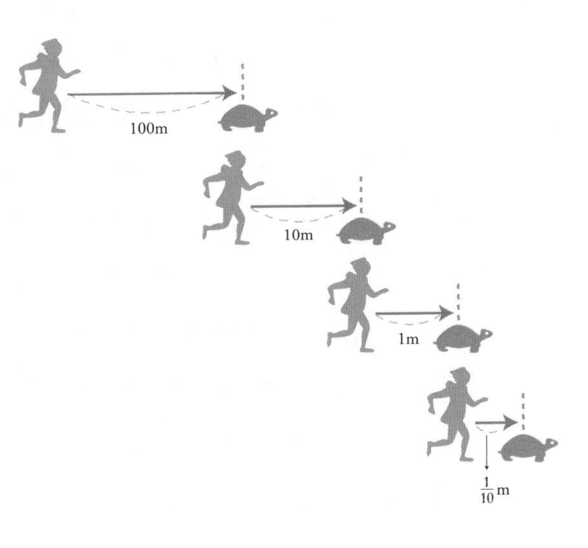

거북이를 결코 따라잡을 수 없다는 것이 바로 제논의 또 다른 역설이다. 제논은 아킬레우스가 거북이를 이길 수 없는 원리를 다음과 같이 설명했다.

아킬레우스가 거북이의 처음 출발점에 도착했다면, 거북이는 그사이에 느린 속도지만 앞으로 나아갔으므로 아직도 아킬레우스보다 앞에 있다. 다시 아킬레우스가 거북이가 있었던 그다음 위치까지 가는 동안 거북이는 계속해서 움직이므로 아킬레우스보다 앞서 있다. 이런 식으로 계속하면 아무리 발이 빠른 아킬레우스라고 해도 결코 느림보 거북이를 따라잡을 수 없다.

"시간은 크기가 없는 무한한 시각의 모임"이라는 피타고라스학파의 주장에 대해 제논은 "날아가는 화살은 날지 않는다"라는 역설로 반박했다.

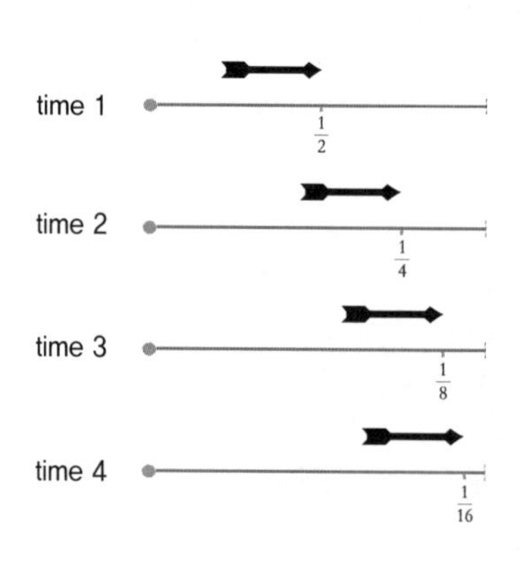

활시위를 떠나 공중을 나는 화살을 생각해 보자. 이 화살은 날아가는 시간 내의 각 시각에서 일정한 위치를 차지하고 있다. 그러므로 각각의 시각마다 일정한 위치를 차지한 순간 정지해 있어야 한다. 따라서 이러한 정지상태가 무한하다 해도 운동은 될 수 없다는 결론에 이른다. 그러므로 시간이 무한한 시각으로 되어 있다는 주장은 잘못이라는 것이다.

제논의 역설 중 또 다른 하나는 "어떤 시간과 그 시간의 반은 같다"라는 것이다. 이 역설에 의하면 1시간과 30분은 같다. 그러나 당시 철학자들은 이 역설에 대해 이렇다 할 반론을 제기하지 못했다.

정지 상태에 있는 원소 A, 오른쪽으로 움직이는 원소 B, 그리고 왼쪽으로 움직이는 원소 C가 있다. 여기서 두 원소 B와 C는 같은 속도로 움직이고 있다. 일정한 시간이 지난 뒤에 A, B, C는 두 번째 그림과 같이 나란히 있게 된다. 이렇게 되려면 B 원소는 5개의 A 원소를 스쳐 지나가고, 그와 동시에 C 원소 10개를 스쳐 지나가야 한다. 스쳐 지나가는 데 걸리는 시간은 스치는 원소의 개수에 비례하므로, B가 A를 스쳐 지나가는 시간은 B가 C를 스쳐 지나가는 시간의 반이다. 그러나 이 2가지 일이 동시에 일어나기 때문에 B가 A와 C를 각각 스쳐 지나가는 시간은 같다. 따라서 "어떤 시간은 그 시간의 반과 같다"라는 주장이 성립한다.

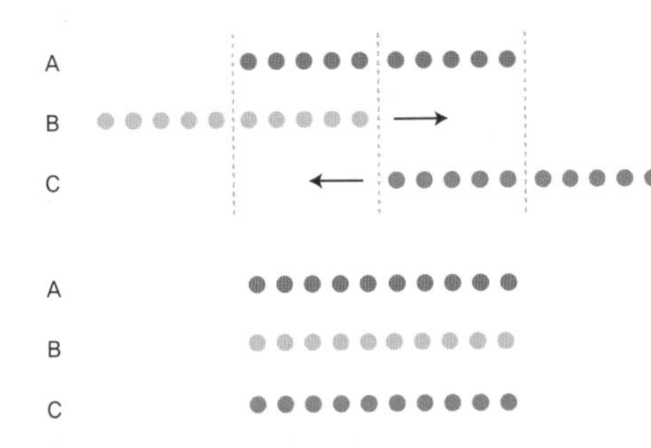

하지만 B나 C가 A를 스쳐 지나가는 시간이 1이라면 B와 C가 서로 스쳐 지나가는 시간은 그보다 빠른 $\frac{1}{2}$이므로 제논의 주장은 옳지 않다.

유클리드와 『원론』

다시 그림으로 돌아오면, 〈아테네 학당〉의 오른쪽 아래에도 한 무리의 사람들이 있다. 먼저 허리를 숙인 채 컴퍼스로 무언가를 작도하고 있는 사람은 유명한 수학자 유클리드다. 유클리드 뒤편에 천구의를 든 사람이 최초로 유일신을 주장한,

우리에게 '차라투스트라'로 알려진 조로아스터이며, 그 앞에 뒤통수만 보이는 사람은 『수학대계』라는 천문학 책을 쓴 프톨레마이오스다. 나중에 『수학대계』는 아라비아 사람들에 의해 '위대한 책'이라는 뜻의 『알마게스트』라는 제목으로 번역되었다. 『알마게스트』는 바로 앞에서 소개한 히파티아가 주석을 달아 새롭게 해설서를 펴낸 책이기도 하다.

유클리드의 『원론』은 모든 수학책의 표준이 되었는데, 오늘날 우리가 중학교와 고등학교 수학시간에 배우는 많은 내용이 지금으로부터 약 2,300년 전에 저술된 『원론』 안에 있는 것이다. 지구상에서 『성경』 다음으로 많이 읽힌 책이라는 의미에서 일명 '수학의 성서'라 불리기도 한다.

『원론』은 나오자마자 대단한 관심을 불러일으켰고, 이전의 수학에 관한 책들은 자취를 감추었다. 이로 인해 유클리드 이전의 수학적 업적이 누구의 것인가를 밝히는 작업은 지금까지 계속되고 있다. 그러나 정작 유클리드의 개인 신상에 대해서는 알려진 것이 거의 없는데, 기원전 323년 알렉산드로스 대왕이 죽고 이집트를 통치하게 된 프톨레마이오스 시대에 살았던 것으로 추정되며, 다음과 같은 이야기가 전해지고 있다.

유클리드에게 수학을 배우던 중 기하학이 너무 어려웠던 프톨레마이오스 왕이 한번은 이렇게 물었다.

"이것을 배우는 데 좀 더 쉬운 방법은 없는가?"

그러자 유클리드가 말했다.

"폐하, 현세에는 2가지 종류의 길이 있습니다. 그것은 일반 사람들이 다니는 길과 폐하나 전령이 빠르게 다니도록 만들어둔 왕도입니다. 그러나 기하학에는 왕도가 없습니다."

프톨레마이오스,
소크라테스, 라파엘로

그림 왼쪽 구석에 상체를 벗고 있는 사람은 시인 디아고라스, 그 뒤에 머리만 살짝 보이는 사람은 소피스트이자 웅변가였던 고르기아스, 그 옆에 있는 사람은 플라톤의 사촌으로 소크라테스의 제자였던 크리티아스다. 앞쪽에서 그들을 향해 손짓하는 사람은 소크라테스의 열성적인 제자로, 스승이 독배를 마실 때도 함께 있었던 아이스키네스다. 그 앞에 투구를 쓴 사람은 마찬가지로 소크라테스의 제자이자 군인이며 정치가인 알키비아데스고, 모자를 쓰고 무언가를 열심히 듣고 있는 사람은 소크라테스의 제자이자 역사 저술가인 크세노폰이다. 그들 앞에서 열심히 강의하고 있는 인물이 소크라테스고, 소크라테스 옆에 녹색 옷을 입고 강의를 듣는 둥 마는 둥 하고 있는 사람은 마케도니아의 왕인 알렉산드로스다.

〈아테네 학당〉에서 흥미로운 인물은 그림 오른쪽 끝에 있는 검은 모자를 쓴 사람이다. 이 사람이 바로 〈아테네 학당〉을 그린 라파엘로이며, 그림 전체를 통틀어 유일하게 감상자와 눈을 마주치고 있다.

〈아테네 학당〉에는 철학자뿐만 아니라 그리스의 신들도 그려져 있다. 왼쪽에는 하프를 들고 있는, 예언과 음악 그리고 학문을 관장하는 아폴론의 석상

이 있고, 오른쪽에는 지혜의 여신이며 아테네의 수호신인 아테나의 석상이 있다. 이로써 라파엘로는 〈아테네 학당〉이 신과 함께하는 진정한 학문과 지혜의 전당임을 드러낸다.

〈아테네 학당〉은 전성기 르네상스의 고전양식을 보여주는 대표작의 하나로, 라파엘로가 미켈란젤로의 영향을 받은 것으로 평가되는 작품이다. 각 인물들의 특성을 암시하는 재치 있는 표현과 가운데로 집약되는 구도 그리고 웅장한 배경 묘사 등은 조화를 추구한 르네상스 양식의 전형을 잘 보여준다.[8]

TIP

아테나와 기하학의 3단계

아테나는 고대 그리스에서 가장 번영한 도시국가 아테네의 수호신이자 지혜와 전쟁의 신이다. 또한 도예 · 직조 · 금속공예 · 목공 등 수공업의 수호자이기도 해서, 기능인들에게 숭배를 받았다. 이 여신과 관련된 신화 속 이야기 중에 기하학의 근원을 이해하는 데 도움이 되는 일화가 있다.

리디아라는 도시에 아라크네라는 여인이 살고 있었다. 옷감 짜는 솜씨가 뛰어났던 아라크네는 자기가 직조의 수호신이기도 한 아테나와 상대할 만큼 뛰어난 능력을 지녔다고 뽐냈다.

올림포스에서 이 소문을 들은 아테나는 화가 났지만 아라크네에게 스스로의 오만함을 뉘우칠 기회를 주기로 하고, 남루한 옷을 입은 노파로 변신해서 아라크네 앞에 나타났다. 노파로 변신한 아테나가 겸손한 마음을 가지라고 꾸짖는데도 아라크네가 듣지 않자 아테나는 본래의 모습으로 돌아와 아라크네의 도전을 받아들인다.

벨라스케스, 〈실 잣는 사람들(아라크네의 우화)〉, 1599, 스페인 프라도 미술관.

아라크네의 솜씨는 뛰어났다. 하지만 옷감에 신들의 연애담이나 실수담을 짜 넣는 등 교만함이 극에 달해 마침내 신의 분노를 사고 만다. 여신의 꾸짖음에 아라크네는 치욕을 견디지 못하고 목을 매 자살하고, 아테나에 의해 영원히 실을 자아야 하는 거미로 변한다. 사실 '아라크네(Arachne)'는 거미라는 뜻이기도 하다.

이 이야기에서 고대 그리스 사람들이 거미가 방사형 집을 짓는 것을 마치 아름다운 옷감을 짜는 것과 같이 여겼음을 알 수 있다. 이와 같이 인류 최초의 기하학적 고찰은 인간의 무의식과 자연에 대한 감동에서 시작되었다. 모든 사람이 본능적으로 알고 있는 "직선은 두 점을 연결하는 최단 경로다" 같은 최초의 무의식적인 기하학 개념과, 자연현상에 나타나는 것에서 기하학적 지식을 습득하던 단계의 기하학을 '잠재적 기하학'이라고 한다.

인류 역사의 초기에는 논증이 없는 단순한 과정의 수학만 있었고, 그로 인해 오류도 많았다. 기하학은 첫 번째 단계인 잠재적 기하학에서 다음 단계인 '실험적 기하학' 또는 '과학적 기하학'으로 발전했다. 실험적 기하학은 구체적인 기하학적 관계들의 모임으로부터 일반적이고 추상적인 관계를 추측하고, 직접 실험을 통해 결과를 확인했던 기하학이다. 예를 들어 "삼각형의 내각의 합은 180°이다"는 종이를 삼각형으로 오려내고 꼭짓점이 한 곳에 모이도록 접어봄으로써 확인할 수 있다. 이와 같은 단계가 바로 실험적 기하학 또는 과학적 기하학이라고 불리는 두 번째 단계다. 기원전 600년경 이전에 기록된 모든 기하학은 이 단계에 속했다.

기하학의 세 번째 단계는 실험실에서 연구실로 옮겨간 '논증적 기하학'이다. 논증적 기하학의 최초의 동기 유발은 탈레스에 의해 이루어졌다. 탈레스는 '다툴 여지가 없이 명백한 결론'만이 수학이라고 생각했기 때문에 수학 원리 하나하나에 대해 일일이 '왜?'라고 묻기 시작했다. 그래서 누구나 당연하다고 생각하는 수학 원리들을 엄격하게 다시 검증하고 증명했다. 이를테면 다음과 같은 것들이다.

① 원은 임의의 지름으로 이등분된다.

② 교차하는 두 직선에 의하여 이루어진 두 맞꼭지각은 서로 같다.

③ 이등변삼각형의 두 밑각은 같다.

④ 반원에 내접하는 각은 직각이다.

⑤ 두 삼각형에서 대응하는 두 각이 서로 같고 대응하는 한 변이 서로 같으면 두 삼각형은 합동이다.

사실 위의 결론은 탈레스 훨씬 이전부터 알려져 있던 것들이고, 하나하나 실험해보면 얻어낼 수 있는 결과들이다. 그런데 탈레스는 이 당연한 결과들이 결코 예외 없이 언제나 맞다는 것을 증명을 통해 보여주었다.

탈레스가 어떤 방법으로 이 사실을 증명했는지 알아보자.

다음 그림과 같이 교차하는 두 직선 l, m의 맞꼭지각을 각각 α, β라 하고, 또 다른 각을 γ라고 표시해보자. 맞꼭지각에 특정한 값을 준 것이 아니라 그냥 α, β라고 '추상화'했기 때문에 α, β는 10°, 20°, 30°, 36°, 48° 등등 어떤 값도 될 수 있다.

먼저 직선 l에 대하여 두 각 α, γ를 더하면 180°이다. 즉 $\alpha+\gamma=180^\circ$

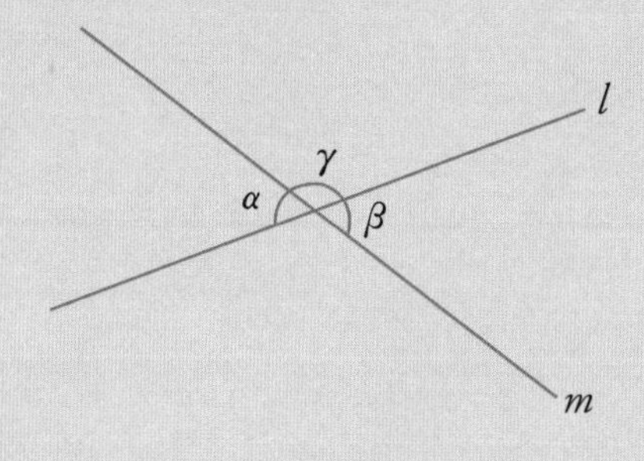

이다. 한편 직선 m에 대하여 두 각 β, γ를 더해도 180°가 된다. 그러면 $\alpha+\gamma=180°$이고 $\beta+\gamma=180°$이므로, $\alpha+\gamma=\beta+\gamma$이고, 이 식의 양변에 모두 γ가 있으므로 똑같이 빼주면 다음과 같다.

$$\alpha+\gamma=\beta+\gamma$$
$$\alpha+\gamma-\gamma=\beta+\gamma-\gamma$$
$$\alpha=\beta$$

따라서 맞꼭지각 α, β는 같다는 결론을 얻을 수 있다.

식을 보면 너무나 간단하지만 누구나 직관적으로 참이라고 생각하는 것들을 쉽고 명확하게 증명하는 것은 엄청나게 어려운 일이다. 마치 네가 너 자신임을 증명하라는 것과 같다. 누군가가 "네가 왜 너인데? 너라는 걸 증명해봐!"라고 요구한다면 당신은 어떻게 하겠는가? 너무나 당연하기 때문에 그것이 당연한 까닭을 증명하는 것은 더욱 어렵다. 탈레스는 그 일을 해낸 것이다. 그리고 탈레스 이후로 수학은 모두 이와 같은 명확한 증명을 요구받게 되었다. 탈레스에서부터 시작된 논증수학은 오늘날의 수학적 전개 형식을 완성했다.

주석

Chapter 1

1 | 하워드 이브스, 이우영 · 신항균 옮김, 『수학사』, 경문사, 1995; 이광연, 『웃기는 수학이지 뭐야』, 경문사, 2000 참조.

2 | Carl B. Boyer and Uta C. Merzbach, *A History of Mathematics*, John Wiley & Sons, 1991 참조.

3 | 하워드 이브스, 앞의 책; 이광연, 앞의 책 참조.

4 | 김응태 · 박승안, 『현대대수학』, 8판, 경문사, 2011.

5 | 이광연, 『이광연의 오늘의 수학』, 동아시아, 2011 참조.

Chapter 2

1 | John Strohmeier and Peter Westbrook, *Divine Harmony*, Berkeley Hills Books, 2003.

2 | Alberto A. Martinez, *The Cult of Pythagoras: Math and Myths*, University, 2012.

3 | 하워드 이브스, 앞의 책; 이광연, 『웃기는 수학이지 뭐야』, 참조.

4 | Iamblichus, Translated by Thomas Taylor, *The Life of Pythagoras*, Kessinger Pub., 1918.

5 | 위의 책.

6 | Thomas Koshy, *Fibonacci and Lucas Numbers with Applications*, John Wiley, 2001.

7 | 이광연, 『자연의 수학적 열쇠 피보나치수열』, 프로네시스, 2007 참조.

8 | 신현용 · 나준영, 「음악 소재의 수학이야기 개발: 음악에서의 군 작용」, 한국수학교육학회 프로시딩, 2013, pp.133~142.

9 | 정윤미, 「메시앙의 작품 〈시간의 종말을 위한 4중주〉의 분석연구」, 경희대학교 대학원, 2001.

10 | 『수학동아』, 2013년 11월호, 「수학을 사랑한 음악가 열전」 참조.

Chapter 3

1 | 이광연 · 김봉석, 『시네마 수학』, 투비북스, 2013.

2 | www.economist.com 참조. 실제 데이터에는 우리나라의 구매력평가가 800.14, 환율평가가 −25.03으로 되어 있는데, 이는 계산이 잘못된 것으로 보인다. 3700/4.62=800.87이어야 하고, 환율평가도 −24.96으로 수정해야 할 것으로 보인다.

3 | 오형규, 『자장면 경제학』, 좋은책만들기, 2010, pp.297~299.

4 | 『중앙일보』, 2011년 5월 11일자, '2100년 세계 10대 인구대국이 바뀐다' 기사 참조.

Chapter4

1 | 칼 보이어, 유타 C. 메르츠바흐, 양영오 · 조윤동 옮김, 『수학의 역사』 상 · 하, 경문사, 2004. 참조.

Chapter5

1 | 계영희, 「수학과 건축의 패러다임과 범 패러다임」, 한국수학교육학회 프로시딩, 2013, pp.125~132.

2 | B. L. Karihaloo, K. Zhang and Wang, J. J. Soc. Interface. http://dx.doi.org/10.1098/rsif.2013.0299(2013).

3 | 이광연, 『비하인드 수학파일』, 예담, 2011 참조.

4 | Erik Thé, *The Magic of M. C. Escher*, Barnes & Noble, 2000.

5 | 장경희, 『고려왕릉』, 예맥, 2008 참조.

Chapter6

1 | 묵자, 김학주 옮김, 『묵자』, 명문당, 2003 참조.

2 | 장자, 김학주 옮김, 『장자』, 연암서가, 2010 참조.

3 | 장혜원, 『산학서로 보는 조선수학』, 경문사, 2006.

4 | 권경상, 『천자문』, 형민사, 2008 참조.

5 | 손무, 유동환 옮김, 『손자병법』, 홍익출판사, 2002.

6 | 오키 야스시, 김성배 옮김, 『한서와 사기』, 천지인, 2010; 장혜원, 『동양수학사』, 두리미디어, 2006.

7 | 박승안, 『암호학과 부호이론』, 경문사, 2007.

Chapter7

1 | Phillip J. Davis and Reuben Hersh, *The Mathematical Experience*, Mariner Books, 1999.

2 | 이청, 『소설 김삿갓 : 바람처럼 흐르는 구름처럼』, 경덕출판사, 2007.

3 | 위의 책.

4 | 진 벤딕, 이혜선 옮김, 『과학의 문을 연 아르키메데스』, 실천문학사, 2005.

5 | 민족문화추진회 편역, 『국역 연려실기술』, 민족문화추진회, 1977.

6 | 이순신, 최두환 옮김, 『난중일기』, 학민사, 2005.

7 | 홍정하, 강신원 · 장혜원 옮김, 『구일집 천 · 지 · 인』, 교우사, 2006.

8 | '여기'란 첫 번째 푯말이 놓인 곳을 말한다. 문제의 표현이 부정확하게 되어 있는데, 600장은 2개의 4장짜리 푯말 사이의 거리다.

9 | 이순신, 앞의 책.

10 | 이순신역사연구회, 『이순신과 임진왜란』 1~4, 비봉출판사, 2006; 이광연 · 설한국, 「조선의 산학서로 보는 이순신 장군의 학익진」, 『동방학』 28집, 2013, pp.7~41 참조.

11 | 김용운 · 김용국, 『한국수학사』, 살림Math, 2008 참조.

12 | 이광연, 『또 웃기는 수학이지 뭐야』, 경문사, 2002.

13 | 오윤용 · 한상근, 「최석정과 그의 마방진」, 『한국수학교육학회지』 시리즈 A, Vol. 32, No. 3, 1993, pp.205~219.

14 | 박교식, 「수학교육에서의 스토리텔링 방식 적용을 위한 소재 연구: 지수용육도와 지수귀문도를 중심으로」, 『한국학교수학회논문집』 Vol. 15, No. 1, 2012, pp.155~169 참조.

Chapter8

1 | G. Markowsky, "Misconceptions about the Golden Ratio", *The College Mathematics Journal*, Vol. 23, 1992, pp.2~19 참조.

2 | Akiyoshi Kitaoka, *Trick Eyes*, Barnes&Noble, 2002.

3 | 이광연, 『이광연의 오늘의 수학』.

4 | 허민, 『수학자의 뒷모습』 I~IV, 경문사, 2008.

5 | 플라톤, 박종현 · 김영균 옮김, 『티마이오스』, 서광사, 2000.

6 | 드니 게즈, 문선영 옮김, 『앵무새의 정리』, 이지북, 2008.

7 | 칼 보이어, 유타 메리츠바흐, 양영오 · 조윤동 옮김, 『수학의 역사』.

8 | 계영희, 『명화와 함께 떠나는 수학사 여행』, 살림, 2006; 이명옥 · 김홍규, 『명화 속 신기한 수학 이야기』, SIGONGART, 2005; 이주헌, 『신화 그림으로 읽기』, 학고재, 2000; 이광연, 『수학블로그』, 살림, 2008 참조.

찾아보기

ㅅ

ㅇ

ㅈ

ㅊ

ㅋ

ㅍ

ㅎ

기타

융합과 통섭의 지식 콘서트 03

수학, 인문으로 수를 읽다

초판 1쇄 발행 | 2014년 8월 5일
초판 16쇄 발행 | 2023년 7월 25일

지은이 | 이광연
펴낸이 | 홍정완
펴낸곳 | 한국문학사

편집 | 이은영
영업 | 조명구 신우섭
관리 | 심우빈
디자인 | 이석운

04151 서울시 마포구 독막로 281(염리동) 마포한국빌딩 별관 3층

전화 706-8541~3(편집부), 706-8545(영업부) 팩스 706-8544
이메일 hkmh73@hanmail.net
블로그 http://post.naver.com/hkmh1973
출판등록 1979년 8월 3일 제300-1979-24호

ISBN 978-89-87527-37-6 03410